**教育部高等学校电子信息类专业教学指导委员会规划教材**
高等学校电子信息类专业系列教材

DSP Principle and Application

TMS320DM6437 Architecture, Instruction, Function Module, Program Design and Case Analysis

# DSP原理及应用

**TMS320DM6437**
**架构、指令、功能模块、程序设计及案例分析**

**张雪英　李鸿燕　贾海蓉　陈桂军　编著**
Zhang Xueying　Li Hongyan　Jia Hairong　Chen Guijun

清华大学出版社
北京

## 内容简介

TI公司的TMS320C6000系列DSP是目前数字信号处理器中性能最好的产品之一，TMS320DM6437是TMS320C6000系列中一款重要的定点DSP芯片，其处理速度快、功能强大、片内外设丰富，应用广泛。本书全面介绍了TMS320DM6437的体系结构、原理、软硬件开发与程序设计方法，包括TMS320DM6437硬件结构、指令系统、软件开发环境及程序优化方法、片内资源、外设接口。本书还详细介绍了TMS320DM6437芯片在DSP主要算法、语音处理及图像处理方面的程序开发实例。

本书内容全面、实用，讲解通俗易懂，旨在使读者了解TMS320DM6437的体系结构和基本原理，掌握DSP系统的设计和开发过程，书中提供的案例便于读者学习理解DSP的程序开发方法。本书可作为高等院校电子工程、通信工程、自动化、计算机、电气工程和电力电子等专业的高年级本科生和研究生学习DSP的教材，也可供从事DSP应用系统设计开发的技术人员参考。



**图书在版编目(CIP)数据**

DSP原理及应用：TMS320DM6437架构、指令、功能模块、程序设计及案例分析/张雪英等编著. —北京：清华大学出版社，2019 (2023.8重印)
(高等学校电子信息类专业系列教材)
ISBN 978-7-302-51043-7

Ⅰ. ①D…　Ⅱ. ①张…　Ⅲ. ①数字信号处理－高等学校－教材　Ⅳ. ①TN911.72

中国版本图书馆CIP数据核字(2018)第191956号

**责任编辑**：盛东亮
**封面设计**：李召霞
**责任校对**：李建庄
**责任印制**：沈　露

**出版发行**：清华大学出版社
　**网　　址**：http://www.tup.com.cn，http://www.wqbook.com
　**地　　址**：北京清华大学学研大厦A座　　**邮　　编**：100084
　**社 总 机**：010-83470000　　**邮　　购**：010-62786544
　**投稿与读者服务**：010-62776969，c-service@tup.tsinghua.edu.cn
　**质量反馈**：010-62772015，zhiliang@tup.tsinghua.edu.cn
　**课件下载**：http://www.tup.com.cn，010-83470236
**印 装 者**：三河市龙大印装有限公司
**经　　销**：全国新华书店
**开　　本**：185mm×260mm　　**印　张**：14　　**字　　数**：339千字
**版　　次**：2019年1月第1版　　**印　　次**：2023年8月第7次印刷
**定　　价**：49.00元

产品编号：072470-01

# 前言

PREFACE

TMS320C6000 系列 DSP 是当前多处理通道、多功能和高数据处理速度 DSP 芯片的代表，其中 TMS320C62x/C64x 处理器为定点 DSP，TMS320C67x 处理器为浮点 DSP。TMS320C62x、TMS320C64x 及 TMS320C67x 间代码兼容，且均采用高性能、支持超长指令字(VLIW)的 VelociTI 处理器结构。TMS320DM64x/C64x 是 TI 公司开发的第六代高性能 DSP 芯片，该器件的关键特性，如 VLIW 架构、两级存储器/高速缓存体系和 EDMA 引擎使其成为计算密集型视频/图像应用领域的理想选择。TMS320DM6437 是 TI 公司在 2006 年推出的定点 DSP 芯片，是 TMS320C6000 平台中专门为高性能、低成本视频应用开发，支持达芬奇技术的一款重要的单核 DSP 处理器芯片，低廉的开发套件与芯片价格使其可以面向低成本应用场合，在图像处理和流媒体领域得到了广泛的应用。

本书以 TMS320DM6437 为描述对象，以应用系统设计为主线，系统介绍了 TMS320DM6437 的体系结构、原理、软硬件开发与程序设计，并给出了设计实例，便于读者学习 DSP 系统的设计方法。

全书共 8 章，其内容如下。

第 1 章：绪论。首先对 DSP 的发展、特点、分类、应用及选择进行了概述；然后对 DSP 系统构成和设计过程进行了介绍，并简单分析了 TI 及其他公司生产的一些常用 DSP 芯片的型号和特点；最后重点介绍了高性能 TMS320C6x 系列 DSP 的结构组成、特点和应用。

第 2 章：TMS320DM6437 的硬件结构。介绍 TMS320DM6437 的基本硬件结构，包括 CPU 体系结构、数据通路及状态控制寄存器，片内一级程序和数据存储器、片内二级存储器的基本构造及工作方式等。

第 3 章：TMS320DM6437 的指令系统。首先对 TMS320DM6437 的指令集进行概述，包括指令和功能单元之间的映射、延迟间隙、指令操作码映射图、并行操作、条件操作和寻址方式，重点介绍了 TMS320DM6437 的指令系统和资源对公共指令集的限制，最后介绍了汇编、线性汇编和伪指令。

第 4 章：软件开发环境及程序优化。主要介绍 DSP 软件开发过程和开发工具以及程序的优化方法。软件开发环境介绍了 DSP 软件开发过程、CCS 集成开发环境，以及 DSP/BIOS 实时操作系统；程序设计及优化部分详细介绍了 DSP 的程序设计和优化方法，包括 C/C++语言程序设计、面向 DSP 的 C/C++语言程序设计流程、C 语言源代码的优化、汇编代码的优化、C 语言和汇编语言混合编程。

第 5 章：TMS320DM6437 流水线与中断。第一部分介绍了 TMS320DM6437 的流水线，包括流水线操作、指令和存储器对流水线性能的影响；第二部分介绍了 DSP 的中断系统，包括 TMS320DM6437 的中断控制寄存器、中断响应过程、中断嵌套和中断向量程序。

第 6 章：TMS320DM6437 主机接口与多通道缓冲串口。TMS320DM6437 主机接口部分介绍了 HPI 的结构与功能、读/写时序，HPI 的操作、寄存器、中断申请以及应用实例；多通道缓冲串口部分介绍了 McBSP 结构与对外接口、McBSP 的寄存器、操作以及应用。

第 7 章：TMS320DM6437 通用输入/输出接口与定时器。详细介绍了 TMS320DM6437 通用输入/输出和定时器的基本结构和功能使用，包括 GPIO 接口功能、中断和事件产生、控制寄存器、定时器结构、定时器工作模式及定时器寄存器等。

第 8 章：TMS320DM6437 应用程序设计。详细介绍了一些基于 TMS320DM6437 的算法实例及其实现过程，包括数字信号处理的基本算法（如 FIR、IIR 数字滤波器设计和 FFT 等）、语音信号采集与分析算法、图像点处理、几何变换、图像增强、图像边缘检测算法。通过这些算法实例，应该重点掌握 DSP 的初始化及一些通信接口的实现过程。

本书由张雪英、李鸿燕、贾海蓉和陈桂军合作编写。张雪英编写了第 1 章与第 2 章；李鸿燕编写了第 3 章与第 4 章；贾海蓉编写了第 5 章与第 6 章；陈桂军编写了第 7 章与第 8 章和附录。全书由张雪英教授统稿。

在本书的编写过程中，得到了太原理工大学信息工程学院一些博士生、硕士生在应用程序调试方面的帮助。北京艾睿合众科技有限公司技术人员对基于 SEED-DTK6437 实验箱在调试程序过程中的问题给予了解答，在此对他们表示衷心的感谢。同时也感谢清华大学出版社的领导和编辑对本书提出的宝贵意见并给予的大力支持。

由于作者水平有限，书中难免存在不足和疏漏之处，恳请读者批评指正。

编　者

2018 年 11 月

# 目录

CONTENTS

# 第1章 绪　论

CHAPTER 1

DSP涉及数字信号处理(Digital Signal Processing)理论方法和数字信号处理器(Digital Signal Processor),而数字信号处理器是在各种数字信号处理理论方法基础上发展起来的,是具有特定处理单元的、专门用于实时实现各种数字信号处理算法的微处理器。本书在介绍数字信号处理器(DSP)通用知识的基础上,重点阐述DSP芯片TMS320DM6437的软硬件特性及如何运用其实现数字信号处理算法。自1982年美国德州仪器(TI)公司推出第一款商用数字信号处理器以来,随着模拟信号的数字化,DSP已在包括移动通信、消费电子、医疗仪器、汽车电子和军用装备等领域中得到广泛应用,DSP的应用领域取决于设计者的想象空间,相信未来将会有越来越多的DSP应用产品出现在我们的生活中。

## 1.1 DSP概述

### 1.1.1 DSP的发展概况及趋势

20世纪60—70年代,随着信号的数字化,数字信号处理技术应运而生,此时的数字信号处理尚处于算法理论研究阶段,主要采用两类处理器进行模拟实现:一类是通用处理器GPP,如作为PC(个人计算机)核心的CPU;另一类是微控制器(MCU)。

由于通用处理器或微控制器没有为数字信号处理提供专用的乘法累加器、数据存取通道和中断响应模式等,使得信号处理效率难以提高,特别是在进行实时数字信号处理时面临极大的技术瓶颈,因此,迫切需要一种能够实时、快速实现各种数字信号处理算法的专用处理器。

20世纪70年代末,第一个DSP芯片诞生。1978年美国AMI公司发布S2811,1979年Intel公司发布可编程器件2920,成为DSP芯片发展的里程碑。但这两款芯片内都没有现代DSP必备的单周期硬件乘法器。1980年,日本NEC公司推出第一个具有硬件乘法器的DSP芯片mPD7720,被认为是第一块单片DSP器件。

随着大规模集成电路技术的发展,1982年,TI公司推出第一代商用DSP芯片TMS32010,其包含55 000个晶体管、4KB RAM,指令处理能力为5MIPS(百万条指令每秒),尽管该性能参数与现代DSP相比较差,但其运算速度比当时通用微处理器快了几十倍,为数字信号处理算法的实际应用开辟了道路。

到20世纪80年代中期,随着CMOS技术的发展进步,第二代基于CMOS工艺的DSP芯片TMS320C2x系列被推出,其存储容量和运算速度得到成倍提高,成为语音及图像硬件处理的基础。20世纪80年代后期,第三代DSP芯片TMS320C30/C31/C32等出现,运算速度得到进一步提高,应用范围逐渐扩展到通信和计算机领域。特别是20世纪90年代以来,DSP得到快速发展和广泛应用,相继出现了第四代DSP芯片TMS320C40/C44等和第五代DSP芯片TMS320C5000系列,以及当前运算速度最快的第六代DSP芯片TMS320C6000系列。它们将DSP内核及外围元件集成到单一芯片,系统集成度更高,运算性能更强,性价比不断提升,迅速成为众多电子产品的核心器件。

除了TI,日立(Hitachi)公司于1982年推出第一个基于CMOS工艺的浮点DSP芯片;富士通(Fujitsu)公司于1983年推出DSP芯片MB8764,其指令周期为120ns,具有双内部总线,数据处理吞吐量极大提高;美国AT&T公司于1984年推出的DSP32可被看作是第一个高性能浮点DSP芯片;美国摩托罗拉(Motorola)公司先后于1986年推出了定点处理器MC56001,并于1990年推出了与IEEE浮点格式兼容的DSP芯片MC96002;美国模拟器件(ADI)公司也推出了具有自己特点的DSP芯片系列,包括定点DSP芯片ADSP21xx系列、浮点DSP芯片ADSP21xxx系列及高性能TigerSHARC芯片等。

经过40多年的发展,当前世界上较大的DSP开发生产厂商已有十几家,包括TI、ADI、Motorola(现在的Freescale)、AT&T(现在的Lucent)、Phillips、Fujitsu、Hitachi和Samsung等,其中TI已成为当今最大的DSP芯片供应商,常用的TI DSP芯片主要有三大系列,包括TMS320C2000系列(TMS320C2x/C2xx)、TMS320C5000系列(TMS320C54x/C55x)和TMS320C6000系列(TMS320C62x/C67x/C64x),其被广泛应用于移动通信、消费电子、医疗仪器、汽车电子和军用装备等各个领域。

未来,全球DSP产品将向着高性能、低功耗、强融合和多扩展的趋势发展。高性能方面,多通道、单指令多重数据(SIMD)和超长指令字(VLIM)结构将在高性能DSP中占主导地位;低功耗方面,随着先进电源管理技术的发展,DSP芯片内核电压将越来越低,且存储器和外设的功耗也不断下降,系统整体功耗将会更低;强融合方面,将越来越多地采用单芯片实现DSP核与高性能CPU、MCU的有效融合,使其同时具有数字信号处理和智能控制功能;多扩展方面,将片上系统(SoC)、现场可编程门阵列(FPGA)和操作系统软件接口与DSP集成到一块芯片上,从而有效实现功能的扩展,便于多种应用开发。因此,DSP芯片将在应用需求的驱动下不断发展,从而不断提高电子产品的性能,成为各种电子产品更新换代的技术核心。

### 1.1.2 DSP的特点

对于常用的数字信号处理算法,如数字滤波、相关、卷积、FFT(快速傅里叶变换)和矩阵运算等,往往存在输入信号与参考信号的相乘及积分(累加),其执行过程就是不断地从存储器取数并进行"乘-加"运算。因此,为了快速实现这些运算,DSP在存储器结构、运算单元和操作指令等方面都具有一些鲜明的特性,其主要特点如下。

**1. 存储器采用哈佛结构**

微处理器的存储器结构主要有冯·诺依曼(von Neumann)结构和哈佛(Harvard)结构两类,如图1-1所示。由于冯·诺依曼结构实现简单、成本低,通用处理器广泛采用该结构,典型的冯·诺依曼结构只有一个存储器空间、一套地址总线和一套数据总线,程序和数据都存放到这个存储器空间,且统一分配存储地址,因此执行运算时,处理器必须分时访问程序和数据空间。而 DSP 广泛采用程序存储器和数据存储器分开的哈佛结构，每个存储器都有独立的地址总线和数据总线，因此 DSP 通过多套地址和数据总线，可同时从程序存储器取指令和从数据存储器取操作数，从而实现并行工作，提高运算速度。

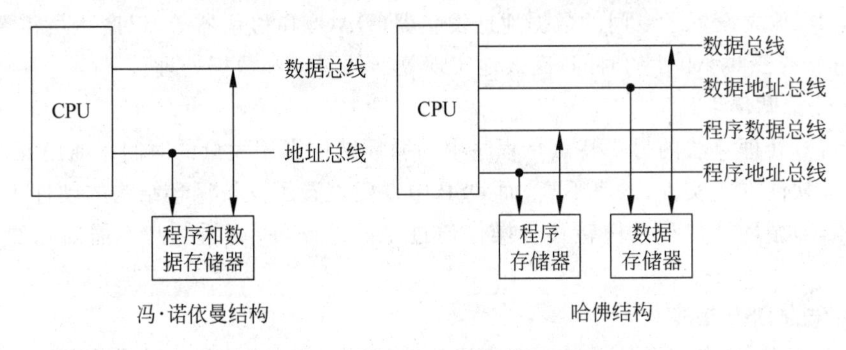


图 1-1 冯·诺依曼结构和哈佛结构

**2. 流水线操作**

流水线(Pipeline)操作是将指令的执行分解为预取指(Prefetch)、取指(Fetch)、译码(Decode)、寻址(Access)、取数(Read)和执行(Execute)等几个阶段，如图 1-2 所示。在程序运行过程中，不同指令的不同阶段在时间上是重叠的，当执行一个含多条指令的程序块时，首先进行预取指，加载程序计数器 PC 中的内容，然后第一条指令取指、译码，其译码的同时，第二条指令取指；而第一条指令寻址时，第二条指令译码，第三条指令取指，这样，6 个机器周期就可执行 6 条指令，即每条指令花费的指令周期平均约为一个机器周期。所以，流水线操作提高了 DSP 指令执行的整体速度，有助于保证数字信号处理的实时性。在 TMS320C64x+DSP 中，每个周期内可执行 8 条指令。

| | | | | | | | |
|---|---|---|---|---|---|---|---|
| 预取指 | 取指 | 译码 | 寻址 | 取数 | 执行 | | |
| | 预取指 | 取指 | 译码 | 寻址 | 取数 | 执行 | |
| | | 预取指 | 取指 | 译码 | 寻址 | 取数 | 执行 |

……

图 1-2 流水线操作示意图

**3. 独立的硬件乘法累加单元**

由于数字信号处理任务中，都包含有大量重复的乘法和累加操作，通用处理器的乘法运算使用软件进行移位或加法来实现，需要若干机器周期，而 DSP 处理器使用专门的硬件乘法器，并使用累加器来处理多个乘积的累加，即通过 DSP 指令集中的 MAC 指令实现单周期乘加运算，从而有效提高了数字信号处理的速度。

**4. 独立的 DMA 总线和控制器**

信号处理过程中，需要高速地从存储器中存取操作数，在通用处理器中尽管可用 DMA (Direct Memory Access，直接存储器访问)存取数据，但此时总线被占用，而 CPU 的各项操作必须要使用总线，使得信号处理效率难以提高。DSP 处理器中设置了独立的 DMA 总线和控制器，通过与 CPU 的程序总线和数据总线并行工作，使得在数据传输时不影响 CPU 和总线的工作，从而提高数据吞吐率，加快信号处理速度，如 TMS320C64x+中使用了 64

个独立通道的增强型DMA(EDMA)总线及控制器。

**5. 独立的地址发生器和移位器**

在通用微处理器中，数据地址的产生和数据的处理都由算术逻辑单元(ALU)来完成，而在DSP中，独立设置了专门的数据地址发生器(DAG)和移位器等，以产生所需要的数据地址，从而节省公共ALU的时间，高效地实现复杂的寻址和数据处理。

**6. 零开销循环**

数字信号处理算法的另一特点是程序中的循环结构占用大量的时间。通用处理器的循环控制采用软件方式实现，效率不高，而DSP中专门设置了支持循环结构的硬件来实现"零开销"循环，即循环计数和条件转移等操作通过专门的硬件单元控制，不需要花费CPU的时间。

**7. 特殊的DSP指令**

DSP指令集中，专门设计了一些完成特殊功能的指令，这些指令充分利用了DSP的结构特点，提高了指令执行的并行度，加快了完成相关操作的速度，如TMS320C64x中的FIRS指令和LMS指令，分别用于完成对称结构的FIR滤波算法和LMS算法。此外，为了降低FFT和卷积等运算的地址计算开销，多数DSP在指令系统中还设置了循环寻址和位倒序寻址指令。

**8. 丰富的硬件配置**

新一代DSP芯片集成了众多类型的硬件设备，包括定时器、串行口、并行口、主机接口(HPI)、DMA控制器、等待状态发生器、中断处理器、PLL时钟产生器、JTAG标准测试接口、ROM、RAM及Flash等，从而提高了DSP的处理速度、降低了系统功耗，简化了接口设计、方便了多处理器扩展，非常适用于嵌入式便携数字设备应用。

## 1.1.3 DSP的分类

为了满足不同应用对DSP的功能需求，众多DSP厂商推出了多种不同类型的DSP芯片。通常，DSP芯片可以按照3种方式进行分类，如表1-1所示。

**表1-1 DSP的分类类型及特性**

| 分类标准 | 类　型 | 特　性 |
|---|---|---|
| 基础特性(工作时钟或指令类型) | 静态DSP | 在一定时钟频率范围内的任何频率上都能正常工作，除计算速度外，没有性能下降，如TI的TMS320系列芯片和日本OKI的DSP芯片 |
| | 一致性DSP | 对于两种或两种以上DSP芯片，其指令集和相应机器代码及引脚结构相互兼容，如TI的TMS320C54x(55x) |
| 用途 | 通用型DSP | 可用指令编程的DSP芯片，通过编程可实现复杂的数字信号处理算法，具有较强处理能力，适于普通DSP应用，如TI的TMS320系列芯片 |
| | 专用型DSP | 为特定DSP运算而设计，针对某一应用算法，由内部硬件电路实现，适用于数字滤波、FFT和卷积等特殊运算；主要用于对信号处理速度要求较高的特殊场合，如Motorola的DSP56200、Zoran的ZR34881和Inmos的IMSA100等 |

续表

| 分类标准 | 类型 | 特性 |
| --- | --- | --- |
| 数据格式 | 定点 DSP | 以定点数据格式工作，大多数定点 DSP 芯片采用 16 位定点运算，如 TI 的 TMS320C54x/C55x 系列，ADI 的 ADSP21xx 系列等，新一代高性能定点 DSP 芯片采用 32 位定点运算，如 TI 的 TMS320C64x 系列等 |
|  | 浮点 DSP | 以浮点数据格式工作，浮点格式包括自定义浮点格式和 IEEE 标准浮点格式，如 TI 的 TMS320C3x/C4x 采用自定义的浮点格式，而 TMS320C67x、Motorola 的 MC96002、Fujitsu 的 MB86232 和 Zoran 的 ZR35325 采用 IEEE 标准浮点格式 |

### 1.1.4 DSP 的应用

随着大规模集成电路技术的发展，DSP 芯片的性能逐渐提高，价格不断下降，使得其具有巨大的应用潜力。目前，DSP 的主要应用领域如下。

(1) 基本信号处理：数字滤波、自适应滤波、FFT、相关运算、频谱分析、卷积运算、模式匹配、窗函数、波形产生和变换等。

(2) 通信：调制解调器、路由器、自适应均衡、数据加密、数据压缩、回波抵消、多路复用、纠错编码、传真、扩频通信、移动通信、数字基带处理芯片、可视电话、机顶盒、混合光纤同轴网(三网融合)和软件无线电等。

(3) 语音：语音编码、语音合成、语音识别、语音增强、语音存储、语音邮件和语音-文本转换等。

(4) 图形图像：二维/三维图形图像处理、图像压缩与传输、图像识别、图像增强、图像转换、动画、电子地图、机器人视觉、虚拟现实系统和多媒体计算机等。

(5) 军事：保密通信、雷达/声呐信号处理、导航制导、定位、电子对抗、搜索与跟踪、情报收集与处理等。

(6) 仪器仪表：函数发生、数据采集、锁相环、频谱分析、暂态分析、能源/地质勘探、地震信号处理和工作站等。

(7) 控制：引擎控制、发动机控制、声控、自动驾驶、机器人控制和磁盘/光盘控制等。

(8) 医疗：助听器、超声设备、X 射线扫描、心/脑电图、核磁共振仪和患者监护等。

(9) 家用电器：高保真音响、家庭影院、音乐合成/控制、数码相机、智能玩具与游戏、高清晰数字电视(HDTV)、变频空调、智能洗衣机、智能冰箱和智能家居等。

### 1.1.5 DSP 芯片的选择

在实际开发应用中，选择合适的 DSP 芯片至关重要，通常依据系统对运算速度、运算精度、成本及功耗等方面的要求来选择 DSP 芯片。由于应用场合、应用目的不同，不同的 DSP 应用系统对 DSP 芯片的选择一般应考虑的因素分析如下。

**1. 运算速度**

作为一项重要的性能指标，DSP 芯片的运算速度是否符合应用要求是选择 DSP 需考虑的因素之一，常见的 DSP 运算速度指标有如下几个。

(1) 指令周期：执行一条指令需要的平均时间，对于平均在一个周期内可以完成一条指令的DSP芯片，其值等于主频的倒数，常以ns(纳秒)为单位。

(2) MIPS：每秒执行百万条指令数。

(3) MOPS：每秒执行百万次操作数。

(4) MFLOPS：每秒执行百万次浮点操作数。

(5) BOPS：每秒执行十亿次操作数。

(6) MAC时间：执行一次乘法-累加运算需要的时间，大多数DSP芯片可在一个指令周期内完成一次乘法-累加操作。

(7) FFT执行时间：执行一个N点FFT运算需要的时间，由于FFT运算是数字信号处理中常用的典型算法，FFT执行时间用来综合衡量DSP的运算能力。

**2. 运算精度**

DSP算法格式主要分为定点运算和浮点运算。通常定点DSP的字长有16位、20位、24位或32位。浮点DSP的字长为32位，由于浮点算法较复杂，所以浮点DSP的成本和功耗一般比定点DSP高。在算法确定后，通过理论分析或软件仿真可确定算法所需的动态范围和精度，如果应用系统对成本和功耗的要求较严格，一般选用字长较小的定点DSP，如果要求易于开发、动态范围宽、精度高，可以考虑采用字长较大的定点DSP或浮点DSP。

**3. 功耗**

由于DSP越来越多地应用到便携式产品中，因此功耗逐渐成为DSP选型的一个重要因素。目前，常用的DSP芯片工作电压有5V、3.3V和1.8V等多种，对功耗有特殊要求的便携式或特殊工作场合的产品常选用3.3V供电的低功耗高速DSP芯片。

**4. 价格**

DSP芯片的价格是应用产品能否规模化、大众化的重要决定因素，因此在DSP系统设计中，应根据实际系统的应用场合，结合运算精度和功耗等需求，选择价格适中的DSP芯片。

**5. 硬件资源**

不同的DSP芯片内部集成的硬件资源不尽相同，如片内存储器RAM和ROM的数量，通过外部总线可扩展外部程序和数据空间，总线接口和I/O接口等。因此，要根据具体应用对片内集成硬件资源，特别是存储空间大小和外部总线接口的要求来选择DSP芯片。

**6. 开发工具**

便捷、高效的开发工具和完善的软硬件支持是开发大型、复杂DSP应用系统的必要条件，因此在选择DSP芯片时，要考虑其开发工具的支持情况。软件工具包括编译器、汇编器、链接器、调试器、代码库及实时操作系统等；硬件工具包括开发板和仿真器等，如TI的CCS(Code Composer Studio)集成开发环境及对应各种芯片型号的开发板和仿真器。

同时，选择DSP芯片还需考虑芯片的封装形式、质量标准、供货情况和生命周期等，此外，对于数据计算量较大的应用，还需考虑DSP芯片是否支持多核的互联扩展。

## 1.2 DSP系统

### 1.2.1 DSP系统的构成

通常，典型的DSP系统组成如图1-3所示，包括抗混叠滤波器、模/数转换器、数字信号处理器、数/模转换器和抗镜像滤波器。

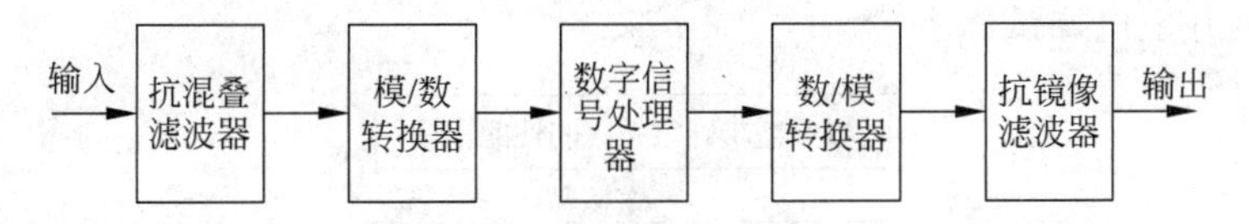


图 1-3 DSP 系统组成图

当 DSP 系统输入一个模拟信号，如音视频信号时，抗混叠滤波器将输入的模拟信号中高于奈奎斯特频率的分量滤掉，以防止信号频谱的混叠；然后，模/数转换器将模拟信号转换成数字信号；数字信号处理器完成数字信号的相关处理算法；最后，经过处理的数字信号经数/模转换器转换为模拟信号，并经由抗混叠滤波器完成模拟信号的重建，得到平滑的波形输出。其中，并不是所有的 DSP 系统都包含上述所有组成部分，且上述数字信号处理器是由 DSP 芯片及外围电路组成的。

## 1.2.2 DSP 系统的特点

由于 DSP 系统是以数字信号为处理对象，因此与模拟信号处理系统相比，具有以下特点：

(1) 接口方便，易于模块化设计和集成。

DSP 系统提供了灵活的接口，可与其他 DSP 系统相互兼容，且 DSP 芯片有高度的规范性，易于模块化设计和大规模集成。

(2) 可编程，易于重复使用。

可编程 DSP 芯片使得设计人员在开发 DSP 系统时，可对程序软件进行重定义和修改，使得 DSP 系统易于重复使用。

(3) 快速稳定、精度高。

DSP 系统结合数字信号处理特点设计，运行速度较高，且噪声对数字信号处理的影响较小，可靠性高，抗环境干扰能力强。

当然，由于现实世界的信号都以模拟形式存在，相比模拟信号处理系统，在简单的处理任务中，由于 DSP 系统构成复杂，其成本和开发复杂度较高，且 DSP 的高速时钟可能带来高频干扰和电磁泄漏等问题。

## 1.2.3 DSP 系统的设计过程

DSP 系统的一般设计开发过程如图 1-4 所示，其具体设计步骤如下：

(1) 根据需求确定 DSP 系统的性能指标。首先根据待开发系统要实现的功能和目标，划分任务，进行方案设计和算法描述，以满足性能指标。

(2) 算法研究及模拟实现和功能验证。根据算法描述，使用 MATLAB 和 C 语言模拟实现相应算法，并确定相关参数，进行功能验证及性能评价。

(3) 选择合适的 DSP 芯片和外围组件。根据算法要求，选择合适的 DSP 芯片及外围组件，包括外部存储器、ADC、DAC 和电源管理芯片等。

(4) 软件设计及调试。使用 DSP 汇编语言、C 语言、混合汇编和 C 嵌套的方法进行算法实现，编译生成可执行程序，用 DSP 软件模拟器或 DSP 仿真器进行程序调试。

(5) 硬件设计及调试。根据选定的 DSP 芯片及外围组件，绘制电路原理图，设计制作

PCB,器件安装并上电调试。

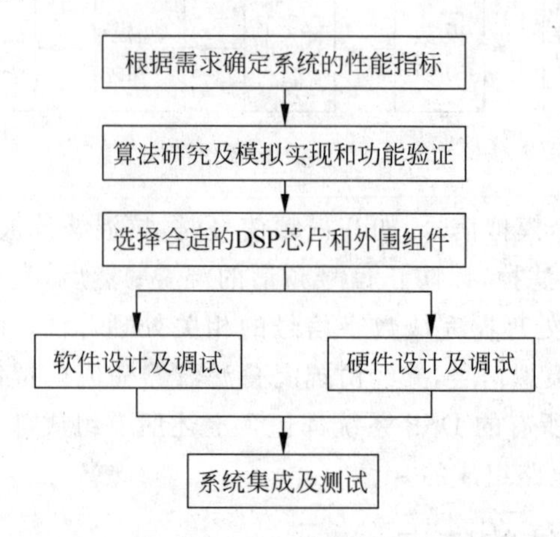


图 1-4 DSP应用系统设计流程图

(6) 系统集成及测试。将软件加载到硬件系统中,并通过 DSP 仿真器等手段测试整个软硬件系统运行是否正常、稳定,是否达到所要求的性能指标。

## 1.3 DSP 芯片

### 1.3.1 TI 公司的 DSP 芯片

1982 年,TI 公司推出 TMS32010——第一款商用定点 DSP,被 *Electronic Products* 杂志评为当年的"年度最佳产品(Product of the Year)",TMS32010 成为以后 TMS320 系列 DSP 的典型。

经过三十多年的发展,TMS320 系列拥有多款 16 位和 32 位定点/浮点 DSP,这些 DSP 具有高速处理器的操作灵活性和阵列处理器的数值计算能力,其灵活的指令集、固有的操作灵活性、高速、低功耗和创新并行的架构设计,使得 TMS320 系列 DSP 已经成为众多数字信号处理应用的理想选择。

为了满足不同应用需求,TMS320 系列相继推出了定点、浮点及多处理器模式的多系列、多型号 DSP 芯片,如图 1-5 所示。其中,C1x、C2x、C2xx、C5x、C54x、C55x、C6x、C62x、C64x 系列为定点 DSP,C3x、C4x、C67x 系列为浮点 DSP,C8x 系列为多处理器模式 DSP。TMS320 系列 DSP 随着时间的推移不断更新换代,其性能不断提高。同时,其每代定点/浮点 DSP 的源代码均向上兼容,即下一代定点 DSP 兼容上一代定点 DSP,下一代浮点 DSP 兼容上一代浮点 DSP,从而为设计实现高性能、低成本的 DSP 实时信号处理系统提供了软件支持。

当前,TMS320 系列 DSP 主要由三大支撑平台构成,包括 TMS320C2000、TMS320C5000 和 TMS320C6000,如图 1-6 所示。其中,C2000 系列主要用于包括电机控制等的系统控制优化领域; C5000 系列主要用于便携式、低功耗消费电子产品; C6000 系列主要用于高速信号处理及高性能图像、视频处理领域。表 1-2 给出了当前常用的 TMS320 系列 DSP 处理器的基本特性。

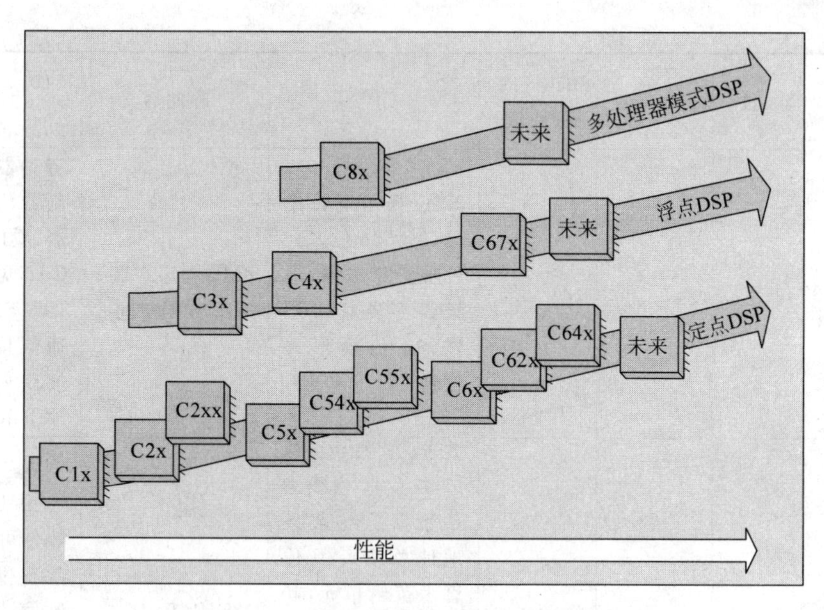


图 1-5 TMS320 系列 DSP 发展过程

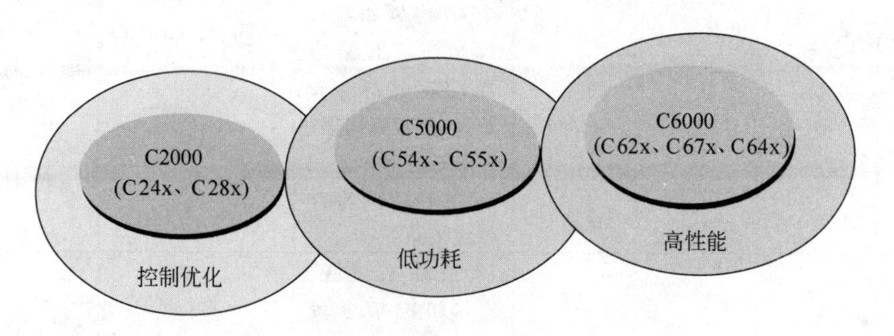


图 1-6 TMS320 系列 DSP 的三大支撑平台

**表 1-2 当前常用的 TMS320 系列 DSP 的基本特性**

| 型号(TMS320) | 精 度 | 指令周期 | 供电(内核/外设) | CPU | 存储器 | 片上外设 |
|---|---|---|---|---|---|---|
| C24x | 16 位-定点 | 50/25ns | 5V/5V 或 3.3V/3.3V | 32 位中心算术逻辑单元、32 位累加器、16 位×16 位乘法器、输入输出移位器、数据地址生成逻辑(8 个辅助寄存器和 1 个辅助寄存器算术单元)、程序地址生成逻辑 | 128KB 程序空间、128KB 数据空间、64KB 全局数据空间、128KB 输入输出地址空间 | 定时器、脉宽调制器、A/D 转换器、看门狗模块、CAN 总线接口、SPI 和 SCI 通信接口、事件捕获单元、积分输出单元 |

续表

| 型号(TMS320) | 精 度 | 指令周期 | 供电(内核/外设) | CPU | 存储器 | 片上外设 |
|---|---|---|---|---|---|---|
| C28x | 32位-定点 | 16.7/10ns | 1.8V/3.3V | 32位算术逻辑单元、2个16位×16位乘法累加器、地址寄存器算术逻辑、16位桶形移位器 | 8MB程序空间、8GB数据空间 | 定时器、脉宽调制器、A/D转换器、看门狗模块、CAN总线接口、I2C、SPI和SCI通信接口、事件捕获单元、积分输出单元 |
| C54x | 16位-定点 | 25/12.5/10ns | 1.5V/3.3V | 改进的多总线结构(1条程序总线、3条数据总线、4条地址总线)、40位算术逻辑单元(40位桶形移位器、2个40位累加器)、17位×17位乘法器、比较选择存储单元、指数编码器、8个辅助寄存器、2个16位辅助寄存器算术单元 | 128KB程序空间、128KB数据空间、128KB I/O空间 | 通用I/O接口、软件可编程等待状态发生器、时钟发生器、定时器、DMA控制器、外部存储器接口、标准/时分复用串口、BSP/McBSP接口、8/16位HPI接口 |
| C55x | 16位-定点 | 12.5/10/5ns | 0.9V/3.3V或1.5V/3.3V | 12条独立总线、32×16位指令缓存队列、2个17位×17位乘法累加器、40位/16位算术逻辑单元、40位桶形移位器、4个40位的累加器、8个辅助寄存器、3个24位辅助寄存器算术单元、4个数据寄存器 | 256KB统一的程序/数据存储空间、8M words I/O空间 | 通用I/O接口、时钟发生器、定时器、看门狗模块、A/D转换器、DMA控制器、外部存储器接口、BSP/McBSP接口、8/16位HPI接口 |
| C62x | 32位-定点 | 5/4/3.3ns | 1.5V/3.3V | 6个32/40位算术逻辑单元、2个16位乘法器、32个32位通用寄存器、2个数据通路 | 512Kb内部程序/Cache空间、512Kb双端口内部数据存储空间 | 外部存储器接口EMIF、EDMA控制器、PLL时钟模块、定时器、PCI接口、McBSP接口、$I^2C$接口、HPI接口 |

续表

| 型号(TMS320) | 精 度 | 指令周期 | 供电(内核/外设) | CPU | 存储器 | 片上外设 |
|---|---|---|---|---|---|---|
| C67x | 32位/64位-浮点 | 6/5/3.3/2ns | 1.8V/3.3V或1.2V/3.3V | 2个定点算术逻辑单元、4个浮点/定点算术逻辑单元、2个浮点/定点乘法器、32/64个通用寄存器、2个数据通路 | 4KB L1P程序Cache、4KB L1D数据Cache、64KB L2统一Cache/映射RAM、192KB附加L2映射RAM | 外部存储器接口EMIF、EDMA控制器、定时器、看门狗模块、McASP接口、McBSP接口、$I^2C$接口、HPI接口、专用GPIO模块、PLL时钟模块 |
| C64x | 32位-定点 | 2.5/2/1.67ns | 1.2V或1.05V/1.8V或3.3V | 6个32/40位的算术逻辑单元、2个乘法器、64个32位通用寄存器、2个数据通路 | 16KB L1P程序RAM/Cache、48KB L1D数据RAM/Cache、64KB L1D统一映射RAM/Cache | 外部存储器接口EMIF、EDMA控制器、定时器、看门狗模块、McBSP接口、$I^2C$接口、HPI接口、FPGA接口、10/100Mb/s EMAC |

## 1.3.2 其他公司的DSP芯片

目前，除了TI公司外，设计生产通用DSP的厂家中，较有影响力的还有ADI公司、Motorola公司(现在的Freescale)和AT&T公司(现在的Lucent)。这些公司的DSP芯片也各有特色。表1-3简单列举了上述公司生产的几款常用DSP的型号及特点。

**表1-3 其他公司几款常用的DSP型号及特点**

| 生产厂商 | 型 号 | 特 点 |
|---|---|---|
| ADI公司 | ADSP-BF50x/ADSP-BF51x/ADSP-BF52x/ADSP-BF70x | 基于400/600MHz的高性能Blackfin处理器，含有2个16位MAC/1个32位MAC、2个40位ALU、4个8位视频ALU、40位移位器RISC式寄存器和指令模型 |
| | ADSP-SC58x | 基于SHARC+双核和ARM Cortex-A5TM内核，每个SHARC+内核最高达450MHz，每个内核最多有5Mb(640KB)L1SRAM存储器，支持奇偶校验，可配置为缓存(可选功能)支持32位、40位和64位浮点32位定点字节、短字、字、长字寻址 |
| | ADSP-2147x/ADSP-2126x/ADSP-2136x/ADSP-2137x/ADSP-2146x/ADSP-2116x | 基于SHARC处理器，属于SIMD SHARC系列，高性能32/40位浮点处理器，针对高性能音频处理进行优化单指令、多数据(SIMD)计算架构 |

续表

| 生产厂商 | 型号 | 特点 |
| --- | --- | --- |
| ADI公司 | ADSP-TS20xS | 基于500MHz TigerSHARC处理器，双计算模块：每个含有1个ALU、1个移位器和1个寄存器，支持单精度IEEE32位和扩展精度40位浮点数据格式和8/16/32/64位定点数据格式，TigerSHARC结构每个指令周期能够执行高达4条指令，可执行24个定点(16位)操作或6个浮点操作 |
| Motorola公司 | DSP56000系列 | 采用改进哈佛结构，24位定点计算，33MHz时钟频率，含有2个24位/1个48位寄存器、2个56位累加器 |
| | DSP56800系列 | MCU和DSP的混合体，16位定点计算，时钟频率可达80MHz，含有1个单周期16×16位并行乘法累加器，2个36位累加器、16位双向桶形移位器 |
| | DSP96000系列 | 32位浮点DSP，指令执行速度可达40MFLOPS，含有3个32位执行单元，包括算术逻辑单元(ALU)、地址发生单元(AGU)和程序控制器 |
| AT&T公司 | DSP16xx系列 | 16位定点DSP，40/50/70MHz时钟频率，处理器包含16×16位乘法器、36位算术逻辑单元/移位器、2个16位累加器、36位桶形移位器、4个通用16位寄存器 |
| | DSP32xx系列 | 32位浮点DSP，运算速度可达12.5MIPS，含有控制算术单元(CAU)和数据算术单元(DAU)，CAU包含22个通用寄存器，可完成16/24位整型算术和逻辑操作，DAU包含1个32位浮点乘法器、1个40位的浮点加法器和4个40位的累加器，可完成32位浮点算术运算，并行执行可达25MFLOPS |

## 1.4 TMS320C6x(6000)概述

### 1.4.1 TMS320C6x简介

TMS320C6x DSP是TMS320系列的重要组成部分，其中，TMS320C62x/C64x处理器为定点DSP，TMS320C67x处理器为浮点DSP。TMS320C62x、TMS320C64x及TMS320C67x间代码兼容，且均采用高性能、支持超长指令字(VLIW)的VelociTI处理器结构，使得其成为多通道、多功能应用的理想选择。结合开发工具和评估工具，通过增强指令的并行性，VelociTI结构为嵌入式DSP应用提供了较快的开发时间和较高的处理性能。

同时，TMS320C6x DSP最高可达到8000MIPS(百万条指令每秒)的运算速度，并且具有完整的开发工具集，为高性能DSP程序开发提供了成本有效的解决方案。

### 1.4.2 TMS320C6x结构

TMS320C6x DSP中包含程序存储器和多种大小不同的数据存储器，其中程序存储器被用作程序缓存。除串口和主机接口等出现在特定的器件中，直接存储器访问(DMA)控制器、节电逻辑(Power-down Logic)和外部存储器接口(EMIF)等外设也是TMS320C6x DSP的基本组成单元。下面以TMS320C64x DSP和TMS320C64x+DSP为例介绍C6x的基本结构组成，图 1-7 所示为 TMS320C64x DSP 的结构框图，图 1-8 所示为 TMS320C64x+DSP 的结构框图，TMS320C64x+是 TMS320C64x 新增功能和扩展指令集的增强型。

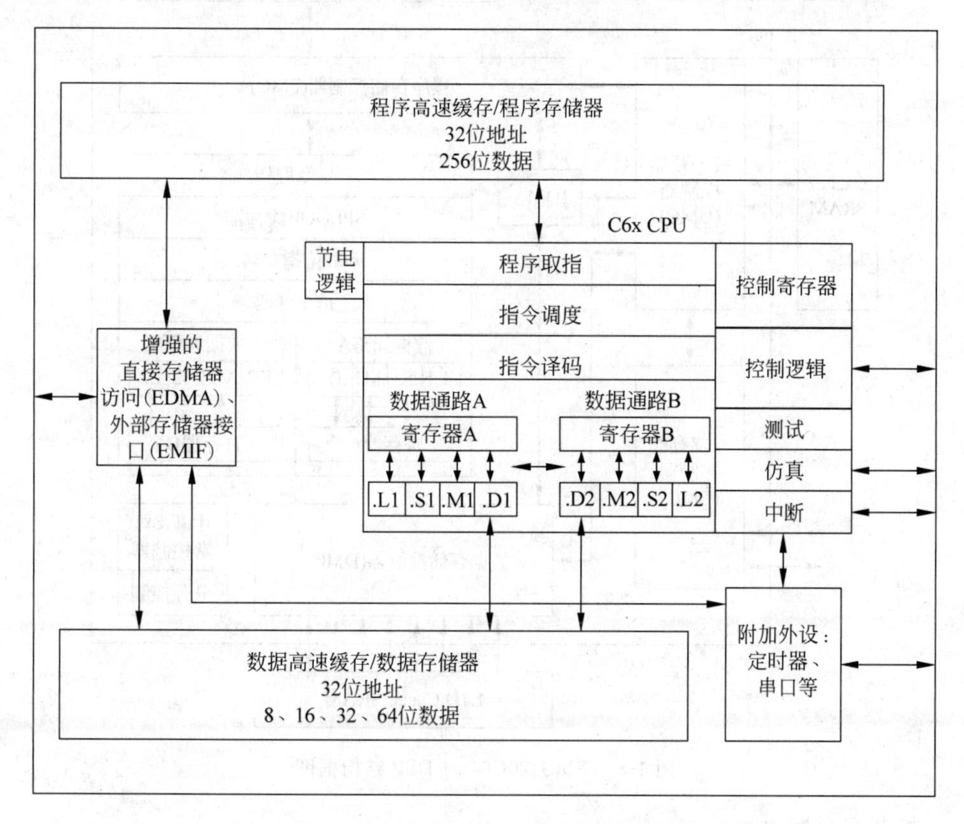


图 1-7 TMS320C64x DSP 结构框图

**1. TMS320C64x 及 TMS320C64x+CPU 结构**

(1) TMS320C64x CPU 包括：

① 程序取指单元；

② 指令调度单元，先进的指令封装；

③ 指令译码单元；

④ 2 条数据通路(每一条包含 4 个功能单元)；

⑤ 64 个 32 位寄存器；

⑥ 控制寄存器；

⑦ 控制逻辑；

⑧ 测试、仿真和中断逻辑。

(2) TMS320C64x+ CPU 包括：

① 程序取指单元；

② 16/32 位指令调度单元，先进的指令封装；

③ 指令译码单元；

④ 2 条数据通路(每一条包含 4 个功能单元)；

⑤ 64 个 32 位寄存器；

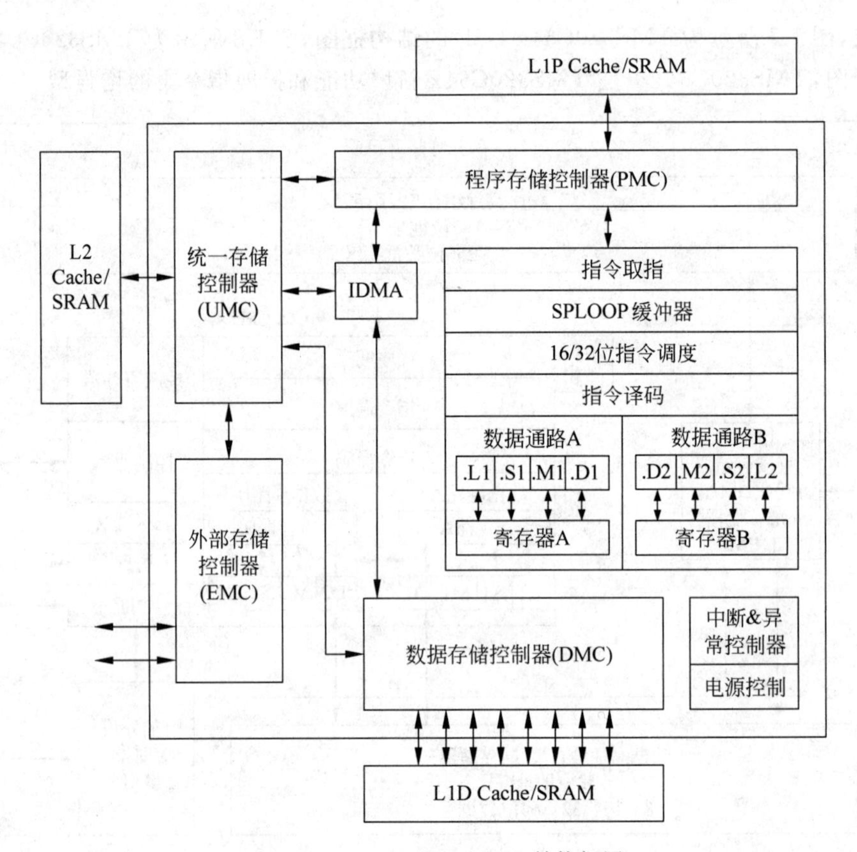


图 1-8　TMS320C64x＋DSP 结构框图

⑥ 控制寄存器；

⑦ 控制逻辑；

⑧ 测试、仿真和中断逻辑；

⑨ 用于内部存储器间传输的内部 DMA(IDMA)。

其中，程序取指、指令调度和指令译码单元能够在每个 CPU 时钟周期内传送高达 8 条 32 位指令到功能单元中。在 2 个数据通路(A 和 B)中，每个数据通路都会发生指令的处理，且都包含 4 个功能单元(.L、.S、.M 和.D)和 32 个 32 位通用寄存器。控制寄存器提供配置和控制各种处理器操作的方法。

**2. 内部存储器**

TMS320C64x 和 TMS320C64x＋DSP 均拥有一个 32 位的、可按字节寻址的地址空间，内部(片上)存储器采用数据和程序空间分开的方式组织。当使用片外存储时，这些空间通过外部存储器接口(EMIF)统一成单一的存储空间。TMS320C64x DSP 通过 2 个 64 位的内部端口来访问内部数据存储器，通过一个单一的内部端口来访问内部程序存储器，并完成一条 256 位宽的取指操作。而 TMS320C64x＋DSP 通过一个 256 位的只读端口来访问内部程序存储器，通过 2 个 256 位的端口(读/写)来访问内部数据存储器。

**3. 存储和外设**

对于 TMS320C6x 系列 DSP，多种存储和外设选项可以获得：

(1) 大的片上 RAM(可达 7M bits)。

(2) 程序缓存。

(3) 2 级缓存。

(4) 32 位外部存储器接口(EMIF)支持 SDRAM、SBSRAM、SRAM 和其他异步存储器,以满足宽范围的外部存储需要和实现最大的系统性能。

(5) 增强的直接存储器访问(EDMA)控制器,可不受 CPU 干预,完成存储器映射地址范围内的数据传输;同时,EDMA 有 16 个可编程通道和一个 RAM 空间,为将来的数据传输保留了多个配置。

(6) 以太网介质访问控制器(EMAC)和物理层(PHY)设备管理数据输入/输出模块接口,通过一个自定义接口来实现数据的有效传输和接收。

(7) 主机接口(HPI)是一个并行端口,其通过主处理器可直接访问 CPU 存储空间。主机设备作为接口控制器运行,增加了访问的易用性。主机设备也可直接访问存储器映射的外设。通过 EDMA 控制器提供了与 CPU 存储空间的连接。

(8) I2C 模块,通过 I2C 串行总线为 C64x/C64x+DSP 和 I2C 兼容设备提供了连接接口。

(9) 多通道音频串行口(McASP)作为通用音频串行口的优化来满足多通道音频应用需要,其可灵活确定以无缝连接到音频模/数转换器(ADC)、数/模转换器(DAC)、编译码器、数字音频接口接收器(DIR)和 S/PDIF 传输物理层单元。

(10) 多通道缓存串行口(McBSP),基于 TMS320C2000 和 TMS320C5000 上的标准串行口,此外,其还可借助 EDMA 控制器自动在存储器中缓冲串行样本。它还具有兼容 T1、E1、SCSA 和 MVIP 网络标准的多通道功能。

(11) 外围设备互连(PCI)端口支持,通过集成 PCI 主/从主线接口使得 C64x/C64x+DSP 可连接到 PCI 主机。

(12) 两个 32 位通用定时器可实现定时、计数、生成脉冲、CPU 中断、发送同步事件到 DMA/EDMA 控制器的功能。

(13) 节电逻辑可减小时钟来降低功耗。电路逻辑从一个状态跳转到另一个状态时,大多数 CMOS 逻辑的运行功率会发生浪费,因此,通过阻止一部分或全部的芯片逻辑跳转,在不损失数据和操作情境的情况下,可以极大地节约功率。

(14) 第 3 代移动通信中,高码率的信道译码需要译码 Turbo-encoded 数据,而声音和低码率数据信道译码需要译码卷积编码数据,因此,在 C6000 DSP 中设计了 Turbo-decoder Coprocessor(TCP)和 Viterbi-decoder Coprocessor(VCP)来完成 IS2000 和 3GPP 无线标准中对应的译码操作。

(15) 用于异步传输模式(ATM)的通用测试和操作物理层(PHY)接口(UTOPIA)作为 ATM 控制器(ATMC)的从设备,可接入 ATM 主控制器。

### 1.4.3 TMS320C6x 特点

TMS320C6x DSP 每个指令周期最高可执行 8 条 32 位指令,以 TMS320C64x 为例,其处理单元由 64 个 32 位通用寄存器和 8 个功能单元组成,这 8 个功能单元包含 2 个乘法器和 6 个算术逻辑单元(ALU)。

TMS320C6x 系列 DSP 拥有完整的优化开发工具集,其包括一个高效的 C 编译器、一个用于简化汇编语言程序设计及调度的汇编优化器和一个基于 Windows 操作系统的源码执行特性可视化的调试器界面。此外，它还拥有一套兼容 TI XDS510 和 XDS560 仿真器接口的硬件评估板，其符合 IEEE 1149.1-1990 标准、IEEE 标准测试接入端口和边界扫描架构。

TMS320C6x 系列 DSP 的主要特点如下：

(1) 拥有先进超长指令字(VLIW)的 CPU，其由 8 个功能单元组成，包括 2 个乘法器和 6 个算术逻辑单元(ALU)。

① 每个指令周期可执行高达 8 条指令，是其他典型 DSP 性能的 10 倍；

② 在快速的开发时间内，可开发出高效的类似于精简指令集(RISC)的代码。

(2) 指令封装(Instruction Packing)。

① 使代码大小等效为 8 条指令进行串行或并行执行；

② 减少代码大小、程序取指(Program Fetches)和功耗。

(3) 大多数指令的条件执行。

① 减少高代价的分支指令；

② 增加高持续性能的并行性。

(4) 独立功能单元高效的代码执行。

① 在 DSP 基准套件行业最有效的 C 编译器；

② 行业第一个用于快速开发和改进并行性的汇编优化器。

(5) 支持 8/16/32 位数据，为多元化应用提供高效的存储支持。

(6) 为语音编码器和其他计算密集型应用提供 40 位运算选择加额外的精度。

(7) 饱和度(Saturation)和归一化(Normalization)为关键的算术运算提供了支持。

(8) 字段操作(Field Manipulation)和指令提取、设置、清除及位计算支持控制和数据操作应用中常见的运算。

此外，TMS320C64x 和 TMS320C64x+系列 DSP 还包括以下特点：

(1) 一个时钟周期内每个乘法器可执行 2 个 16×16 位或 4 个 8×8 位的乘法运算。

(2) 支持四路 8 位或双 16 位指令集随数据流扩展。

(3) 支持非对齐 32 位(字)和 64 位(双字)存储访问。

(4) 添加了特殊的通信专用指令来解决常见的纠错码操作。

(5) 位计算和旋转硬件(Rotate Hardware)扩展支持位算法。

除了上述 TMS320C64x DSP 的特点，TMS320C64x+DSP 还包括以下特点。

(1) 简洁指令：为减少代码的大小，常见的指令(如 AND、ADD、LD 和 MPY)拥有了 16 位的版本。

(2) 保护模式操作：具有优先程序执行的两级系统来支持更高容量的操作系统和系统特性，如存储保护。

(3) 支持错误检测和程序重定向，以提供稳健的(Robust)的代码执行。

(4) 硬件支持模(Modulo)循环操作，来减少代码的大小。

(5) 每个乘法器可执行 32×32 位乘法运算。

(6) 支持复杂乘法的附加指令，在每个时钟周期可允许高达 8 个 16 位乘/加/减运算。

VelociTI 结构使得 TMS320C6x DSP 成为第一个现成的使用先进超长指令字(VLIW)

的DSP器件,其可通过增加指令的并行性来获得较高的性能。传统的VLIW结构由多个并行运行的执行单元组成,在单个时钟周期内可执行多条指令。并行性是提高计算性能的关键,它使得这些DSP器件超过了传统超标量设计的性能。VelociTI是一个高度灵活的结构,对于如何及何时取指、执行和存储很少限制。该结构的灵活性成为突破TMS320C6000优化编译器效率水平的关键。VelociTI的特点如下。

(1) 指令封装(Instruction Packing):减少代码大小。

(2) 有条件地执行所有指令:代码灵活。

(3) 可变宽度指令:数据类型灵活。

(4) 全流水线分支:零开销分支操作。

### 1.4.4 TMS320C6x的应用

TMS320C6x DSP给系统架构师提供了无限的可能,以使他们的产品变得独特。高性能、易使用和可接受的价格使得TMS320C6x成为多通道、多功能数字信号应用平台的理想选择。其主要应用如下:

① 混合调制解调器;

② 无线局域环路基站;

③ 波束基站;

④ 远程访问服务器(RAS);

⑤ 数字用户线(DSL)系统;

⑥ 电缆调制解调器;

⑦ 多通道电话系统;

⑧ 虚拟现实3D图形;

⑨ 语音识别;

⑩ 音频信号处理;

⑪ 雷达信号处理;

⑫ 大气层空间建模;

⑬ 有限元分析;

⑭ 图像处理(如指纹识别、超声和核磁共振成像MRI)。

同时,TMS320C6000也是其他一些令人兴奋的新应用的理想选择,如:

① 个性化家庭安全与面部和手/指纹识别;

② 具有全球定位系统(GPS)导航的先进巡航控制和避免事故;

③ 远程医疗诊断。

## 本章小结

本章为DSP原理及应用的绪论,首先对DSP的发展、特点、分类、应用及选择进行了概述;然后对DSP系统构成和设计过程进行了介绍,并简单分析了TI及其他公司生产的一些常用DSP芯片的型号和特点;最后重点介绍了高性能TMS320C6x系列DSP的结构组成、特点和应用。通过本章学习,读者可对DSP芯片的基础知识及DSP系统设计有所熟悉和了解，为后续内容的学习奠定一定的基础。

## 思考与练习题

1. 简述 DSP 芯片的发展概况及趋势。
2. 简述 DSP 存储器的两种主要结构，并分析其区别。
3. 什么是流水线技术？
4. 简述当前 DSP 的主要应用。
5. 简述 DSP 系统的构成及设计步骤。
6. 简述表征 DSP 运算速度的指标，并给出其具体含义。

# 第2章 TMS320DM6437的硬件结构

CHAPTER 2

## 2.1 TMS320DM6437的基本结构

TMS320DM6437采用TMS320C64x+DSP内核，是TI公司开发的一款高性能的、支持达芬奇(DaVinci)技术的32位定点处理器，具有非常强的计算能力，工作频率可达700MHz，处理速度最高可达5600MIPS。TMS320DM6437具有64个32位通用寄存器和8个独立计算功能单元，这些功能单元包括两个用于存储32位结果的乘法器和6个算术逻辑单元(ALU)。TMS320DM6437的内核采用TI开发的第三代高性能支持超长指令字(VLIW)的VelociTI.2结构，VelociTI.2在8个功能单元里扩展了新的指令以增强其在视频处理中的性能。在8个功能单元中，2个乘法器在每个时钟周期内可执行4个16×16位或8个8×8位的乘法，6个算术逻辑单元能在每个时钟周期内执行2个16位或4个8位的加、减、移位等运算。因此，在700MHz时钟频率下，每秒可执行28亿次16位的乘加运算或56亿次8位的乘加运算。TMS320DM6437的基本硬件结构如图2-1所示。

TMS320DM6437采用2级Cache存储结构，片上有32KB RAM/Cache可配置的1级程序存储器L1P，48KB RAM＋32KB RAM/Cache可配置的1级数据存储器L1D和128KB RAM/Cache可配置的2级程序/数据存储器L2，存储器体系结构比较灵活。此外，TMS320DM6437还集成了片上ROM Bootloader、兼容的JTAG接口、灵活的OSC/PLL时钟发生器和独立的节电模式等。

TMS320DM6437硬件结构的另一特点是包含了一个视频处理子系统(VPSS)，它分为两部分：一部分是视频处理前端输入部分(VPFE)，用于视频采集；另一部分是视频处理后端输出部分(VPBE)，这增强了TMS320DM6437的视频处理能力。

视频处理前端部分(VPFE)由CCD控制器(CCDC)、预览器、柱状显示模块、自动曝光/白平衡/聚焦模块(H3A)和缩放模块组成。CCDC可以与通用视频解码器、CMOS或CCD传感器相连。预览器是一个实时图像处理设备，它从CMOS或CCD传感器获取原始图像数据，将RGB格式的数据转换成YCrCb4:2:2格式。柱状显示和H3A模块提供TMS320DM6437中有关原始数据的统计信息。缩放器可以将图像数据在水平方向和垂直方向上各自进行缩放，范围从1/4x到4x，增量间隔为256/N，N的取值范围从64到1024。

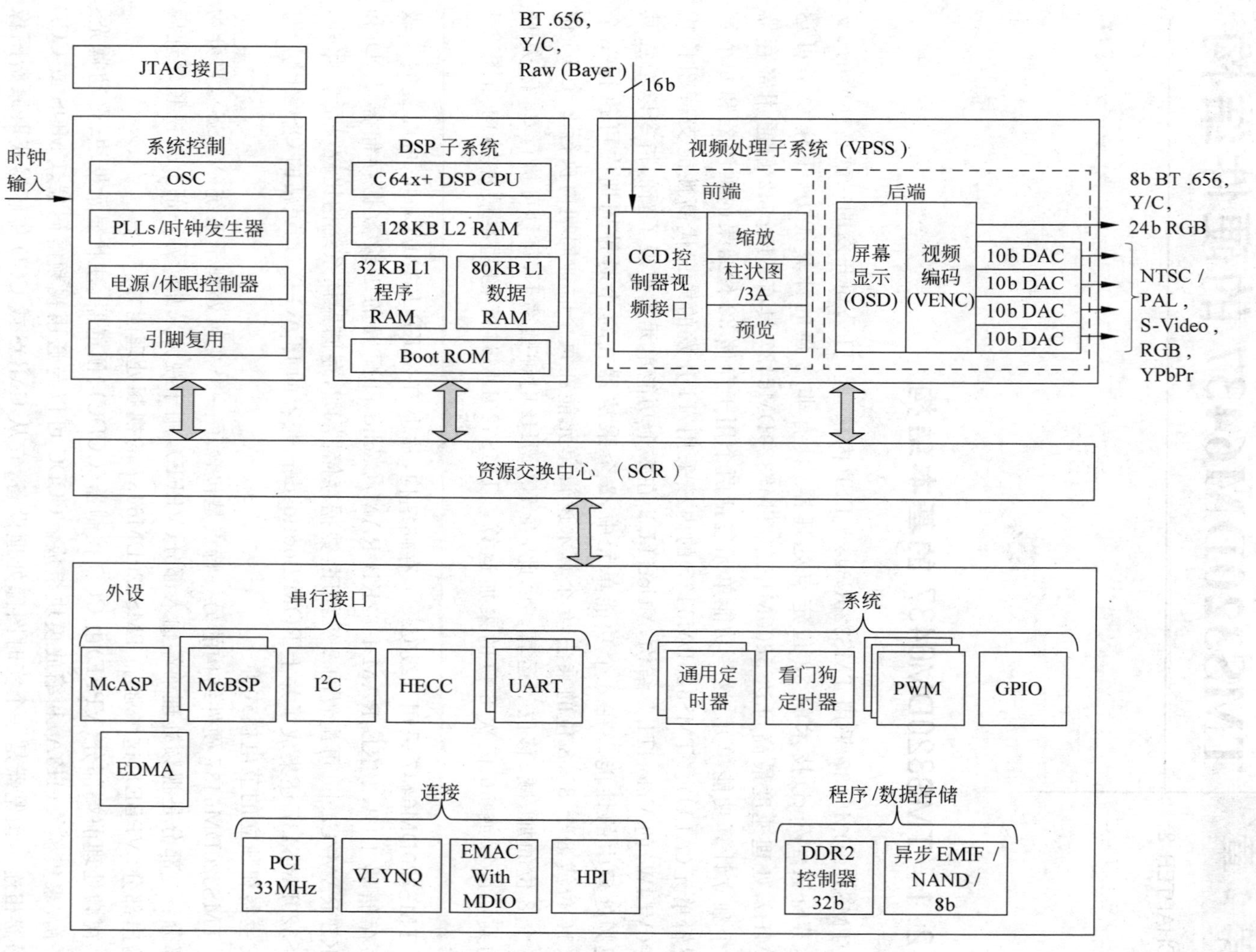


图 2-1 TMS320DM6437 DSP 的硬件结构框图

视频处理后端部分(VPBE)由屏幕显示(OSD)设备和视频编解码(VENC)组成。OSD设备可同时处理2个独立的视频采集窗口和2个独立的显示窗口或2个视频窗口、1个OSD窗口和1个高达8级的α混合窗口。VENC提供4路模拟的DA转换,转换效率达54MHz,提供NTSC/PAL制复合电视信号、S-Video信号及分量电视信号输出。VENC还提供高达24位的数字输出,可与RGB888设备相连。数字输出信号符合BT.656标准或CCIR标准的8/16位数据输出,且行场独立同步。

如图2-1所示,TMS320DM6437集成了丰富的片内外设,包括以下四部分。

(1) 系统外设:包括2个64位通用定时器、1个64位看门狗定时器、3个脉冲宽度调制(PWM)和111个通用输入/输出引脚(GPIO),每个通用定时器可分别配置成2个独立的32位定时器。

(2) 多种串口:包括多通道音频串口(McASP)、2个多路缓冲串口(McBSP)、1个I2C总线接口、高端控制器局域网(CAN)控制器(HECC)及2个通用异步收发器(UART)接口。HECC模块提供了在恶劣环境下使用的网络协议,从而保证了与其他控制器的不间断通信,非常适合于自动化控制领域。

(3) 连接器:包括1个外围设备互连接口(PCI)(33MHz)、4个收发VLYNQ(FPGA)接口、10/100Mbps以太网媒体存取控制器(EMAC)及1个可编程的16位主机接口(HPI)。EMAC符合IEEE 802.3规范,支持10Base-T和100Base-TX标准,具有媒体独立接口MII和数据输入/输出管理模块。EMAC为TMS320DM6437与网络连接提供了有效的接口。

(4) 外部存储器接口:包括1个用于32位DDR2 SDRAM高速存储控制器接口,具有256MB寻址空间,1个8位异步外部存储器接口(EMIFA),具有64MB寻址空间,如与NOR Flash或NAND Flash存储器相连,用于低速率的存储器或外部设备接口。此外,增强型直接存储器读写(EDMA3)控制器负责存储器与TMS320DM6437的从设备间的数据传输。TMS320DM6437具有64个独立通道的EDMA3控制器,EDMA3负责片内L2和L1D与其他外设之间的数据传输,以及外部存储器间、外围设备与主机间的数据传输。

## 2.2 TMS320DM6437 CPU结构

### 2.2.1 CPU的组成

TMS320DM6437采用TMS320C64x+ CPU体系结构,包括8个独立的计算功能单元、2个寄存器组和2条数据通路,如图2-2所示。这2个寄存器组(A和B)都包括32个32位通用寄存器,共64个寄存器。这些通用寄存器既可用于数据,又可用于数据地址指针。数据类型支持封装(Packed)8位数据、封装16位数据、32位数据、40位数据和64位数据,其中大于32位的数据,如40位长或64位长数据被存储到寄存器对(Register Pairs)中,即低32位(LSB)数据放置到偶寄存器(Even Register)中,剩余的高8位或高32位(MSB)放置到紧邻的下一个奇寄存器(Odd Register)中。

这8个功能单元(.M1、.L1、.D1、.S1、.M2、.L2、.D2和.S2)都能够在单个时钟周期内执行一条指令。其中,.M功能单元执行所有的乘法操作,.S和.L单元完成一系列算术、逻辑和分支功能,.D单元主要用于从存储器加载数据到寄存器和将寄存器中的结果保存到存储器中。

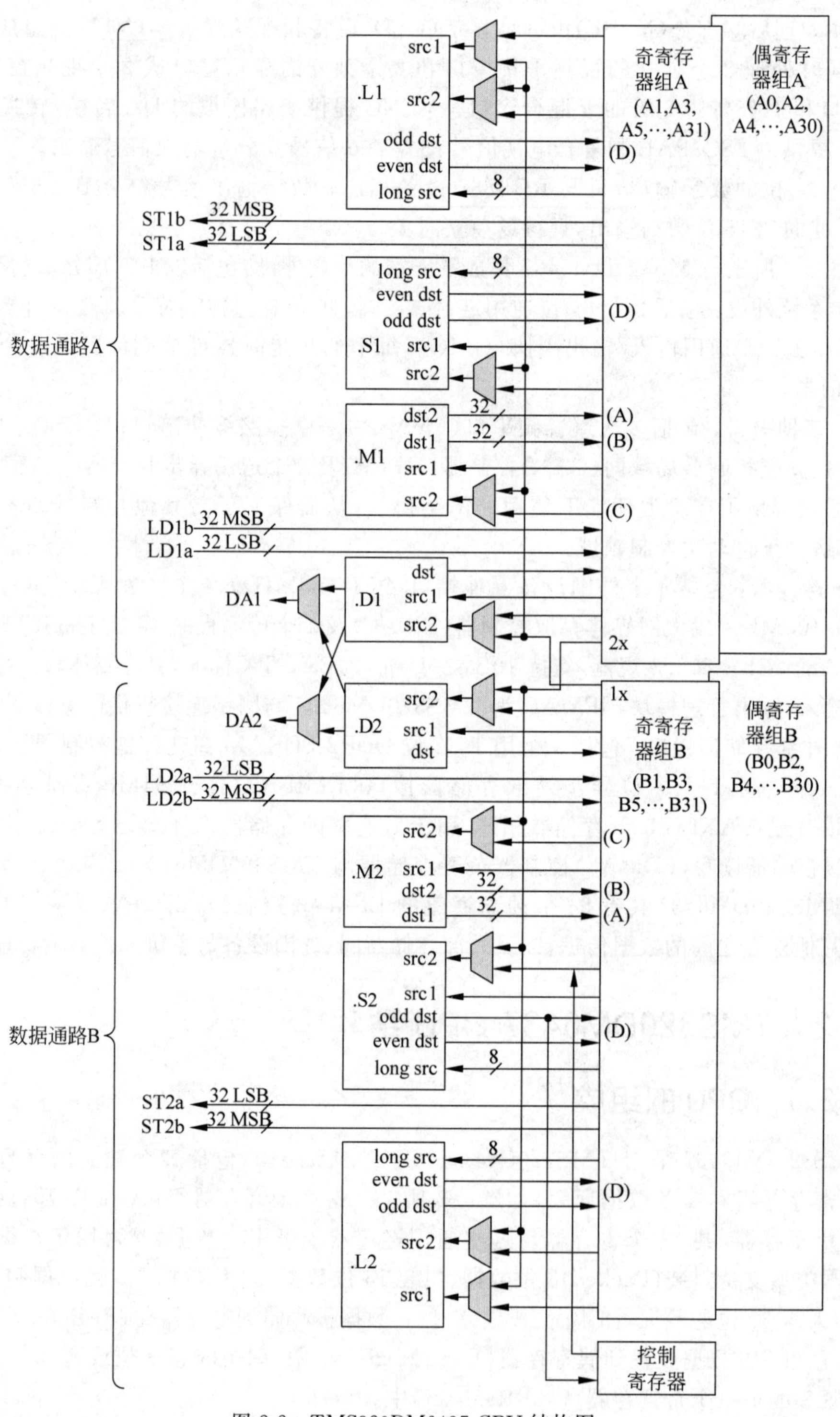

图 2-2 TMS320DM6437 CPU 结构图

每个 TMS320C64x+ .M 功能单元在单个指令周期内能够完成一个 32×32 位乘法运算，或一个 16×32 位乘法运算，或 2 个 16×16 位乘法运算，或 2 个 16×32 位乘法运算，或 2 个16×16 位带加/减功能的乘法运算，或 4 个 8×8 位乘法运算，或 4 个 8×8 位带加法功能的乘法运算，或4个16×16位带加/减功能的乘法运算。同时，还支持8位和32位数据的有限域(Galois Field，伽罗华域)乘法运算。很多通信算法，如FFT和调制解调都需要作复数乘法(CMPY)运算，复数乘法指令通过接收16位输入，得到包含32位实部和32位虚部的乘法输出。带有舍入功能的复数乘法还可得到一个32位的封装输出，其包含16位实部和16位虚部值。为了满足音频和其他高精度算法的需要，32×32位乘法指令在多种有符号和无符号32位数据类型上提供了扩展精度。

TMS320C64x+中的.L功能单元(算术逻辑单元，ALU)集成了成对通用输入的并行加/减法运算能力，主要用于32位数据或双16位数据的并行加、减法运算，且具有标准的指令格式。

TMS320C64x+内核在多个方面增强了.S功能单元，在TMS320C64x内核中，双16位MIN2和MAX2比较操作仅能在.L单元上执行；而在TMS320C64x+内核中，该操作也可在.S单元上执行，以增强搜索和排序算法的性能。最后，为了增加数据压缩和解压的吞吐率，.S功能单元保证了8位/16位和双16位指令提供的高性能。解压指令为并行16位操作准备8位数据，压缩指令返回并行结果到输出。

## 2.2.2 CPU数据通路

TMS320DM6437 CPU包含2条数据通路(A和B)，如图2-2所示。其组成包括：2个通用寄存器组(A和B)、8个功能单元(.L1、.L2、.S1、.S2、.M1、.M2、.D1和.D2)、2个存储器加载数据通路(L1D和L2D)、2个存储器保存数据通路(ST1和ST2)、2个数据地址通路(DA1和DA2)和2个寄存器数据交叉通路(1X和2X)。其中，在.M单元中dst2为高32位(MBS)，dst1为低32位(LBS)，src2为64位；在.L和.S单元中，odd dst连接到奇寄存器组(Odd Register Files)，even dst连接到偶寄存器组(Even Register Files)。

每个通用寄存器组包含32个32位寄存器(A0～A31为寄存器组A、B0～B31为寄存器组B)，如表2-1所示。这些寄存器可用于数据、数据地址指针或状态寄存器。通用寄存器组支持数据范围大小从封装的8位到64位定点，其值大于32位的，如40位和64位，被存储到寄存器对中，即低32位数据存放到偶数序列寄存器中、剩余的高8位或高32位存放到紧邻的下一个奇数序列寄存器中。封装数据类型既可通过4个8位或双16位值存储在单个32位寄存器中，也可通过4个16位值存储在一个64位的寄存器对中。DSP内核中有32个有效寄存器对用于存储40位或64位数据。在汇编语言语法中，寄存器名间的冒号表示寄存器对，奇数序列的寄存器首先被指定。图2-3显示了40位长数据的寄存器存储方法，一个长整型数输入的操作将忽略奇寄存器中的高24位，即奇寄存器中的高24位自动补0，偶寄存器以操作码方式进行编码。

**表2-1 40位/64位寄存器组**

| 寄存器组 | |
|---|---|
| A | B |
| A1：A0 | B1：B0 |
| A3：A2 | B3：B2 |
| A5：A4 | B5：B4 |
| A7：A6 | B7：B6 |
| A9：A8 | B9：B8 |

续表

| 寄存器组 | |
|---|---|
| A | B |
| A11：A10 | B11：B10 |
| A13：A12 | B13：B12 |
| A15：A14 | B15：B14 |
| A17：A16 | B17：B16 |
| A19：A18 | B19：B18 |
| A21：A20 | B21：B20 |
| A23：A22 | B23：B22 |
| A25：A24 | B25：B24 |
| A27：A26 | B27：B26 |
| A29：A28 | B29：B28 |
| A31：A30 | B31：B30 |

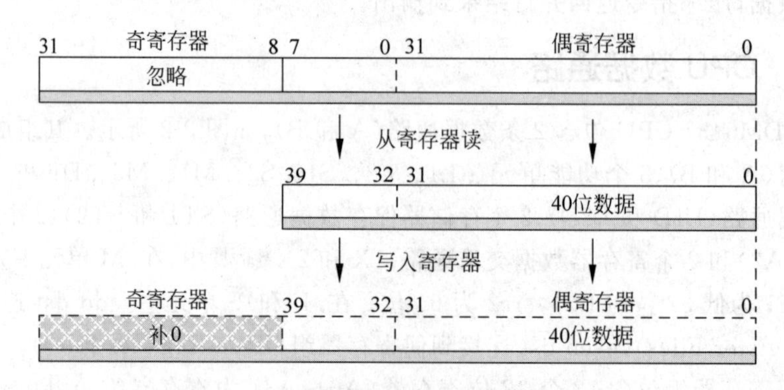


图 2-3 40 位数据在寄存器对中的存储方法

在这 2 条数据通路上，8 个功能单元被分成 2 组，每组 4 个。在一条数据通路上的每个功能单元等同于另一条数据通路上对应的功能单元，如表 2-2 所示。TMS320C64x+可以执行TMS320C6x 中几乎全部 8 位到 16 位指令，如在. M 功能单元上，MPYU4 单指令可完成 4 个 8×8 位无符号乘法运算；在. L 功能单元上，ADD4 单指令可完成 4 个 8 位加法运算。

**表 2-2 功能单元及操作**

| 功能单元 | 定点操作 |
|---|---|
| . L单元<br>(. L1、. L2) | 32/40 位算术和比较运算<br>32 位逻辑运算<br>32 位数最左边 1 或 0 计数<br>32 位和 40 位数的归一化计算<br>字节移位<br>数据压缩/解压<br>5 位常数生成<br>双 16 位算术运算<br>4 个 8 位算术运算<br>双 16 位最小/最大运算<br>4 个 8 位最小/最大运算 |

续表

| 功能单元 | 定点操作 |
| --- | --- |
| .S单元<br>(.S1、.S2) | 32位算术运算<br>32/40位移位运算和32位位操作<br>32位逻辑运算<br>分支操作<br>常数生成<br>寄存器与控制寄存器间传送(仅限.S2)<br>字节移位<br>数据压缩/解压<br>双16位比较运算<br>4个8位比较运算<br>双16位移位运算<br>双16位饱和算术运算<br>4个8位饱和算术运算 |
| .M单元<br>(.M1、.M2) | 32×32位乘法运算<br>16×16位乘法运算<br>16×32位乘法运算<br>4个8×8位乘法运算<br>双16×16位乘法运算<br>双16×16位乘、加/减运算<br>4个8×8位乘、加运算<br>位扩展运算<br>位交错/去交错运算<br>变量移位运算<br>反转<br>有限域(Galois Field)乘法运算 |
| .D单元<br>(.D1、.D2) | 32位加、减、线性和循环地址计算<br>5位常数偏移的加载和保存<br>15位常数偏移的加载和保存(仅限.D2)<br>带5位常数双字的加载和保存<br>非定向字和双字的加载和保存<br>5位常数生成<br>32位逻辑运算 |

大多数数据线支持32位操作数,还有一些支持长整型(40位)和双字(64位)操作数,每个功能单元均有各自的32位写通用寄存器端口,因此,8个功能单元可在每个周期内并行使用。所有以1结束的功能单元(如.L1)将写到寄存器A,以2结束的(如.L2)将写到寄存器B。每个功能单元有2个32位的读端口,用于源操作数src1和src2。4个功能单元内(.L1、.L2、.S1和.S2)有一个附加的8位端口用于40位长整型写操作,以及一个8位输入端口用于40位长整型读操作。由于每个DSP乘法器能够返回高达64位的运算结果,因此,添加了一个从乘法器到寄存器的写端口。

每个功能单元通过其各自的数据通路可直接读/写寄存器组,其中,.L1、.S1、.D1和.M1单元写入寄存器组A,.L2、.S2、.D2和.M2单元写入寄存器组B。寄存器组通过1X

和 2X 交叉数据通路连接到反向寄存器组的功能单元。这些交叉通路允许数据通路上的功能单元来访问其反向寄存器组中对应的 32 位操作数，即 1X 交叉通路允许数据通路 A 上的功能单元从寄存器组 B 中读取源操作数，2X 交叉通路允许数据通路 B 上的功能单元从寄存器组 A 中读取源操作数。TMS320C64x+DSP 中的 8 个功能单元都可通过交叉通路访问其反向寄存器组，其中，.M1、.M2、.S1、.S2、.D1 和.D2 单元中的 src2 输入可在交叉通路和同侧寄存器组中选择，对于.L1 和.L2 单元，src1 和 src2 输入都可在交叉通路和同侧寄存器组中选择。

由于 TMS320C6000 中仅有 2 条交叉通路(1X 和 2X)，因此，其局限性在于每个周期内仅能从一个数据通路的反向寄存器组中读取源操作数，即每个周期通过交叉通路仅可读取 2 个源操作数。而同侧的 2 个单元可同时读取相同的交叉通路源操作数。在 TMS320C64x+DSP 中，当一个指令尝试通过交叉通路来读寄存器时，将引入一个延迟时钟周期，即产生交叉通路暂停，该暂停由硬件自动插入，不需要 NOP 指令。值得注意的是，如果正在读取的寄存器是通过 LDx 指令传送数据的目的寄存器，则不引入该暂停。

此外，TMS320C64x+DSP 支持双字加载和保存，有 4 个 32 位数据通路用于从存储器加载数据到寄存器组，还有 4 个 32 位数据通路用于从每个寄存器组保存寄存器值到存储器。对于寄存器组 A，LD1a 用于低 32 位数据的加载通路，LD1b 用于高 32 位数据的加载通路，ST1a 用于低 32 位数据的写通路，ST1b 用于高 32 位数据的写通路。对于寄存器组 B，LD2a 用于低 32 位数据的加载通路，LD2b 用于高 32 位数据的加载通路，ST2a 用于低 32 位数据的写通路，ST2b 用于高 32 位数据的写通路。

在 2 条数据通路中，数据地址通路(DA1 和 DA2)都与各自的.D 功能单元相连。以使任一通路生成的数据地址都可访问寄存器数据。DA1 和 DA2 及其相关的数据通路分别被指定为 T1 和 T2，T1 包括 DA1 地址通路和 LD1、ST1 数据通路，T2 包括 DA2 地址通路和 LD2、ST2 数据通路。在 DSP 中，LD1 由 LD1a 和 LD1b 组成来支持 64 位数据加载，ST1 由 ST1a 和 ST1b 组成来支持 64 位数据保存。同样，LD2 由 LD2a 和 LD2b 组成来支持 64 位数据加载，ST2 由 ST2a 和 ST2b 组成来支持 64 位数据保存。

## 2.2.3 CPU 状态控制寄存器

状态控制寄存器(CSR)包含控制位和状态位，如图 2-4 所示。表 2-3 详细说明了各状态位的功能，其中，在 TMS320C64x+ CPU 中，PCC 和 DCC 域被忽略。CSR 的位 15～10 为 PWRD 域，用于节电和唤醒模式，当写 CSR 时，PWRD 域的所有位均应同时配置，逻辑 0 用于写保留位(位 15)。在用户模式(User Mode)下，PWRD、PCC、DCC 和 PGIE 域不能执行写操作，PCC 和 DCC 域只能在管理员模式下被修改。

| 31　　24 | 23　　16 |
|---|---|
| CPU ID | 版本号ID |
| R-x | R-x |

| 15　　10 | 9 | 8 | 7　　5 | 4　　2 | 1 | 0 |
|---|---|---|---|---|---|---|
| PWRD | SAT | EN | PCC | DCC | PGIE | GIE |
| R/SW-0 | R/WC-0 | R-x | R/SW-0 | R/SW-0 | R/SW-0 | R/W-0 |

说明：R=通过MVC指令读，W=通过MVC指令写，S/W=仅在管理员模式下通过 MVC指令写，WC=写入位清除，-n=设置值，-x=设置后的值不确定。

图 2-4　状态控制寄存器(CSR)

表 2-3 控制状态寄存器(CSR)域描述

| 位 | 域 | 值 | 功能 |
|---|---|---|---|
| 31～24 | CPU ID | 10h | C64x+ CPU |
| 23～16 | 版本号 ID | 0～FFh | 识别 CPU 的硅版本 |
| 15～10 | PWRD | 0～3Fh | 节电模式域,仅在管理员模式下通过 MVC 指令可写 |
| | | 0 | 无节电模式 |
| | | 1h～8h | 保留 |
| | | 9h | 节电模式 PD1,使能中断唤醒 |
| | | Ah～10h | 保留 |
| | | 11h | 节电模式 PD1,使能或非使能中断唤醒 |
| | | 12h～19h | 保留 |
| | | 1Ah | 节电模式 PD2,装置复位唤醒 |
| | | 1Bh | 保留 |
| | | 1Ch | 节电模式 PD3,装置复位唤醒 |
| | | 1Dh～3Fh | 保留 |
| 9 | SAT | | 饱和位,仅通过 MVC 指令清零、通过功能单元置位,饱和发生时,SAT 位置 1 |
| | | 0 | 没有功能单元产生饱和结果 |
| | | 1 | 一个或多个功能单元执行算术操作产生饱和结果 |
| 8 | EN | | 字节存储次序模式 |
| | | 0 | 大字节存储模式 |
| | | 1 | 小字节存储模式 |
| 7～5 | PCC | | 程序高速缓存控制模式 |
| 4～2 | DCC | | 数据高速缓存控制模式 |
| 1 | PGIE | 0 | 禁止中断 |
| | | 1 | 中断使能 |
| 0 | GIE | 0 | 禁止全部中断,除了复位和 NMI(不可屏蔽)中断 |
| | | 1 | 使能全部中断 |

## 2.3 片内存储器

### 2.3.1 片内存储器结构

TMS320DM6437 片内存储器采用两级缓存结构,如图 2-5 所示。第一级 L1 包含了程序缓存区 L1P(32KB)和数据缓存区 L1D(80KB)两个独立的高速缓存模块,这体现了程序与数据分开存储的哈佛结构,提高了 DSP 的并行运行效率。第一级缓冲区 L1 能与 DSP 内核直接进行数据交换,第二级缓冲区 L2(128KB)不能与 DSP 内核直接交换数据,L2 可以整体作为 SRAM 映射到存储空间,或者整体作为第二级 Cache,或者配置成 SRAM 和 Cache 混合使用(通过.cmd 文件中 MEMORY L2RAM 部分进行配置,见附录 C),其中配置成 RAM 的部分从起始地址 0x00800000 开始编址,并且可被直接寻址,而配置成 Cache 的部分其容量必须是 0KB、32KB、64KB 或 128KB。

TMS320DM6437 在进行数据访问时,首先查看 L1 中是否有该数据存在,若 L1 中存在该数据，则直接从 L1 读写数据；若 L1 没有存储该数据，则访问二级缓存 L2；若 L2 也没有缓存数据，则通过 EMIF 接口访问外部 SDRAM，把数据从外部 SDRAM 复制到 L2 缓存区，再从 L2 缓存区复制到 L1，最后由 TMS320DM6437 从 L1 读写该数据。

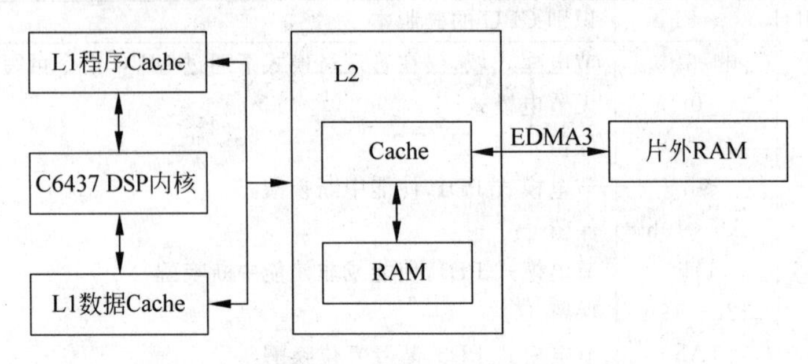


图 2-5 存储空间结构

## 2.3.2 存储器空间分配

TMS320DM6437 片内 L1P、L1D 及 L2 存储器的映射地址范围如表 2-4 所示。L1P RAM/Cache 的空间大小为 32KB，L1D RAM 的空间大小为 48KB，L1D RAM/Cache 的空间大小为 32KB，L2 RAM/Cache 的空间大小为 128KB。对于 L1P、L1D 及 L2 而言均存在两个地址，例如同一个 L2 存储器有一个局部地址 0x00800000，也有一个全局地址如 0x10800000，DSP 核内访问 L2 时，可以使用局部地址 0x00800000，其他外设如 EDMA 和 PCI 等，在访问 L2 时需要使用全局地址 0x10800000。

**表 2-4 存储器的映射地址范围**

| 起 始 地 址 | 结 束 地 址 | 大小/KB | 存储器映射 |
|---|---|---|---|
| 0x0080 0000 | 0x0081 FFFF | 128 | L2 RAM/Cache |
| 0x00E0 0000 | 0x00E0 FFFF | 32 | L1P RAM/Cache |
| 0x00F0 4000 | 0x00F0 FFFF | 48 | L1D RAM |
| 0x00F1 0000 | 0x00F1 7FFF | 32 | L1D RAM/Cache |
| 0x1080 0000 | 0x1081 FFFF | 128 | L2 RAM/Cache |
| 0x10E0 0000 | 0x10E0 FFFF | 32 | L1P RAM/Cache |
| 0x10F0 4000 | 0x10F0 FFFF | 48 | L1D RAM |
| 0x10F1 0000 | 0x10F1 7FFF | 32 | L1D RAM/Cache |

要充分利用片内＋片外三级存储器结构，必须提高 DSP 内核读取数据时的命中率，即当 TMS320DM6437 内核在读取代码/数据时，能够直接从 L1 级 Cache 或 L2 级 Cache 中读取，从而减少读取代码/数据时的等待时间，减小代码/数据访问带来的性能瓶颈。混合配置 L2 级内存是一个提高命中率的好方法，图 2-6 所示为 L2 的配置方式，将 L2 级存储器配置成 SRAM 和 Cache 混合，这样把一部分频繁使用的代码/数据存放在配置成 SRAM 的 L2 级存储器中，减少 TMS320DM6437 内核直接从片外 SDRAM 读取代码/数据的可能性。合理布置程序代码段的内存布局也很重要，把需要连续调用的几个函数存

放在一片连续的内存空间中，并且配合Cache的大小，可以被Cache一次性读入，这样可以提高Cache的命中率。除此之外，为了提高Cache读取代码/数据的命中率，应尽量把操作相同或使用相关数据的指令写在一起，这样上一条操作留在Cache中的数据就可被下一条操作直接使用。

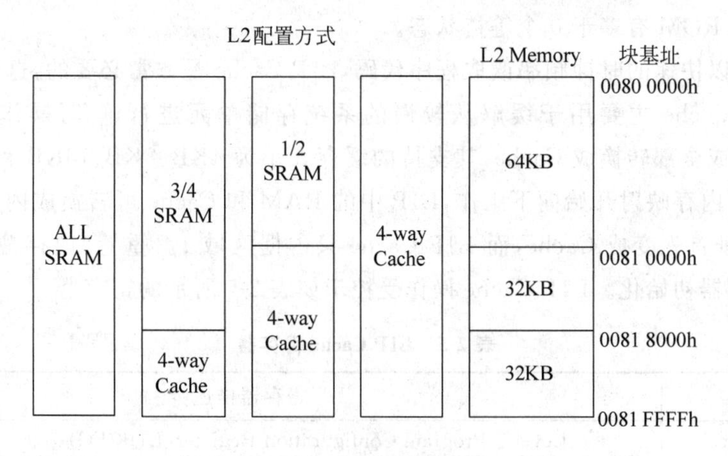


图2-6 L2配置方式

对Cache大小进行配置的原则是将尽量多的关键数据分配在片内，Cache越大越好，对于不同的应用需要用不同的配置。最优配置需要在开发中根据经验和实际测试结果进行选择。如在视频编解码应用中，由于片内内存容量的限制，不可能将所有数据和代码放入内存，所以在片内RAM，即L2级的SRAM中主要存放编码过程中频繁使用的一些关键数据，包括原始宏块数据、重构宏块缓冲区、DCT变换后的系数、量化后的系数等；片外SDRAM主要存放原始图像帧、当前编码重建帧和参考帧等，同时，可把Cache和SRAM分别配置为32KB和96KB大小，以适合存放图像数据。

## 2.3.3 一级片内程序存储器

片内程序存储器L1P(Level 1 Program Memory and Cache)的主要功能是最大化代码执行的性能，L1P的可配置性提高了系统灵活性，其配置成Cache的容量支持0KB、4KB、8KB、16KB和32KB。

L1P存储器最大可支持1MB的RAM和ROM，存储空间可分割成2个区域，每个区域不大于512KB。L1P存储器的基址被约束在1MB范围内，其总的大小必须是16KB的倍数。

L1P存储器被分割成2个区域，表示为L1P区域0和L1P区域1，它们的主要特点是：每个区域有不同数量的等待状态，且每个区域有单独的存储保护条目。这2个区域在存储空间中是连续的，区域0可以是0KB(禁用)或为16～256KB范围内2的幂次方大小。当区域0有效时，区域1的大小必须小于或等于区域0的大小。L1P的2个区域将存储保护条目分割成两组，共有32个存储保护页，前16页涉及区域0，后16页涉及区域1。当区域0为0KB时，存储保护页将不被使用。

L1P区域只能使用EDMA或IDMA访问写入，而不能使用CPU保存写入；L1P区域可使用 EDMA 或 IDMA 访问读取，而 CPU 访问只限于指令取指。即使 L1P 被内存映射，CPU 也不能读取 L1P。

L1P 的 2 个区域有不同的等待状态，其等待状态的最大数目为 3，且等待状态数目不可在软件中进行配置，当芯片生产时，等待状态数就已被定义。典型 L1P SRAM 有 0 个等待状态，而 L1 级 ROM 有多于 0 个等待状态。

为了便于以快速的时钟频率读取程序代码，L1P Cache 是非常必要的，这样可以保持大的系统内存。Cache 主要用于缓解从较慢的系统存储单元进行读/写操作带来的延迟。L1P 可以部分或全部转换成 Cache，其支持的缓存大小为 4KB、8KB、16KB 和 32KB。通过从顶部的 L1P 内存映射开始向下工作，L1P 中的 RAM 和 Cache 可转换成内存。L1P 区域 1 的最高位地址首先变成 Cache，而 L1P Cache 只占据区域 1。重置“内存”和“最大缓存”后，Cache 控制器初始化。L1P Cache 操作受控于如表 2-5 所示的寄存器。

**表 2-5 L1P Cache 寄存器**

| 地　址 | 寄存器描述 |
|---|---|
| 0184 0020h | Level 1 Program Configuration Register(L1PCFG) |
| 0184 0024h | Level 1 Program Cache Control Register(L1PCC) |
| 0184 4020h | Level 1 Program Invalidate Base Address Register(L1PIBAR) |
| 0184 4024h | Level 1 Program Invalidate Word Count Register(L1PIWC) |
| 0184 5028h | Level 1 Program Invalidate Register(L1PINV) |

CPU 中含有一个内部控制寄存器——控制状态寄存器(CSR)，它为 Cache 控制操作规定了一个字段(PCC)，从而为 C64x+/C64x/C62x/C67x 设备提供反相兼容。L1P 配置寄存器(L1PCFG)控制 L1P Cache 的大小，如图 2-7 和表 2-6 所示。

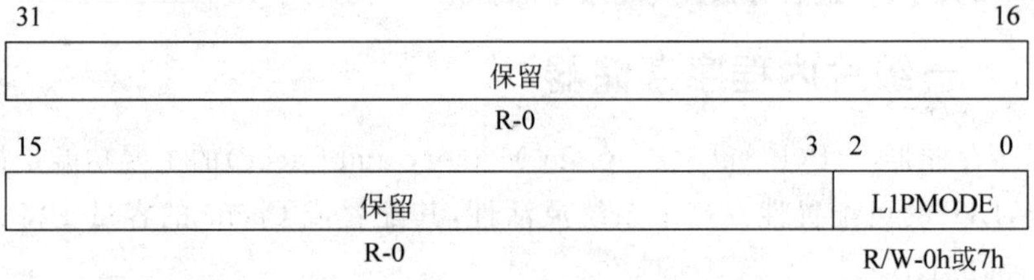

| 31–16 |
|---|
| 保留 |
| R-0 |

| 15–3 | 2–0 |
|---|---|
| 保留 | L1PMODE |
| R-0 | R/W-0h或7h |

说明：R/W=读/写，R=只读，-n=设置值。

图 2-7 L1P 配置寄存器(L1PCFG)

**表 2-6 L1P 配置寄存器(L1PCFG)字段描述**

| 位 | 字　段 | 值 | 描　述 |
|---|---|---|---|
| 31～3 | 保留 | 0 | 保留 |
| 2～0 | L1PMODE | 0～7h | 定义 L1P Cache 的大小 |
| | | 0 | L1P Cache 禁用 |
| | | 1h | 4KB |
| | | 2h | 8KB |

续表

| 位 | 字　段 | 值 | 描　述 |
|---|---|---|---|
| | | 3h | 16KB |
| | | 4h | 32KB |
| | | 5h | 最大 Cache |
| | | 6h | 最大 Cache |
| | | 7h | 最大 Cache |

L1P Cache 控制寄存器(L1PCC)控制 L1P 是否为冻结模式,如图 2-8 和表 2-7 所示。

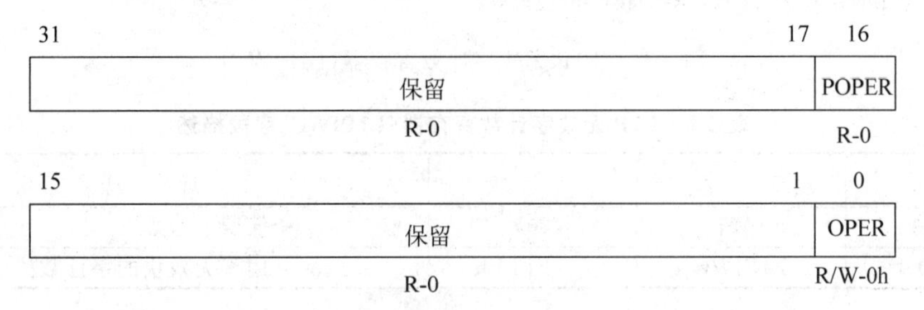


说明：R/W=读/写，R=只读，-n=设置值。

图 2-8　LIP Cache 控制寄存器(L1PCC)

**表 2-7　LIP Cache 控制寄存器(L1PCC)字段描述**

| 位 | 字　段 | 值 | 描　述 |
|---|---|---|---|
| 31～17 | 保留 | 0 | 保留 |
| 16 | POPER | 0～1 | 保留 OPER 位的先前值 |
| 15～1 | 保留 | 0 | 保留 |
| 0 | OPER | | 控制 L1P 冻结模式 |
| | | 0 | 冻结模式禁用 |
| | | 1 | 冻结模式使能 |

L1P 无效基址寄存器(L1PIBAR)定义了一致性操作作用的无效块的基址,如图 2-9 和表 2-8 所示。

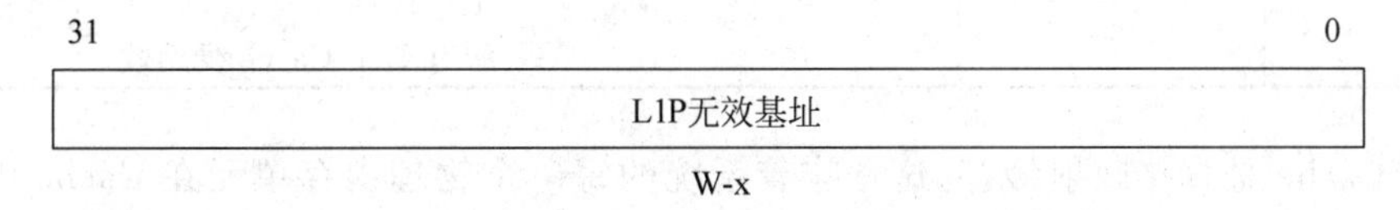


说明：W=只写，-x 值不确定。

图 2-9　L1P 无效基址寄存器(L1PIBAR)

**表 2-8　L1P 无效基址寄存器(L1PIBAR)字段描述**

| 位 | 字　段 | 值 | 描　述 |
|---|---|---|---|
| 31～0 | L1PIBAR | 0～FFFF FFFFh | 用于无效块的 32 位基址 |

L1P 无效字计数寄存器(L1PIWC)定义了一致性操作作用的无效块的大小,如图 2-10 和表 2-9 所示。

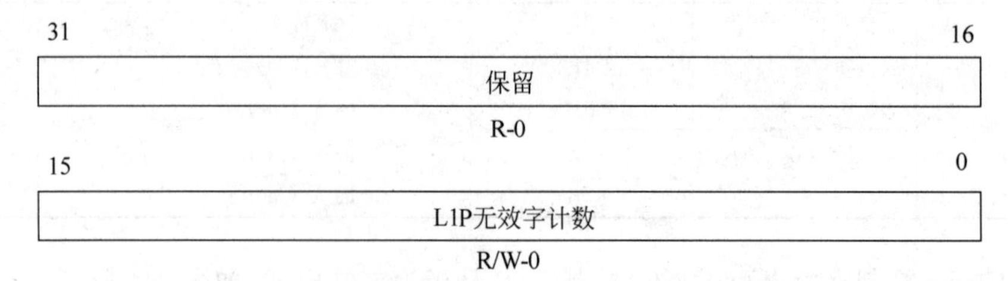


图 2-10　L1P 无效字计数寄存器(L1PIWC)

**表 2-9　L1P 无效字计数寄存器(L1PIWC)字段描述**

| 位 | 字　段 | 值 | 描　述 |
|---|---|---|---|
| 31～16 | 保留 | 0 | 保留 |
| 15～0 | L1PIWC | 0～FFFFh | 用于无效块的字计数 |

L1P 无效寄存器(L1PINV)控制 L1P Cache 的全局无效,如图 2-11 和表 2-10 所示。

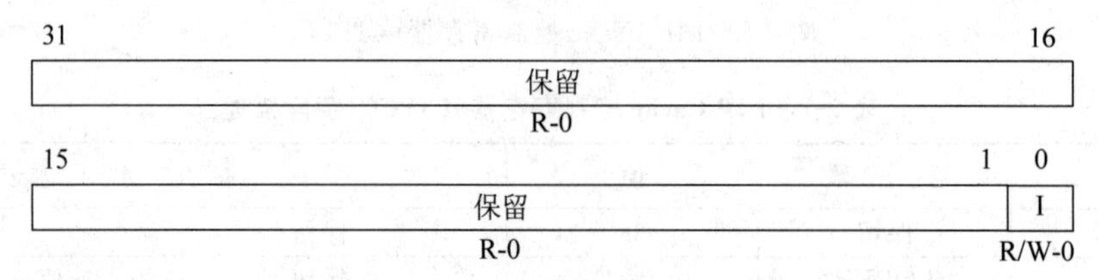


图 2-11　L1P 无效寄存器(L1PINV)

**表 2-10　L1P 无效寄存器(L1PINV)字段描述**

| 位 | 字　段 | 值 | 描　述 |
|---|---|---|---|
| 31～1 | 保留 | 0 | 保留 |
| 0 | I | | 控制 L1P Cache 的全局无效 |
| | | 0 | 正常操作 |
| | | 1 | 所有 L1P Cache 线无效 |

L1P Cache 是直接映射缓存,这意味着系统的每一个物理内存单元在 Cache 中都保留一个可能的位置,当 CPU 试图取一段程序代码时,L1P 必须检查是否在 L1P Cache 中保留了需要的地址。为此,CPU 提供的 32 位地址被分割成 3 个字段(Tag、Set 和 Offset),如图 2-12 所示。

| 31　　　　X+1 | X　　　　5 | 4　　　　0 |
|---|---|---|
| Tag | Set | Offset |

图 2-12　数据存取地址结构

L1P 缓冲行(Cache Line)的大小是 32B，TMS320C64x 的指令长度一般为 4B，这就表示在 L1P Cache 读取指令的时候，每次能读取 8 条指令。偏置(Offset)字段占用了 L1P 缓冲行的前 5 位，其被 Cache 控制逻辑忽略。设置(Set)字段指明 L1P 缓冲行的地址，其缓存数据将被保留，设置字段的宽度取决于 L1P 配置成 Cache 的数量。L1P 使用设置字段来查找和检查任意已缓存数据的标签(Tag)和有效位，这反映了标签地址是否真正是 Cache 中的有效地址。标签字段占据存储地址的上部，它确定了数据单元的真实物理位置。在程序取指中，如果标签匹配且对应的有效位被设置，那么它就称作“命中”，其数据将被直接从 L1P Cache 单元中读取并返回到 CPU 中。否则，称其为“未中”，并向 L2 控制器发送请求，获取系统对应位置中的数据。“未中”将有可能使得 CPU 挂起。在正常情况下，CPU 不能向 L1P 写数据，L1P Cache 配置规定了设置字段和标签字段的大小。

在所有的 Cache 配置中，L1P Cache 作为直接映射缓存进行操作，这意味着系统内存中的每个位置都精确地对应于 L1P Cache 中的一个位置。由于 L1P 是直接映射，其缓存替换策略较简单：每个新的缓存行替换先前的缓冲行即可。L1P 控制器可执行一个读分配缓存，这意味着 L1P 将在“读漏(Read Miss)”中取得一个 32 位的完整行。

L1P 结构允许在运行时选择 L1P Cache 大小，通过写请求模式到 L1PCFG 寄存器的 L1PMODE 字段来选择 L1P Cache 大小，如表 2-11 所示。L1P Cache 模式的实际范围受 L1P 区域 1 的约束，当 L1P 区域 1 仅有 16KB 大小时，L1P Cache 将不大于 16KB，因此，编码 011b 到 111b 的器件被映射到 16KB Cache，且其 L1P 区域 1 仅有 16KB。对于这些器件，设置为从 100b 到 111b 的 L1PMODE 选择 16KB 缓存模式，而不是 32KB 缓存模式。因此，模式 000b 到 011b 总是选择请求模式指定的大小(0～16KB)，而模式 100b 到 111b 选择 L1P 内存指定的最大缓存大小(16KB 或 32KB)。

**表 2-11　通过 L1PCFG 寄存器中的 L1PMODE 位指定 Cache 大小**

| L1PCFG 寄存器中的 L1PMODE 设置值 | L1P Cache 大小 |
|---|---|
| 000b | 0KB |
| 001b | 4KB |
| 010b | 8KB |
| 011b | 16KB |
| 100b | 32KB |
| 101b | “最大 Cache”映射到 32KB |
| 110b | |
| 111b | “最大 Cache”映射到 32KB |

根据以上规定，当设计的程序需要一定量的 Cache 时，应该设置为模式值的上界，即应该设置 L1PMODE 为 111b 来获得“尽可能大的缓存”。当程序初始 Cache 模式变化时，L1P Cache 本身内容将无效，这将确保在缓存标签变化时也不会发生错误。为了确保正确的 Cache，需要进行无效设置，然而由于部分 L1P RAM 变成 Cache，为了安全地改变 L1P Cache 模式，在应用中还需要遵守表 2-12 中的规则。

表 2-12 L1P 模式转换规则

| 转换初态 | 转换终态 | 程序需执行的步骤 |
| --- | --- | --- |
| 没有或仅有少量 L1P Cache 模式 | 更多的 L1P Cache 模式 | (1) DMA、IDMA 或复制任何超出 L1P RAM 范围的需要的数据(如果不需要保存,则不需要 DMA);<br>(2) 写所需的 Cache 模式到 L1PCFG 寄存器的 L1PMODE 字段;<br>(3) 读回 L1PCFG 设置,CPU 挂起,直到模式更改完成 |
| 较多的 L1P Cache 模式 | 没有或仅有少量 L1P Cache 模式 | (1) 写所需的 cache 模式到 L1PCFG 寄存器的 L1PMODE 字段;<br>(2) 读回 L1PCFG 设置,CPU 挂起,直到模式更改完成 |

在应用中,L1P Cache 直接支持冻结模式操作,该模式允许应用程序保护 CPU 数据访问以保证来自 Cache 中的程序代码不被覆盖,这一特点在中断环境中非常有用。L1P 冻结模式仅影响 L1P Cache,不影响 L1P RAM。

在冻结模式中,L1P Cache 将正常地服务于"读命中","读命中"从 Cache 中返回数据。此模式中,L1P Cache 将不会在"读漏(Read Miss)"中分配新的 Cache,也不会造成现有的 Cache 内容被标记为无效。在 L1PCC 寄存器中,OPER 字段控制 L1P 是否被冻结或正常操作。CPU 通过写 001b 到 L1PCC 寄存器的 OPER 字段来设置 L1P 进入冻结模式,而返回正常模式是通过写 0b 到 L1PCC 寄存器的 OPER 字段。

## 2.3.4 一级片内数据存储器

片内数据存储器 L1D(Level 1 Data Memory and Cache)主要功能是最大化数据处理性能,L1D 的可配置性为系统使用 L1D 提供了灵活性。它具有以下特点:可配置 Cache 的大小,如 0KB、4KB、8KB、16KB 和 32KB,支持存储保护,提供块缓存和全局一致操作。

L1D 存储器最大可支持 1MB 的存储映射 RAM 和 ROM,L1D 存储器的基址被约束在 1MB 范围内,其总的大小必须是 16KB 的倍数。

L1D 存储器被分割成 2 个区域,表示为 L1D 区域 0 和 L1D 区域 1,其有以下特点:①每个区域有单独的内存保护条目;②部分 L1D 区域 1 可被转换为数据 Cache。这 2 个区域在存储中是连续出现的,区域 0 可以是 0KB(禁用)或为 16~512KB 范围内 2 的幂次方大小。区域 1 开始于区域 0 之后,其大小为 16~512KB 范围内 16KB 的倍数。当区域 0 使能时,区域 1 的大小必须小于或等于区域 0 的大小。L1D 的 2 个区域将存储保护条目分割成两组,共有 32 个数据存储保护页,前 16 页涉及区域 0,后 16 页涉及区域 1。当区域 0 为 0KB 时,存储保护页将不被使用。

L1D 存储器结构允许将部分或全部的 L1D 区域 1 转换成读分配、写返回和双向集关联的 Cache。为了便于以全 CPU 时钟频率读写数据,同时具有大的系统内存,Cache 是非常必要的,其主要用于缓解从较慢的系统存储单元进行读/写操作带来的延迟。Cache 控制器设计支持 4~32KB 范围内的一系列 Cache 大小,然而,对于给定大小的设备,其在区域 1 实现的 L1D RAM 小于 32KB。L1D Cache 转换为 L1D 内存起始于 L1D 区域 1 的最高内存地址,并向下工作。重置"内存"和"最大缓存"后,Cache 控制器即可初始化。L1D Cache 操作受控于表 2-13 所示的控制寄存器,这些寄存器允许改变 Cache 的模式和手动初始 Cache 一致操作，除了表中所列控制寄存器，L1D Cache 也会受到写入 L2 指定控制的影响。

**表 2-13 L1D Cache 控制操作**

| 操作类型 | 寄存器名 | 地址 | 功能 |
|---|---|---|---|
| 模式选择 | L1DCFG | 0184 0040h | 配置 L1D Cache 大小 |
| | L1DCC | 0184 0044h | 控制 L1D 操作模式(冻结/正常) |
| 块 Cache 操作 | L1DWIBAR | 0184 4030h | 在 L1D 中指定的范围被写回并置为无效 |
| | L1DWIWC | 0184 4034h | |
| | L1DWBAR | 0184 4040h | 指定的范围从 L1D 写回并置为有效 |
| | L1DWWC | 0184 4044h | |
| | L1DIBAR | 0184 4048h | 在 L1D 中指定的范围无写回并置为无效 |
| | L1DBAR | 0184 404Ch | |
| 全局 Cache 操作 | L1DWB | 0184 5040h | L1D 中全部内容被写回并置于有效 |
| | L1DWBINV | 0184 5044h | L1D 中全部内容被写回并置于无效 |
| | L1DINV | 0184 5048h 或在 CCFG 中的 ID 位 | L1D 中全部内容无写回并置于无效 |

CPU 有一个内部控制寄存器，其给出一个字段用于 Cache 控制操作，即 CSR。早期的设备中，CSR 控制寄存器中的 DCC 字段以多种方式控制 L1D 操作。而 TMS320C64x+ DSP 中，CSR 不再控制 L1D 操作，L1D 忽略了 DCC 字段中的值，前述的 DCC 字段只作为 L1DCC 和 L1DCFG 寄存器的这一部分。

L1D Cache 配置寄存器(L1DCFG)控制 L1D Cache 的大小，如图 2-13 和表 2-14 所示。

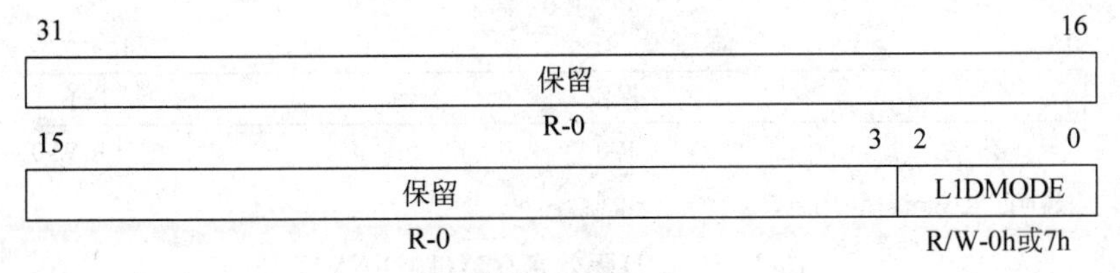


图 2-13 L1D 配置寄存器(L1DCFG)

**表 2-14 L1D 配置寄存器(L1DCFG)字段描述**

| 位 | 字段 | 值 | 描述 |
|---|---|---|---|
| 31～3 | 保留 | 0 | 保留 |
| 2～0 | L1DMODE | 0～7h | 定义 L1D Cache 的大小 |
| | | 0 | L1D Cache 禁用 |
| | | 1h | 4KB |
| | | 2h | 8KB |
| | | 3h | 16KB |
| | | 4h | 32KB |
| | | 5h | 最大 Cache |
| | | 6h | 最大 Cache |
| | | 7h | 最大 Cache |

L1D Cache 控制寄存器(L1DCC)控制 L1D 是否为冻结模式,如图 2-14 和表 2-15 所示。

| 31 ~ 17 | 16 |
| --- | --- |
| 保留 | POPER |
| R-0 | R-0 |

| 15 ~ 1 | 0 |
| --- | --- |
| 保留 | OPER |
| R-0 | R/W-0h |

说明：R/W=读/写，R=只读，-n=设置值。

图 2-14 LID Cache 控制寄存器(L1DCC)

**表 2-15 LID Cache 控制寄存器(L1DCC)字段描述**

| 位 | 字 段 | 值 | 描 述 |
| --- | --- | --- | --- |
| 31～17 | 保留 | 0 | 保留 |
| 16 | POPER | 0～1 | 保留 OPER 位的先前值 |
| 15～1 | 保留 | 0 | 保留 |
| 0 | OPER | | 控制 L1D 冻结模式 |
| | | 0 | 冻结模式禁用 |
| | | 1 | 冻结模式使能 |

L1D 无效寄存器(L1DINV)控制 L1D Cache 的全局无效,如图 2-15 和表 2-16 所示。

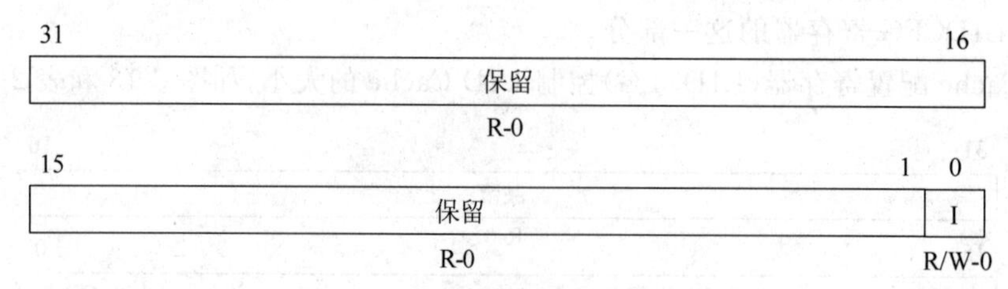


图 2-15 L1D 无效寄存器(L1DINV)

**表 2-16 L1D 无效寄存器(L1DINV)字段描述**

| 位 | 字 段 | 值 | 描 述 |
| --- | --- | --- | --- |
| 31～1 | 保留 | 0 | 保留 |
| 0 | I | | 控制 L1D Cache 的全局无效 |
| | | 0 | 正常操作 |
| | | 1 | 所有 L1D Cache Line 无效 |

L1D 写回寄存器(L1DWB)如图 2-16 和表 2-17 所示。

| 31 ~ 16 |
| --- |
| 保留 |
| R-0 |

| 15 ~ 1 | 0 |
| --- | --- |
| 保留 | C |
| R-0 | R/W-0 |

说明：R/W=读/写，R=只读，-n=设置值。

图 2-16 L1D 写回寄存器(L1DWB)

**表 2-17 L1D 写回寄存器(L1DWB)字段描述**

| 位 | 字 段 | 值 | 描 述 |
|---|---|---|---|
| 31～1 | 保留 | 0 | 保留 |
| 0 | C | | 控制 L1D Cache 的全局写回操作 |
| | | 0 | L1D 正常操作 |
| | | 1 | L1D 线被写回 |

L1D 无效写回寄存器(L1DWBINV)控制 L1D Cache 的无效写回操作,如图 2-17 和表 2-18 所示。

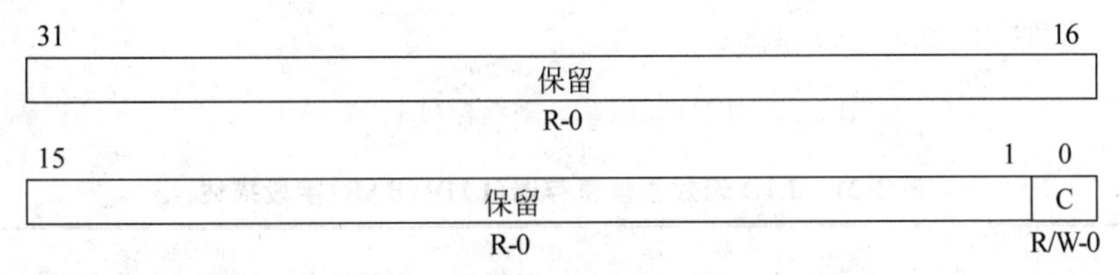


说明：R/W=读/写，R=只读，-n=设置值。

图 2-17 L1D 无效写回寄存器(L1DWBINV)

**表 2-18 L1D 无效写回寄存器(L1DWBINV)字段描述**

| 位 | 字 段 | 值 | 描 述 |
|---|---|---|---|
| 31～1 | 保留 | 0 | 保留 |
| 0 | C | | 控制 L1D Cache 的全局无效写回操作 |
| | | 0 | L1D 正常操作 |
| | | 1 | L1D 线写回,所有 L1D 线无效 |

L1D 无效基址寄存器(L1DIBAR)定义了无效块基址,如图 2-18 和表 2-19 所示。

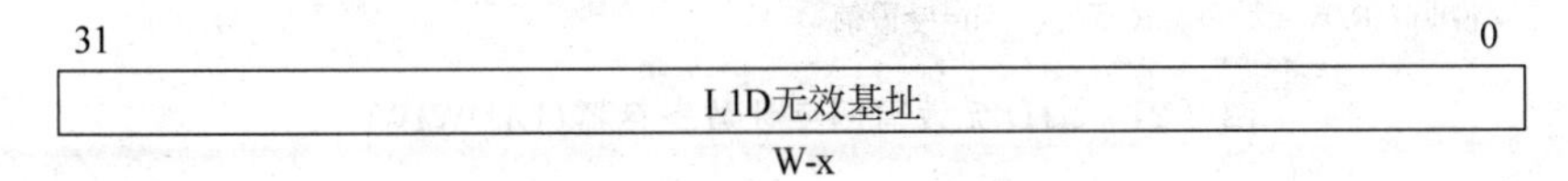


说明：W=只写，-x 值不确定。

图 2-18 L1D 无效基址寄存器(L1DIBAR)

**表 2-19 L1D 无效基址寄存器(L1DIBAR)字段描述**

| 位 | 字 段 | 值 | 描 述 |
|---|---|---|---|
| 31～0 | L1DIBAR | 0～FFFF FFFFh | 定义 L1D 块无效操作的基址 |

L1D 无效字计数寄存器(L1DIWC)定义了无效块的大小,其定义的大小为 32 位,如图 2-19 和表 2-20 所示。

31 16

保留

R-0

15 0

L1D无效字计数

R/W-0

说明：R/W=读/写，R=只读，-n=设置值。

图 2-19 L1D 无效字计数寄存器(L1DIWC)

表 2-20　L1D 无效字计数寄存器(L1DIWC)字段描述

| 位 | 字　段 | 值 | 描　述 |
|---|---|---|---|
| 31～16 | 保留 | 0 | 保留 |
| 15～0 | L1DIWC | 0～FFFFh | 用于无效块的字计数 |

L1D 写回基址寄存器(L1DWBAR)定义写回块的基址,如图 2-20 和表 2-21 所示。

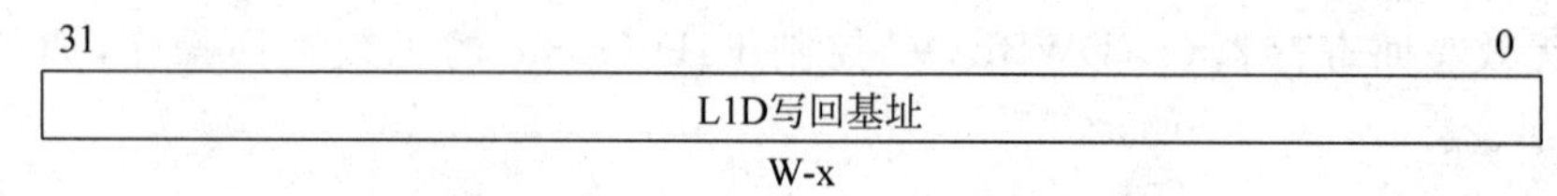


说明：W=只写，-x 值不确定。

图 2-20　L1D 写回基址寄存器(L1DWBAR)

表 2-21　L1D 无效基址寄存器(L1DWBAR)字段描述

| 位 | 字　段 | 值 | 描　述 |
|---|---|---|---|
| 31～0 | L1DWBAR | 0～FFFF FFFFh | 定义 L1D 块写回操作的基址 |

L1D 无效写回字计数寄存器(L1DWIWC)定义了无效写回块的大小,其定义的大小为 32 位,如图 2-21 和表 2-22 所示。

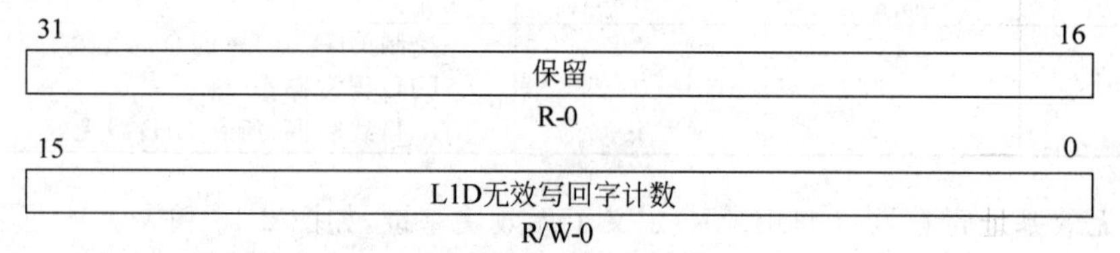


说明：R/W=读/写，R=只读，-n=设置值。

图 2-21　L1D 无效写回字计数寄存器(L1DWIWC)

表 2-22　L1D 无效字计数寄存器(L1DWIWC)字段描述

| 位 | 字　段 | 值 | 描　述 |
|---|---|---|---|
| 31～16 | 保留 | 0 | 保留 |
| 15～0 | L1DWIWC | 0～FFFFh | 用于无效写回块的字计数 |

L1D Cache 是一个双向集关联 Cache,这意味着系统的每个物理内存单元在 Cache 中都保留 2 个可能的位置,当 CPU 试图访问一段数据时,L1D 必须检查是否在 L1D Cache 中保留了需要的地址。为此,CPU 提供的 32 位地址被分割成 6 个数据字段,如图 2-22 所示。

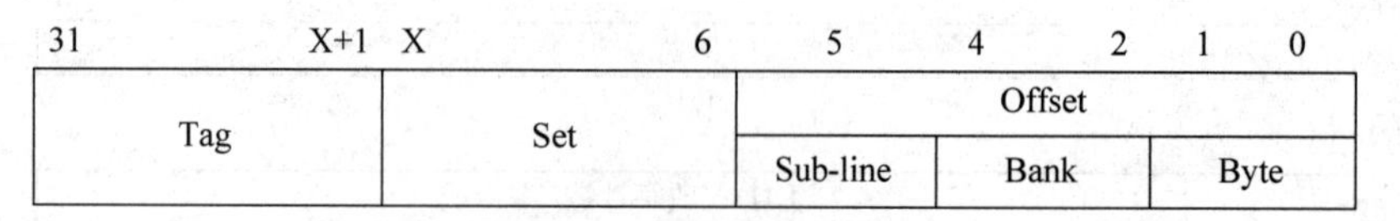


图 2-22　数据存取地址结构

L1D 缓冲行(Cache Line)大小为 64Bytes，偏置(Offset)字段占用了前 6 位，Cache 控制逻辑忽略了地址的 0 到 5 位(Byte、Bank 和 Sub-line Fields)，位 0～5 只确定哪个 Bank 和 Bank 中哪些字节被访问，因此，其与 Cache 标签(Tag)的比较逻辑不相关。设置(Set)字段表明 L1D Cache Line 地址，其缓存数据将被保留，设置字段的宽度取决于 L1D 配置成 Cache 的大小，如表 2-23 所示。使用设置字段来查找和检查任意已缓存数据的标签和有效位，这表明标签地址是否真正代表 Cache 中的有效地址。

**表 2-23　设置(Set)字段宽度对应的数据访问地址**

| L1DCFG 寄存器中的 L1DMODE 设置 | L1D Cache 的大小/KB | 'x'位的位置 | 说　明 |
| --- | --- | --- | --- |
| 000b | 0 | N/A | L1D 为全 RAM |
| 001b | 4 | 10 | 32 L1D Cache Line |
| 010b | 8 | 11 | 64 L1D Cache Line |
| 011b | 16 | 12 | 128 L1D Cache Line |
| 100b | 32 | 13 | 256 L1D Cache Line |
| 101b | 保留，映射到 32KB | | |
| 110b | | | |
| 111b | "最大 Cache"，映射到 32KB | | |

标签字段占据存储地址的上部，其确定了数据单元的真实物理位置。Cache 可与用于两路 L1D Cache 保存的标签相比较。如果其中的一个标签匹配且对应的有效位被设置，那么它就称作"命中"，其数据将被直接从 L1D Cache 中读取并返回到 CPU 中，否则，称其为"未中"，此时 CPU 挂起并向 L2 存储器发送请求，来获取系统对应位置中的数据。

CPU 也可以写数据到 L1D，当 CPU 执行保存操作时，L1D 像执行读操作一样进行相同标签的比较，如果找到一个有效的匹配标签，则写为"命中"，数据被直接写入到 L1D Cache 位置中。否则为"漏写(Miss)"，数据排列在 L1D 写缓存区(Write Buffer)中。这个缓存区用于防止"漏写"后 CPU 被挂起，由于 CPU 不等待数据返回到写操作，所以在访问 L2 期间 CPU 不会被挂起。

数据 Cache 的另一个特点是具有从 L1D Cache 到 L2 的数据驱动能力，由于 CPU 能够修改 L1D Cache 的内容，它必须具有在数据真实物理位置中对数据进行更新的能力。这发生在当一个新的 L1D 行代替被修改的 L1D 行，或当 CPU 告诉 L1D Cache 通过软件控制写回修改数据的时候。

在所有的 Cache 配置中，L1D Cache 以定点双向集关联的方式进行操作，这意味着系统内存中的每个位置可以保留在 L1D Cache 中 2 个可能的位置中。L1D Cache 是只读分配 Cache，这意味着 L1D Cache 仅在一次"读漏"中将获取一个 64B 的完整行，"写漏(Write Miss)"通过 L1D 写缓存直接被发送到 L2，替代策略(Replacement Strategy)要求最近最少使用(Least-recently-used，LRU)的 L1D 行被新行替代，这将保持最近访问的数据总在 L1D Cache 中。

L1D 为写回 Cache，写命中(Write Hit)在 L1D 中直接处理，数据更新不会立即传到 L2 或其余的系统内存中。当修改 Cache 时，对应的相关"修改位(Dirty Bit)"被设置为 1。当

L1D为新的缓存数据腾取空间，或程序初始手动一致操作来强制写回，或CPU初始一个长距离读操作到一个已匹配的非缓存内存时，L1D只写回“修改行(Dirty Lines)。”

L1D Cache允许在运行时配置其大小，程序通过写请求模式到L1DCFG寄存器的L1DMODE字段来选择L1D Cache的大小，如表2-23所示。L1D Cache模式的实际范围受L1D区域1的约束，通常，较大的L1DMODE值指定一个较大的Cache大小，直到L1D内存可实现的大小为止，最大的L1D Cache大小在L1D区域1中RAM大小相适合的最大2的幂次方和32KB中取其最小值。例如，当L1D区域1仅有16KB大小时，L1D Cache不能大于16KB，这样，从011b到111b的编码映射到16KB，在这些设备上，L1DMODE设置从100b到111b将选择16KB Cache模式而不是32KB Cache模式。也就是说，000b到011b模式总是选择请求的大小(0～16KB)；100b到111b模式选择L1D内存指定的最大大小(16KB或32KB)。

根据以上规定，当设计的程序需要一定量的Cache时，应该设置为模式值的上界；当设计的程序需要尽可能多的Cache时，应该设置L1DMODE为111b。当程序初始Cache模式变化时，L1D Cache本身内容写回，并在不损失数据的前提下将当前内容置为无效。为了确保正确的Cache且不损失缓存数据，写回-无效是必要的，并且为了安全改变L1D Cache模式，在应用中必须遵守类似于L1P模式改变的规则(见表2-12)。

在应用中，L1D Cache直接支持冻结模式操作，该模式允许实时应用程序在各部分代码中限制从L1D发出的数据量，如中断处理程序。L1D冻结模式仅影响L1D Cache，不影响L1D RAM。

除了少数LRU位不被修改的情况，在冻结模式中L1D Cache将正常地服务于读命中和写命中，读命中从Cache中返回数据，写命中更新缓存行的缓存数据并标记为使用。LRU位不被更新，其表示用于受影响Cache Line的最近最少使用方式。冻结模式中，L1D Cache将不会在“读漏(Read Miss)”中分配新的Cache Line，也不会驱逐已有的Cache内容。L1D中写缓存的“写漏(Write Miss)”按正常顺序排列。在L1DCC寄存器中，OPER字段控制L1D的冻结模式。CPU通过写1到L1PCC寄存器的OPER字段来设置L1D进入冻结模式，而返回正常模式是通过写0到L1PCC寄存器的OPER字段。

### 2.3.5 二级片内存储器

二级片内存储器(L2 Memory and Cache)为较快的一级片内存储器(L1P和L1D)与较慢的外部存储单元间数据传送存储提供了一个片上存储解决方案，其优势在于提供了比L1存储器更大的存储空间，同时也提供了比外部存储更快的数据访问。类似于L1存储器，L2可配制成Cache和非Cache(可寻址)存储器。

L2存储器提供了设备需要的灵活存储方式，包括2个存储端口(Port 0和Port 1)，可配置的L2 Cache大小(32KB/64KB/128KB/256KB)，存储保护，支持缓存块和全局一致操作，并具备4个可配置的节电模式页。

L2存储器提供的2个256位宽的存储接口称为Port 0和Port 1，这两个端口的使用依赖于设备，在多数设备中，2个存储端口使用如下。

(1) Port 0：L2 RAM、L2 Cache。

(2) Port 1：L2 ROM、L2 RAM、共享存储接口。

对于每个端口，L2 控制器支持存储大小范围为 64KB 到 819KB。L2 存储器的 2 个存储端口各自独立，且每个存储端口可控制以下 4×128 位 Banks、2×128 位 Banks、1×256 位 Banks 任意一种。

这两个存储端口可编址存储段，其编址可能是不连续的，表 2-24 阐明了 Port 0 和 Port 1 如何在 2×128 位 Banks 的情况下用于低位优先(Little Endian)模式。

**表 2-24 2×128 位 Banks 方案**

| Port 1 | | | | | | | |
|---|---|---|---|---|---|---|---|
| Bank 1 | | | | Bank 0 | | | |
| xx14<br>xx0F<br>xx07 | xx16<br>xx0E<br>xx06 | xx15<br>xx0D<br>xx05 | xx14<br>xx0C<br>xx04 | xx13<br>xx0B<br>xx03 | xx12<br>xx0A<br>xx02 | xx11<br>xx09<br>xx01 | xx10<br>xx08<br>xx00 |
| Port 0 | | | | | | | |
| Bank 1 | | | | Bank 0 | | | |
| yy17<br>yy0F<br>yy07 | yy16<br>yy0E<br>yy06 | yy15<br>yy0D<br>yy05 | yy14<br>yy0C<br>yy04 | yy13<br>yy0B<br>yy03 | yy12<br>yy0A<br>yy02 | yy11<br>yy09<br>yy01 | yy10<br>yy08<br>yy00 |

L1P"读漏"(32B)需要单一端口的全部存储 Bank，当 L2 存储器具有高延迟时，在同一周期或直到该端口完成访问前，其他访问不能进行。L1D 的读漏(64B)或写回也需要单一端口的全部存储 Bank，用于两次连续访问。

C64x+ CPU 的默认配置将全部的 L2 存储器映射为 RAM/ROM，L2 控制器的 Port 0 支持 32KB、64KB、128KB 或 256KB 的四路集关联 Cache，在 Port 0 超过 256KB 的剩余存储和连接到 Port 1 的全部存储总是 RAM 或 ROM。

L2 Cache 的操作通过以下寄存器进行控制，表 2-25 对这些控制寄存器进行了总结。

**表 2-25 L2 Cache 控制寄存器**

| 地　址 | 名称缩写 | 寄存器描述 |
|---|---|---|
| 0184 0000h | L2CFG | Level 2 Configuration Register(L2 配置寄存器) |
| 0184 4000h | L2WBAR | Level 2 Writeback Base Address Register(L2 写回基址寄存器) |
| 0184 4004h | L2WWC | Level 2 Writeback Word Count Register(L2 写回字计数寄存器) |
| 0184 4010h | L2WIBAR | Level 2 Writeback-Invalidate Base Address Register(L2 无效写回基址寄存器) |
| 0184 4014h | L2WIWC | Level 2 Writeback-Invalidate Word Count Register(L2 无效写回字计数寄存器) |
| 0184 4018h | L2IBAR | Level 2 Invalidate Base Address Register(L2 无效基址寄存器) |
| 0184 401Ch | L2IWC | Level 2 Invalidate Word Count Register(L2 无效字计数寄存器) |
| 0184 5000h | L2WB | Level 2 Writeback Register(L2 写回寄存器) |
| 0184 5004h | L2WBINV | Level 2 Writeback-Invalidate Register(L2 无效写回寄存器) |
| 0184 5008h | L2INV | Level 2 Invalidate Register(L2 无效寄存器) |
| 0184 8000h～0184 83FCh | MARn | Memory Attribute Registers(L2 内存属性寄存器) |

这些寄存器分为3类，涉及以下部分：

(1) Cache大小和操作模式控制，这些寄存器控制Cache大小和Cache是否为冻结模式或正常操作模式；

(2) 面向块和全局一致性操作，这些操作允许从Cache中手动移出数据；

(3) 可缓存性控制，这些寄存器控制Cache是否允许存储一定范围内存的副本。

L2配置寄存器(L2CFG)控制L2 Cache操作，可设置L2内存作为Cache的大小、控制L2冻结模式及保持L1D/L1P无效位，如图2-23和表2-26所示。

| 31～28 | 27～24 | 23～20 | 19～16 |
|---|---|---|---|
| 保留 | NUM MM | 保留 | MMID |
| R-0 | R-config | R-0 | R-config |

| 15～10 | 9 | 8 | 7～4 | 3 | 2～0 |
|---|---|---|---|---|---|
| 保留 | IP | ID | 保留 | L2CC | L1PMODE |
| R-0 | W-0 | W-0 | R-0 | R/W-0 | R/W-0 |

说明：R/W=读/写，R=只读，W=只写，-n=设置值。

图2-23 L2配置寄存器(L2CFG)

**表2-26 L2配置寄存器(L2CFG)字段描述**

| 位 | 字段 | 值 | 描述 |
|---|---|---|---|
| 31～28 | 保留 | 0 | 保留 |
| 27～24 | NUM MM | 0～Fh | Megamodules数减1，用于多进程环境 |
| 23～20 | 保留 | 0 | 保留 |
| 19～16 | MMID | 0～Fh | 包含Megamodule ID，用于多模块的多进程环境 |
| 15～10 | 保留 | 0 | 保留 |
| 9 | IP | | L1P全局无效位，用于向下兼容，新应用使用L1PINV寄存器 |
| | | 0 | 正常L1P操作 |
| | | 1 | 全部L1P线无效 |
| 8 | ID | | L1D全局无效位，用于向下兼容，新应用使用L1DINV寄存器 |
| | | 0 | 正常L1D操作 |
| | | 1 | 全部L1D线无效 |
| 7～4 | 保留 | 0 | 保留 |
| 3 | L2CC | | 控制冻结模式 |
| | | 0 | 正常操作 |
| | | 1 | L2 Cache冻结模式 |
| 2～0 | L2MODE | 0～7h | 定义L2 Cache的大小 |
| | | 0 | L2 Cache禁用 |
| | | 1h | 32KB |
| | | 2h | 64KB |
| | | 3h | 128KB |
| | | 4h | 256KB |
| | | 5h | 最大Cache |
| | | 6h | 最大Cache |
| | | 7h | 最大Cache |

L2 写回基址寄存器(L2WBAR)如图 2-24 和表 2-27 所示。

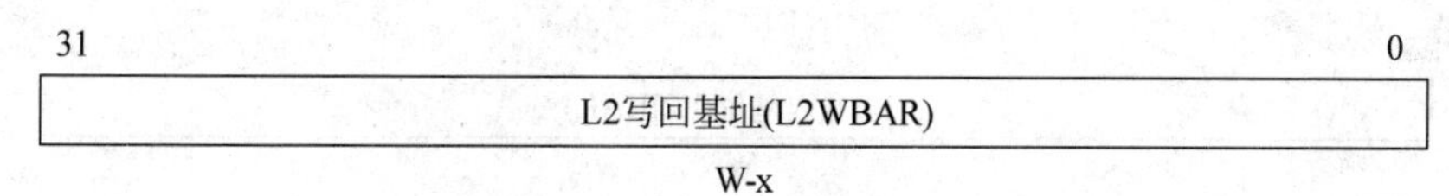


图 2-24　L2 写回基址寄存器(L2WBAR)

**表 2-27　L2 写回基址寄存器(L2WBAR)字段描述**

| 位 | 字　段 | 值 | 描　　述 |
|---|---|---|---|
| 31～0 | L2WBAR | 0～FFFF FFFFh | 用于定义 L2 块写回操作的基址 |

L2 写回字计数寄存器(L2WWC)定义无效块的大小，其大小以 32 位字进行定义，写入一个大于 FFE0h 的数字会导致写入单元不被修改，如图 2-25 和表 2-28 所示。

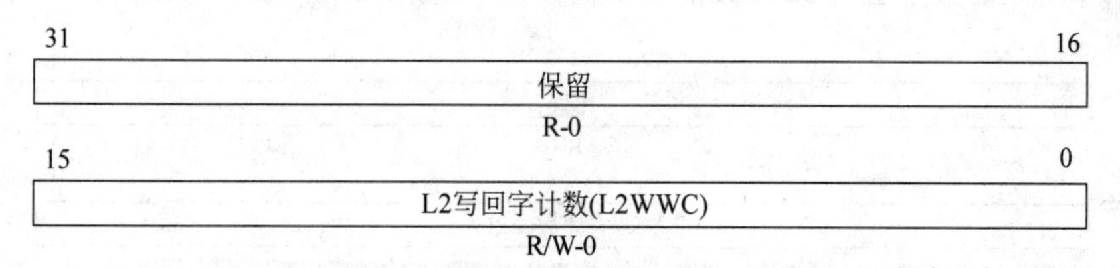


图 2-25　L2 写回字计数寄存器(L2WWC)

**表 2-28　L2 写回字计数寄存器(L2WWC)字段描述**

| 位 | 字　段 | 值 | 描　　述 |
|---|---|---|---|
| 31～16 | 保留 | 0 | 保留 |
| 15～0 | L2WWC | 0～FFE0h | 用于无效块的字计数，写入 FFE1h～FFFFh 不影响任何字 |

L2 无效写回字计数寄存器(L2WIWC)定义无效块的大小，其大小以 32 位字进行定义，写入一个大于 FFE0h 的数字会导致写入单元不被修改，如图 2-26 和表 2-29 所示。

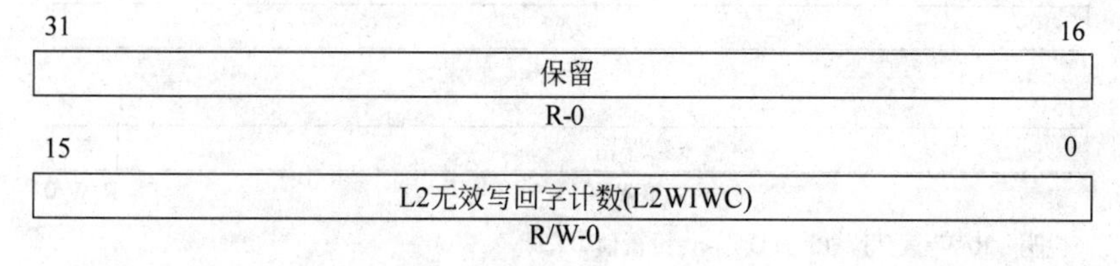


图 2-26　L2 无效写回字计数寄存器(L2WIWC)

**表 2-29　L2 无效写回字计数寄存器(L2WIWC)字段描述**

| 位 | 字　段 | 值 | 描　　述 |
|---|---|---|---|
| 31～16 | 保留 | 0 | 保留 |
| 15～0 | L2WIWC | 0～FFE0h | 用于无效块的字计数，写入 FFE1h～FFFFh 不影响任何字 |

L2 无效基址寄存器(L2IBAR)定义无效块的基址,如图 2-27 和表 2-30 所示。

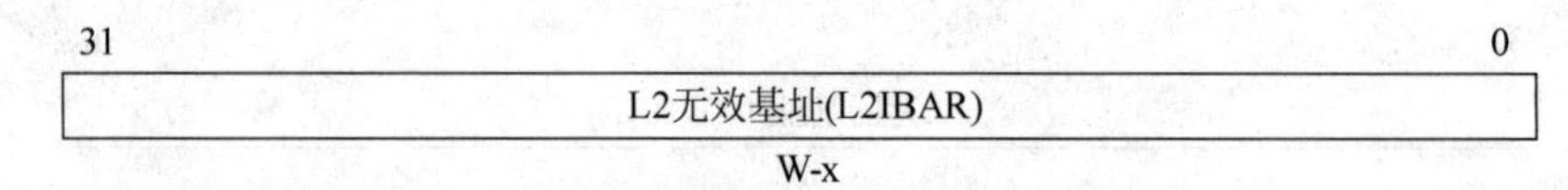


说明：W=只写，-x 值不确定。

图 2-27 L2 无效基址寄存器(L2IBAR)

**表 2-30 L2 无效基址寄存器(L2IBAR)字段描述**

| 位 | 字　段 | 值 | 描　述 |
|---|---|---|---|
| 31～0 | L2IBAR | 0～FFFF FFFFh | 用于定义 L2 无效块操作的基址 |

L2 无效字计数寄存器(L2IWC)定义了无效块的大小,其大小以 32 位字进行定义,写入一个大于 FFE0h 的数字会导致写入单元不被修改,如图 2-28 和表 2-31 所示。

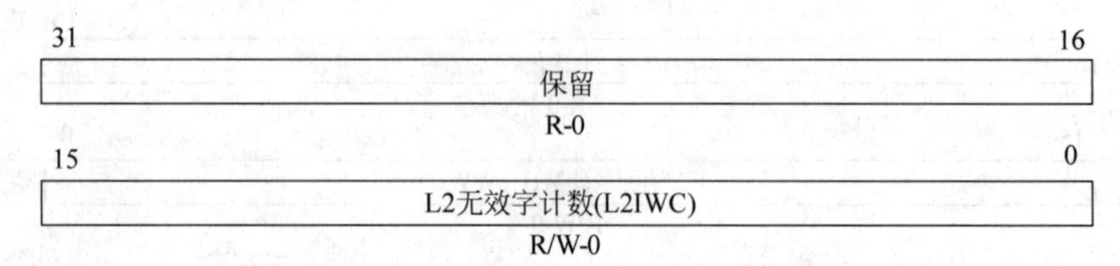


说明：R/W=读/写，R=只读，-n=设置值。

图 2-28 L2 无效字计数寄存器(L2IWC)

**表 2-31 L2 无效字计数寄存器(L2IWC)字段描述**

| 位 | 字　段 | 值 | 描　述 |
|---|---|---|---|
| 31～16 | 保留 | 0 | 保留 |
| 15～0 | L2IWC | 0～FFE0h | 用于无效块的字计数,写入 FFE1h～FFFFh 不影响任何字 |

L2 写回寄存器(L2WB)控制 L2 Cache 的全局写回操作,如图 2-29 和表 2-32 所示。

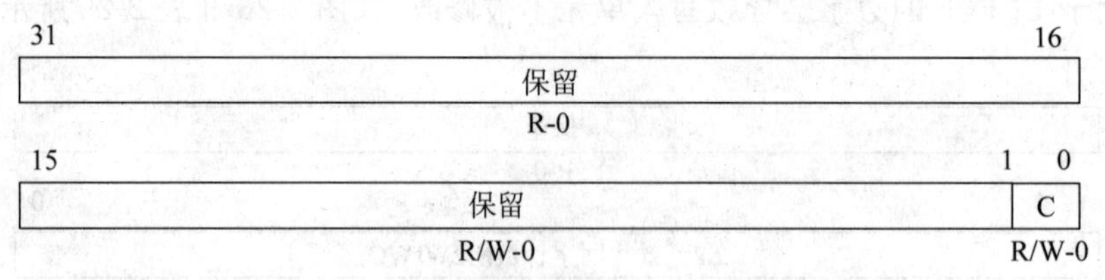


说明：R/W=读/写，R=只读，-n=设置值。

图 2-29 L2 写回寄存器(L2WB)

**表 2-32 L2 写回寄存器(L2WB)字段描述**

| 位 | 字　段 | 值 | 描　述 |
|---|---|---|---|
| 31～1 | 保留 | 0 | 保留 |
| 0 | C | | 控制 L2 Cache 的全局写回操作 |
| | | 0 | L2 正常操作 |
| | | 1 | L2 占用线被写回 |

L2 无效写回寄存器(L2WBINV)控制 L2 Cache 的无效写回操作,如图 2-30 和表 2-33 所示。

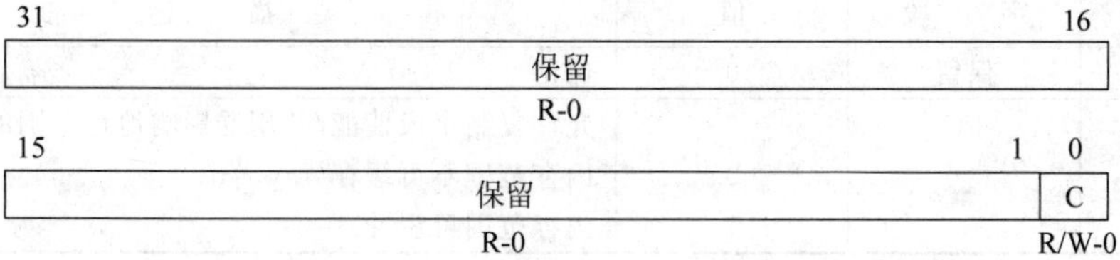

31
16
保留
R-0
15
1
0
保留
C
R-0
R/W-0

说明：R/W=读/写，R=只读，-n=设置值。

图 2-30 L2 无效写回寄存器(L2WBINV)

**表 2-33 L2 无效写回寄存器(L2WBINV)字段描述**

| 位 | 字段 | 值 | 描述 |
|---|---|---|---|
| 31～1 | 保留 | 0 | 保留 |
| 0 | C | | 控制 L2 Cache 的全局无效写回操作 |
| | | 0 | L2 正常操作 |
| | | 1 | L2 占用线被写回,L2 Cache Line 全部无效 |

L2 无效寄存器(L2INV)控制 L2 Cache 的全局无效,如图 2-31 和表 2-34 所示。

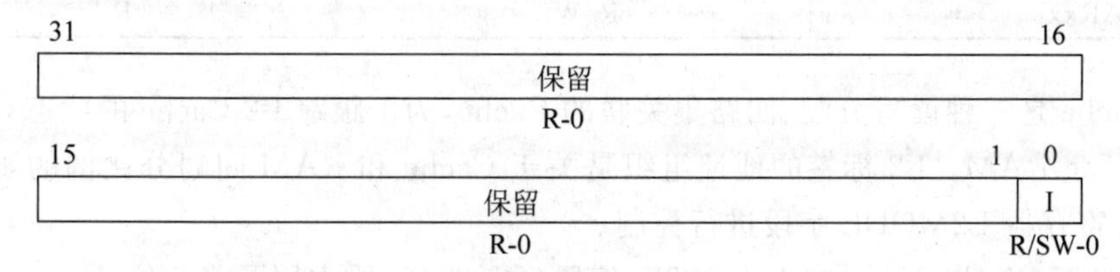

31
16
保留
R-0
15
1
0
保留
I
R-0
R/SW-0

说明：R/W=读/写，R=只读，-n=设置值，R/SW=只由管理员读/写。

图 2-31 L2 无效寄存器(L2INV)

**表 2-34 L2 无效寄存器(L2INV)字段描述**

| 位 | 字段 | 值 | 描述 |
|---|---|---|---|
| 31～1 | 保留 | 0 | 保留 |
| 0 | I | | 控制 L2 Cache 的全局无效 |
| | | 0 | 正常操作 |
| | | 1 | 所有 L2 Cache 线无效 |

L2 内存属性寄存器(MARn)定义外部存储空间的可缓冲性,只在管理员模式下可写,其通用结构如图 2-32 所示,功能描述如表 2-35 所示。

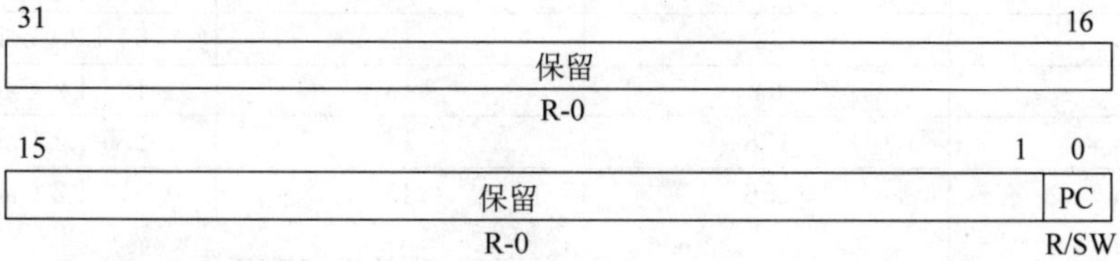

31
16
保留
R-0
15
1
0
保留
PC
R-0
R/SW

说明：R/W=读/写，R=只读，-n=设置值，R/SW=只由管理员读/写。

图 2-32 L2 无效寄存器(L2INV)

表 2-35 L2 无效寄存器(L2INV)字段描述

| 位 | 字段 | 值 | 描述 |
|---|---|---|---|
| 31～1 | 保留 | 0 | 保留 |
| 0 | PC | | 允许复制字段使能/禁用受影响地址范围的可缓存性 |
| | | 0 | 内存范围不可缓存 |
| | | 1 | 内存范围可缓冲 |

L2 内存结构提供了存储保护支持，详细的存储保护权限如表 2-36 所示。

表 2-36 L2 Cache 控制寄存器权限

| 寄存器 | 管理员模式 | 用户模式 |
|---|---|---|
| L2CFG | R/W | R |
| L2INV | R/W | R |
| L2WB | R/W | R/W |
| L2WBINV | R/W | R/W |
| L2WBAR/WC | R/W | R/W |
| L2WIBAR/WC | R/W | R/W |
| L2IBAR/WC | R/W | R/W |
| MARxx | R/W | R |

L2 Cache 是一种读写分配、四路集关联的 Cache，为了跟踪 L2 Cache 的状态，还包含一个四路的 Tag RAM。L2 标签的地址组织是关于 Cache 和 RAM 间划分比例的函数，其通过 L2CFG 寄存器 L2MODE 字段进行控制。

L2 缓冲行(Cache Line)大小为 128B，偏置(Offset)字段占用了前 7 位，Cache 控制逻辑忽略了这部分地址，如图 2-33 所示。设置(Set)字段指出了 L2 缓冲行的地址，其缓存数据将以各自方式被保留，设置字段的宽度依赖于 L2 配置成 Cache 的大小，如表 2-37 所示。L2 控制器使用设置字段来查找和检查任意已缓存数据的标签和有效位。

| 31　　X+1 | X　　7 | 6　　0 |
|---|---|---|
| Tag | Set | Offset |

图 2-33 L2 Cache 地址结构

表 2-37 L2 MODE 描述

| L2CFG 寄存器的 L2MODE 设置 | L2 Cache 大小/KB | X 位的位置 | 描述 |
|---|---|---|---|
| 000b | 0 | N/A | L2 为全 RAM |
| 001b | 32 | 12 | 64 L2 Cache Line |
| 010b | 64 | 13 | 128 L2 Cache Line |
| 011b | 128 | 14 | 256 L2 Cache Line |
| 100b | 256 | 15 | 512 L2 Cache Line |
| 101b | 保留，映射到 256KB | | |
| 110b | | | |
| 111b | 最大 Cache，映射到 256KB | | |

标签字段占据存储地址的上部，其确定了 Cache 的真实物理位置。Cache 将给定地址的标签字段与 L2 Cache 全部四路保存的标签相比较，如果其中任一标签匹配且缓存数据有效，那么称作“命中”，其数据将被直接从 L2 Cache 中读取或直接写入到 L2 Cache，否则，称其为“未中”，当 L2 从系统存储位置中取一个完整行，请求被暂停。在读漏中，数据直接传递给适当的 L1 Cache 作为获取的一部分，在写漏中，L2 将写与获取的行合并。

由于 L2 内容可被修改，L2 Cache 能够在其真实物理位置上更新数据。L2 Cache 是一个写回 Cache，这意味着仅当需要时其写出更新。从 L2 Cache 中驱逐的数据写回到其在系统存储中的适当位置。这发生在一个新的 L2 线替代已被更新的数据线，或当 L2 控制器由 CPU 写回修改数据。一旦驱逐或写回发生，数据通过 EMC 发送到其在系统存储中的位置。

在所有的 Cache 模式中，L2 Cache 以定点四路集关联的方式进行操作，这意味着系统内存中的每个位置可以保留在 L2 Cache 中 4 个可能的位置中。L2 控制器执行一个读写分配 Cache，这意味着 L2 将获取一个 128 字节的完整行用于可缓存位置，而不考虑其是读或写。替代策略与 L1D 的替代策略相同，其最近最少使用(Least-recently-used，LRU)L2 行被新行替代。

为了响应全局重置，L2 Cache 被转换为“全 RAM 模式”。为了响应局部重置，L2 Cache 保持当前的操作模式，然而，整个 Cache 的内容失效，当无效发生时，所有的请求被挂起。如果启用了 L1 Cache 支持，L2 控制器采取必要的步骤来确保当 L2 很难通过软硬件重置时，L1 Cache 能以相同的方式响应。

L2 Cache 允许在运行时配置其大小，程序通过写请求模式到 L2CFG 寄存器的 L2MODE 字段来选择 L2 Cache 的大小，如表 2-37 所示。通常，重置后不久，程序设置 L2 模式并保持不变，然而，一些程序会在工作中改变 L2 Cache 模式，特别是对于复杂系统的操作系统任务转换。需要注意确保遵循表 2-38 所示的步骤来保持存储系统一致和正确的 Cache 操作。当程序写入新的 Cache 模式到 L2CFG 寄存器，L2 执行以下步骤：①L2 Cache 使能，则写回并置为无效；②L2 Cache 设置为需要的模式，需要注意的是改变 L2 模式不会影响 L1 Cache 的内容。

**表 2-38　L2 模式转换规则**

| 转换初态 | 转换终态 | 程序需执行的步骤 |
| --- | --- | --- |
| 没有或仅有少量 L2 Cache 模式 | 更多的 L2 Cache 模式 | (1) DMA、IDMA 或复制任何超出 L2 RAM 范围的需要的数据(如果不需要保存，则不需要 DMA)；<br>(2) 等待完成前一步中造成的任何 DMAs/IDMAs；<br>(3) 写所需的 Cache 模式到 L2CFG 寄存器的 L2MODE 字段；<br>(4) 读回 L2CFG 寄存器，CPU 挂起，直到模式更改完成 |
| 较多的 L2 Cache 模式 | 没有或仅有少量 L2 Cache 模式 | (1)写所需的 Cache 模式到 L2CFG 寄存器的 L2MODE 字段；<br>(2) 读回 L2CFG 寄存器，CPU 挂起，直到模式更改完成 |

L2 Cache 支持冻结模式，在该模式下，L2 Cache 内容被冻结，即它将不能像正常操作一样被更新。L2 冻结模式允许实时应用程序在各部分代码中限制从 L2 发出的数据量，如中

断处理程序。使用 L2CFG 寄存器中的 L2CC 字段来设置冻结模式。

冻结模式只影响 L2 Cache 操作，而不影响 L2 RAM，其也不影响 L1P 和 L1D，同样，L1 冻结模式也不影响 L2 Cache。在冻结模式中，L2 Cache 正常响应读写操作，此时 L2 直接发送读漏和写漏到外部存储器。冻结模式时 L2 不再分配新的缓冲行，缓冲行只能通过程序初始化操作从 L2 进行发送。表 2-39 总结了通过使用 L2CFG 寄存器中 L2CC 字段来设置冻结模式的方式。

**表 2-39 L2 冻结模式**

| L2 MODE | L2 Cache 使能 L2CC=0 | L2 Cache 使能 L2CC=0 | L2 Cache 冻结 L2CC=1 |
|---|---|---|---|
| 全部 RAM | 不受影响，L2 为全 RAM | | |
| 混合 Cache 和 RAM，或全 Cache | Cache 正常操作 | | Cache 冻结，命中操作正常，L1D 远程访问所请求的字节，L1P 远程访问所取的数据包，该模式无 LRU 更新 |

## 本章小结

本章详细介绍了 TMS320DM6437 的基本硬件结构，包括 CPU 体系结构、数据通路及状态控制寄存器，以及片内存储器，即片内一级程序和数据存储器、片内二级存储器的基本构造及工作方式等。

## 思考与练习题

1. TMS320DM6437 DSP 的基本硬件结构由哪几部分组成？
2. 简述 TMS320DM6437 DSP 的 CPU 结构组成。
3. 简述 TMS320DM6437 DSP 的 CPU 中数据通路组成。
4. TMS320DM6437 DSP 的片内存储器结构有哪几部分组成？每一部分可配置的大小是多少？

# 第3章 TMS320DM6437的指令系统

CHAPTER 3

TMS320DM6437是TMS320C6000平台中一款重要的DSP芯片，与TMS320C62x一样，TMS320C64x也是TI的定点DSP芯片，程序代码兼容，用TMS320C64x编写的代码可直接通过CCS编译器移植到TMS320C62x中。而TMS320C67x系列DSP芯片为浮点运算DSP，有一些特殊的指令，如浮点加法、浮点减法和浮点乘法运算等，但它们都具有相同的定点运算指令集，程序代码可以相互兼容。

## 3.1 TMS320DM6437指令集概述

### 3.1.1 指令和功能单元之间的映射

C6000汇编语言和每一条指令只能在一定的功能单元执行，因此就形成了指令的功能单元之间的映射关系。一般而言，与乘法相关的指令都在.M单元执行；需要产生数据存储器地址的指令，在.D功能单元执行；算术逻辑运算大多在.L和.S单元执行。

指令与功能单元的映射如表3-1所示。

表3-1 指令与功能单元的映射

| 指　　令 | .L Unit | .M Unit | .S Unit | .D Unit |
|---|---|---|---|---|
| ABS | √ | | | |
| ADD | √ | | √ | √ |
| ADDAB | | | | √ |
| ADDAH | | | | √ |
| ADDAW | | | | √ |
| ADDK | | | √ | |
| ADDU | √ | | | |
| ADD2 | | | √ | |
| AND | √ | | √ | |
| B disp | | | √ | |
| B IRP$^+$ | | | √ | |
| B NRP$^+$ | | | √ | |
| B reg | | | √ | |
| CLR | | | √ | |

续表

| 指　　令 | .L Unit | .M Unit | .S Unit | .D Unit |
|---|---|---|---|---|
| CMPEQ | √ | | | |
| CMPGT | √ | | | |
| CMPGTU | √ | | | |
| CMPLT | √ | | | |
| CMPLTU | √ | | | |
| EXT | | | √ | |
| EXTU | | | √ | |
| LDB | | | | √ |
| LDB(15-bit offset) | | | | √ |
| LDBU | | | | √ |
| LDBU(15-bit offset) | | | | √ |
| LDH | | | | √ |
| LDH(15-bit offset) | | | | √ |
| LDHU | | | | √ |
| LDHU(15-bit offset) | | | | √ |
| LDW | | | | √ |
| LDW(15-bit offset) | | | | √ |
| LMBD | √ | | | |
| MPY | | √ | | |
| MPYU | | √ | | |
| MPYUS | | √ | | |
| MPYSU | | √ | | |
| MPYH | | √ | | |
| MPYHU | | √ | | |
| MPYHUS | | √ | | |
| MPYHSU | | √ | | |
| MPYHL | | √ | | |
| MPYHLU | | √ | | |
| MPYHULS | | √ | | |
| MPYHSLU | | √ | | |
| MPYLH | | √ | | |
| MPYLHU | | √ | | |
| MPYLUHS | | √ | | |
| MPYLSHU | | √ | | |
| MV | √ | | √ | √ |
| MVC+ | | | √ | |
| MVK | | | √ | |
| MVKH | | | √ | |
| MVKLH | | | √ | |
| NEG | √ | | √ | |
| NORM | √ | | | |
| NOT | √ | | √ | |

续表

| 指　　令 | .L Unit | .M Unit | .S Unit | .D Unit |
|---|---|---|---|---|
| OR | √ | | √ | |
| SADD | √ | | | |
| SAT | √ | | | |
| SET | | | √ | |
| SHL | | | √ | |
| SHR | | | √ | |
| SHRU | | | √ | |
| SMPY | | √ | | |
| SMPYHL | | √ | | |
| SMPYLH | | √ | | |
| SMPYH | | √ | | |
| SSUB | √ | | √ | |
| STB | | | | √ |
| STB(15-bit offset) | | | | √ |
| STH | | | | √ |
| STH(15-bit offset) | | | | √ |
| STW | | | | √ |
| STW(15-bit offset) | | | | √ |
| SUB | √ | | √ | √ |
| SUBAB | | | | √ |
| SUBAH | | | | √ |
| SUBAW | | | | √ |
| SUBC | √ | | | |
| SUBU | √ | | √ | |
| SUB2 | | | √ | |
| XOR | √ | | √ | |
| ZERO | √ | | √ | √ |

### 3.1.2 延迟间隙

延迟间隙(Delay Slots)是指一条指令在第一个执行节拍E1以后占用的CPU周期数。定点指令在执行时可以定义一个延迟间隙期,延迟间隙数等于读指令有效读取源操作数后所需附加的周期数。对于单周期指令(如ADD指令),在第$i$周期读取源操作数,指令执行结果在第$i+1$周期才被访问,对于多周期指令(如MPY指令),在第$i$周期读取源操作数,指令执行结果在第$i+2$周期被访问。延迟间隙数等于一条指令的执行或结果获得的潜在周期,TMS320C64xDSP系列DSP指令都有一个功能单元潜在周期,因此,每个周期均可有一条新指令在功能单元中开始。TMS320C64xDSP各指令对应的延迟间隙数如表3-2所示。

表 3-2 TMS320C64xDSP 各指令对应的延迟间隙数

| 指令类型 | 延迟间隙 | 功能单元等待时间 | 读周期 | 写周期 | 转移发生 |
|---|---|---|---|---|---|
| NOP | 0 | 1 | | | |
| Store | 0 | 1 | $i$ | $i$ | |
| Single cycle | 0 | 1 | $i$ | $i$ | |
| Multiply(16×16) | 1 | 1 | $i$ | $i+1$ | |
| Load | 4 | 1 | $i$ | $i+4$ | |
| Branch | 5 | 1 | $i$ | | $i+5$ |

## 3.1.3 指令操作码映射图

TMS320C64x 的每一条指令都是 32 位，都有自己的代码，详细指明指令相关内容。以下为在各单元操作时的指令操作代码符号映射。指令操作代码符号如表 3-3 所示。

表 3-3 指令操作代码符号

| 符号 | 含义 | 符号 | 含义 |
|---|---|---|---|
| baseR | 基地址寄存器 | p | 指令是否并行执行 |
| creg | 条件寄存器代码 | r | LDDW 位 |
| cst | 常数 | rsv | 保留 |
| csta | 常数 a | s | 选择寄存器组 A 或 B 作为目的操作数 |
| cstb | 常数 b | src1 | 源操作数 1 |
| dst | 目的操作数 | src2 | 源操作数 2 |
| h | MVK 或 MVKH 位 | ucstn | n 位无符号常数 |
| ld/st | 装载/存储 | x | 操作数 2 是否使用交叉通道 |
| mode | 寻址方式 | y | 选择. D1 或. D2 |
| offsetR | 偏移量寄存器 | z | 指定条件 |
| op | 指令操作代码 | | |

(1) 在. L Unit 操作时的指令操作代码符号映射。

| 31–29 | 28 | 27–23 | 22–18 | 17–13 | 12 | 11–5 | 4 | 3 | 2 | 1 | 0 |
|---|---|---|---|---|---|---|---|---|---|---|---|
| creg | z | dst | src2 | src1/cst | x | op | 1 | 1 | 0 | s | p |
| 3 | | 5 | 5 | 5 | | 7 | | | | | |

(2) 在. M Unit 操作时的指令操作代码符号映射。

| 31–29 | 28 | 27–23 | 22–18 | 17–13 | 12 | 11–7 | 6 | 5 | 4 | 3 | 2 | 1 | 0 |
|---|---|---|---|---|---|---|---|---|---|---|---|---|---|
| creg | z | dst | src2 | src1/cst | x | op | 0 | 0 | 0 | 0 | 0 | s | p |
| 3 | | 5 | 5 | 5 | | 5 | | | | | | | |

(3) 在. D Unit 操作时的指令操作代码符号映射。

| 31–29 | 28 | 27–23 | 22–18 | 17–13 | 12–7 | 6 | 5 | 4 | 3 | 2 | 1 | 0 |
|---|---|---|---|---|---|---|---|---|---|---|---|---|
| creg | z | dst | src2 | src1/cst | op | 1 | 0 | 0 | 0 | 0 | s | p |
| 3 | | 5 | 5 | 5 | 6 | | | | | | | |

(4) 数据读取/存储指令使用15位偏置在.D Unit操作时的指令操作代码符号映射。

| 31 29 | 28 | 27 23 | 22 8 | 7 | 6 4 | 3 | 2 | 1 | 0 |
|---|---|---|---|---|---|---|---|---|---|
| creg | z | dst/src | ucst15 | y | ld/st | 1 | 1 | s | p |
| 3 | | 5 | 15 | | 3 | | | | |

(5) 数据读取/存储指令使用基地址寄存器+15位偏置在.D Unit操作时的指令操作代码符号映射。

| 31 29 | 28 | 27 23 | 22 18 | 17 13 | 12 9 | 8 | 7 | 6 4 | 3 | 2 | 1 | 0 |
|---|---|---|---|---|---|---|---|---|---|---|---|---|
| creg | z | dst/src | baseR | offsetR/ucst5 | mode | r | y | ld/st | 0 | 1 | s | p |
| 3 | | 5 | 5 | 5 | 4 | | | 3 | | | | |

(6) 在.S Unit操作时的指令操作代码符号映射。

| 31 29 | 28 | 27 23 | 22 18 | 17 13 | 12 | 11 6 | 5 | 4 | 3 | 2 | 1 | 0 |
|---|---|---|---|---|---|---|---|---|---|---|---|---|
| creg | z | dst | src2 | src1/cst | x | op | 1 | 0 | 0 | 0 | s | p |
| 3 | | 5 | 5 | 5 | | 6 | | | | | | |

(7) ADDK指令在.S Unit操作时的指令操作代码符号映射。

| 31 29 | 28 | 27 23 | 22 7 | 6 | 5 | 4 | 3 | 2 | 1 | 0 |
|---|---|---|---|---|---|---|---|---|---|---|
| creg | z | dst | cst | 1 | 0 | 1 | 0 | 0 | s | p |
| 3 | | 5 | 16 | | | | | | | |

(8) 帧操作在.S Unit操作时的指令操作代码符号映射。

| 31 29 | 28 | 27 23 | 22 18 | 17 13 | 12 | | 5 | 4 | 3 | 2 | 1 | 0 |
|---|---|---|---|---|---|---|---|---|---|---|---|---|
| creg | z | dst | src2 | csta | cstb | op | 0 | 0 | 1 | 0 | s | p |
| 3 | | 5 | 5 | 5 | 5 | 2 | | | | | | |

(9) MVK和MVKH指令在.S Unit操作时的指令操作代码符号映射。

| 31 29 | 28 | 27 23 | 22 7 | 6 | 5 | 4 | 3 | 2 | 1 | 0 |
|---|---|---|---|---|---|---|---|---|---|---|
| creg | z | dst | cst | h | 1 | 0 | 1 | 0 | s | p |
| 3 | | 5 | 16 | | | | | | | |

(10) B cond disp在.S Unit操作时的指令操作代码符号映射。

| 31 29 | 28 | 27 7 | 6 | 5 | 4 | 3 | 2 | 1 | 0 |
|---|---|---|---|---|---|---|---|---|---|
| creg | z | cst | 0 | 0 | 1 | 0 | 0 | s | p |
| 3 | | 21 | | | | | | | |

(11) IDLE操作的指令操作代码符号映射。

| 31 18 | 17 | 16 | 15 | 14 | 13 | 12 | 11 | 10 | 9 | 8 | 7 | 6 | 5 | 4 | 3 | 2 | 1 | 0 |
|---|---|---|---|---|---|---|---|---|---|---|---|---|---|---|---|---|---|---|
| Reserved | 0 | 1 | 1 | 1 | 1 | 0 | 0 | 0 | 0 | 0 | 0 | 0 | 0 | 0 | 0 | 0 | s | p |
| 14 | | | | | | | | | | | | | | | | | | |

(12) 空操作的指令操作代码符号映射。

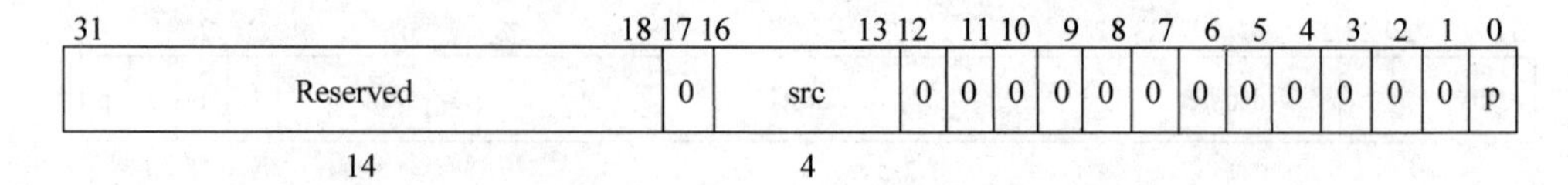


## 3.1.4 并行操作

TMS320C64x 指令一般一次取 8 条指令组成一个取指包,宽度为 256 位(8 个字)。基本格式如图 3-1 所示。

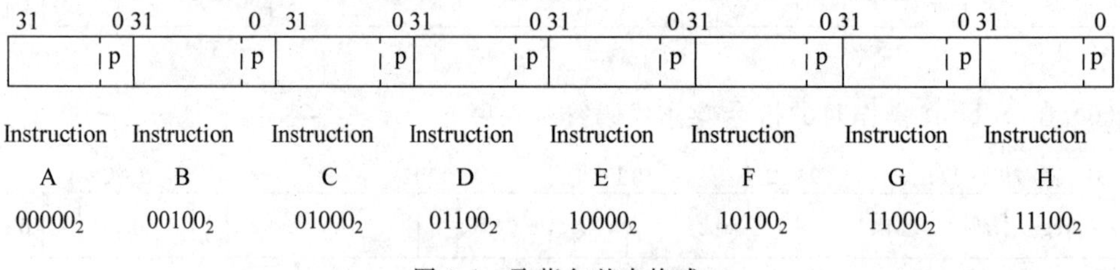


图 3-1 取指包基本格式

独立指令的执行部分受控于每条指令位于 0 位的 p 值,p 值决定当前指令是否与其他指令并行执行,对各指令 p 值的扫描检测是从低地址到高地址或从左到右。如第 j 条指令 p 值为 1,则第 j+1 条指令与第 j 条指令并行执行,即这两条指令在同一周期执行。所有并行执行的指令组成一个执行包,一个执行包中最多可包含 8 条指令。在执行包中的每条指令必须使用不同的功能单元。一个执行包不超过 8 个字的范围,在取指包中,最后一条指令的 p 值一般应为 0,而且取指包的起始最好与执行包对应。p 值决定取指包中,8 条指令按哪一种执行顺序执行,即完全串行、完全并行和部分串行。

以部分串行为例,取指包中 8 条指令的 p 值分布如图 3-2 所示。

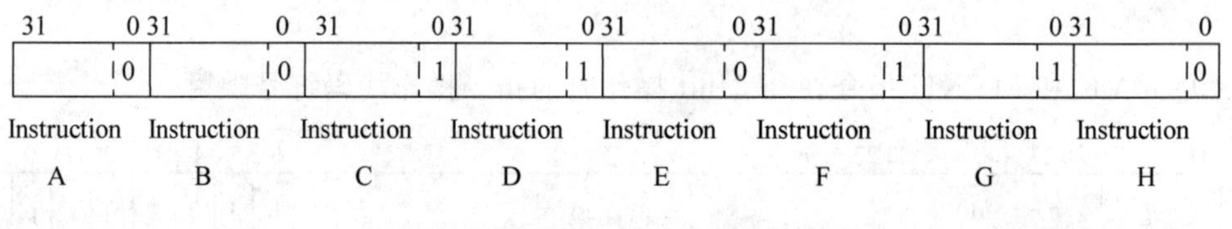


图 3-2 取指包中 8 条指令的 p 值分布

对应代码形式如下。其中,"||"符号表示当前指令与前一条指令并行执行。

```
   Instruction A
   Instruction B
   Instruction C
|| Instruction D
|| Instruction E
   Instruction F
|| Instruction G
|| Instruction H
```

指令实际执行顺序如表 3-4 所示。

表 3-4 执行包中 8 条指令的执行顺序

| 周期/执行包 | 指令 | | |
|---|---|---|---|
| 1 | A | | |
| 2 | B | | |
| 3 | C | D | E |
| 4 | F | G | H |

## 3.1.5 条件操作

TMS320C64x 系列 DSP 指令可以条件化。通过对专用条件寄存器的 3 位 creg 字段和 1 位 z 字段的控制可进行条件检测，3 位操作码字段 creg 指定条件寄存器，1 位字段 z 指定是 0 检测还是非 0 检测。检测在所有指令流水线的 E1 执行级开始时进行。如果 z=1，则进行 0 检测；如果 z=0，则进行非 0 检测；如果 creg=0 且 z=0，则指令将无条件执行。creg 字段和 z 字段编码表如表 3-5 所示。

表 3-5 creg 字段和 z 字段编码表

| 专用条件寄存器 | creg | | | z |
|---|---|---|---|---|
| | Bit 31 | 30 | 29 | 28 |
| 无条件执行 | 0 | 0 | 0 | 0 |
| 保留 | 0 | 0 | 0 | 1 |
| B0 | 0 | 0 | 1 | z |
| B1 | 0 | 1 | 0 | z |
| B2 | 0 | 1 | 1 | z |
| A1 | 1 | 0 | 0 | z |
| A2 | 1 | 0 | 1 | z |
| 保留 | 1 | 1 | 1 | x |

例如，以下两条指令：

```
[ B0] ADD .L1 A1,A2,A3
   || [!B0] ADD .L2 B1, B2,B3
```

这两条并行 ADD 指令，一条 ADD 指令以 B0 的 0 为条件，另一条 ADD 指令以 B0 的非 0 为条件，两条指令相互排斥，只有一条指令被执行。

## 3.1.6 寻址方式

寻址方式指 CPU 如何访问其数据存储空间，TMS320C64x 系列 DSP 全部采用间接寻址，以通用寄存器作为基地址，偏移地址可以为通用寄存器或常数。所有寄存器都可以作为线性寻址的地址指针。A4～A7、B4～B7 等 8 个寄存器还可作为循环寻址的地址指针。由寻址模式寄存器 AMR 控制地址修改方式：线性寻址方式（默认）或循环寻址方式。寻址模式寄存器 AMR 各个位域的定义如图 3-3 所示。

其中，选择字段的编码意义如表 3-6 所示。

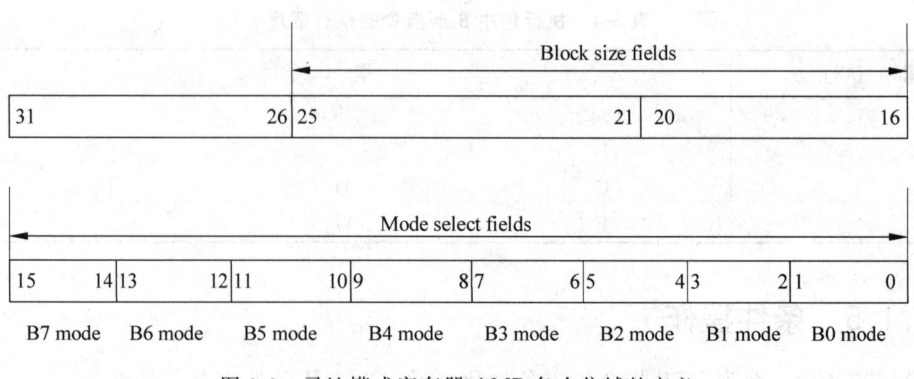


图 3-3　寻址模式寄存器 AMR 各个位域的定义

**表 3-6　选择字段的编码意义**

| 模　式 | 描　述 |
|---|---|
| 00 | 线性寻址(复位后默认值) |
| 01 | 循环寻址,使用 BK0 字段 |
| 10 | 循环寻址,使用 BK1 字段 |
| 11 | 保留 |

在寻址模式寄存器 AMR 的高 16 位中,最高 6 位为保留位,均为 0; 16～20 位和 21～25 位分别组成两个块尺寸选择字段,即 BK0 和 BK1,用于在循环寻址模式下,决定循环缓冲区的大小。块尺寸大小为 $2^{N+1}$,其中 $N$ 为 BK0 和 BK1 块尺寸选择字段的值。

一般可使用 LDB/LDBU/LDH/LDHU/LDW、STB/STH/STW、ADDAB/ADDAH/ADDAW/ADDAD 和 SUBAB/SUBAH/SUBAW 指令来寻址寄存器。

**1. 线性寻址方式中的指令类型**

(1) LD 和 ST 指令:在线性寻址方式下,LD 和 ST 指令在数据读取与存储操作过程中,进行 2/1/半/0 个字或字节宽度的常数操作数或寄存器偏移量操作数的移位提取操作,然后对基地址寄存器内容进行加减运算。

(2) ADDA 和 SUBA 指令:在线性寻址下,ADDA 和 SUBA 指令在做整数加和整数减的过程中,源操作数 src1/常数操作数按 2/1/半/0 个字或字节宽度分别进行移位提取操作,然后对基地址寄存器内容进行加减运算。

**2. 循环寻址方式中的指令类型**

(1) LD 和 ST 指令:同线性寻址一样,LD 和 ST 指令对源操作数 src1/常数操作数按 2/1/半/0 个字或字节数据宽度分别进行移位提取操作,然后对基地址寄存器内容进行加减运算,形成最后的地址。在循环寻址方式下,只允许基地址寄存器 0～$N$ 位进行变化,而对于基地址寄存器中($N$+1)～31 位保留不变。最后地址空间控制在 2($N$+1)范围内,在此范围内不考虑常数操作数/寄存器偏移量操作数的大小。如超出此范围,则会影响循环缓冲区的大小确定。

(2) ADDA 和 SUBA 指令:同线性寻址一样,ADDA 和 SUBA 指令对源操作数 src1/常数操作数按 2/1/半/0 个字或字节数据宽度分别进行移位提取操作,然后对基地址寄存器内容进行加减运算,形成最后的地址。在循环寻址方式下,只允许基地址寄存器 0～$N$ 位进行变化，而对于基地址寄存器中($N+1$)～31 位保留不变。最后地址空间控制在 2($N+1$)范围内，在此范围内不考虑常数操作数/寄存器偏移量操作数的大小，如超出此范围，则会影响循环缓冲区的大小确定。

**3. 数据读取与存储地址生成**

TMS320C64x 系列 DSP 只有一种通过读取与存储指令寻址存储器的方法，即间接寻址方式。若在数据读取与存储时，有一个较大的偏移寻址范围，则可以使用 B15 或 B16 寄存器作为基地址寄存器，用 15 位常数(ucst15)为偏移量。读取/存储指令访问数据存储器地址的语法格式如表 3-7 所示。

**表 3-7 读取/存储指令访问数据存储器地址的语法格式**

| 寻 址 方 式 | 不修改地址寄存器 | 先修改地址寄存器 | 后修改地址寄存器 |
|---|---|---|---|
| 寄存器间接寻址 | *R | *++R<br>*--R | *R++<br>*R-- |
| 寄存器相对寻址 | *+R[ucst5]<br>*-R[ucst5] | *++R[ucst5]<br>*--R[ucst5] | *R++[ucst5]<br>*R--[ucst5] |
| 基地址+变址 | *+R[offsetR]<br>*-R[offsetR] | *++R[offsetR]<br>*--R[offsetR] | *R++[offsetR]<br>*R--[offsetR] |
| 带 15 位常数偏移量的寄存器相对寻址 | *+B14/B15[ucst15] | 不支持 | 不支持 |

## 3.2 TMS320DM6437 指令集

TMS320C64x 系列 DSP 指令集按指令的功能分类，可以分为加载/存储指令、算术运算指令、乘法运算指令、逻辑运算指令、数据传送指令和程序转移指令等。

### 3.2.1 加载/存储指令

加载指令可从数据存储器读取数据送到通用寄存器，存储指令可将通用寄存器的内容送到数据存储器保存。TMS320C64x 加载指令包括 LDB/LDBU/LDH/LDHU/LDDW/LDW，存储指令包括 STB/STH/STW，指令描述如表 3-8 和表 3-9 所示。

**表 3-8 加载指令**

| 指 令 | 语 法 | 描 述 |
|---|---|---|
| LDB memory | LDB (.unit) *+baseR[ucst5],dst<br>.unit=.D1 or .D2 | 从内存读取 1 字节到通用寄存器 dst |
| LDB memory(15-bit offset) | LDB (.unit) *+B14/B15[ucst15],dst<br>.unit=.D2 | 从内存读取 1 字节到通用寄存器 dst |
| LDBU memory | LDBU (.unit) *+baseR[offsetR],dst<br>.unit=.D1 or .D2 | 从内存读取 1 字节到通用寄存器 dst |
| LDBU memory(15-bit offset) | LDBU (.unit) *+B14/B15[ucst15],dst<br>.unit=.D2 | 从内存读取 1 字节到通用寄存器 dst |

续表

| 指　令 | 语　法 | 描　述 |
|---|---|---|
| LDDW | LDDW(.unit) * +baseR[offsetR],dst_o:dst_e<br>.unit=.D1 or .D2 | 从内存读取64位双精度数到寄存器对dst_o:dst_e |
| LDH memory | LDH (.unit) * +baseR[ucst5],dst<br>.unit=.D1 or .D2 | 从内存读取半个字到通用寄存器dst |
| LDH memory(15-bit offset) | LDH (.unit) * +B14/B15[ucst15],dst<br>.unit=.D2 | 从内存读取半个字到通用寄存器dst |
| LDHU memory | LDHU (.unit) * +baseR[ucst5],dst<br>.unit=.D1 or .D2 | 从内存读取64位双精度数到寄存器dst |
| LDHU memory(15-bit offset) | LDHU (.unit) * +B14/B15[ucst15],dst<br>.unit=.D2 | 从内存读取64位双精度数到寄存器dst |
| LDW memory | LDW (.unit) * +baseR[offsetR],dst<br>.unit=.D1 or .D2 | 从内存读取1个字到通用寄存器dst |
| LDW memory(15-bit offset) | LDW (.unit) * +B14/B15[ucst15],dst<br>.unit=.D2 | 从内存读取1个字到通用寄存器dst |

**表3-9　存储指令**

| 指　令 | 语　法 | 描　述 |
|---|---|---|
| STB memory | STB (.unit) src, * +baseR[ucst5]<br>.unit=.D1 or .D2 | 将通用寄存器src中的1个字节存储至内存 |
| STB memory(15-bit offset) | STB (.unit) src, * +B14/B15[ucst15]<br>.unit=.D2 | 将通用寄存器src中的1个字节存储至内存 |
| STDW | STDW (.unit) src, * + baseR[offsetR]<br>STDW (.unit)src, * +baseR[ucst5]<br>.unit=.D1 or .D2 | 将64位通用寄存器src中的64位双精度数存储至内存 |
| STH memory | STH (.unit) src, * +baseR[offsetR]<br>STH(.unit) src, * +baseR[ucst5]<br>.unit=.D1 or .D2 | 将通用寄存器src中的半个字存储至内存 |
| STH memory(15-bit offset) | STH (.unit) src, * +B14/B15[ucst15]<br>.unit=.D2 | 将通用寄存器src中的半个字存储至内存 |
| STW memory | STW (.unit) src, * +baseR[offsetR]<br>STW (.unit)src, * +baseR[ucst5]<br>.unit=.D1 or .D2 | 将通用寄存器src中的1个字存储至内存 |
| STW memory(15-bit offset) | STW (.unit) src, * +B14/B15[ucst15]<br>.unit=.D2 | 将通用寄存器src中的1个字存储至内存 |

加载/存储指令需要注意有符号扩展指令与无符号扩展指令的区别，以及数据类型对地址偏移量的影响。

**1. 有符号扩展指令与无符号扩展指令的区别**

LDB/LDH指令加载的是有符号数(补码数)，将字节/半字写入寄存器时，应对高位作符号扩展。LDBU/LDHU指令读入的是无符号数，将字节/半字写入寄存器时，应对高位补0。

**2. 数据类型对地址偏移量的影响**

LDB(U)/LDH(U)/LDW 指令分别读入字节/半字/字,因为地址均以字节为单位,在计算地址修正时,要分别乘以相应的比例因子 1、2、4。STB/STH/STW 同样计算地址。

## 3.2.2 算术运算指令

TMS320C64x 算术运算指令包括操作数为整型(32 位)或长整型(40 位)的有符号加减运算指令 ADD/SUB;操作数为整型(32 位)或长整型(40 位)的无符号加减运算指令 ADDU/SUBU;操作数为半字(16 位)的加减运算指令 ADD2/SUB2,可以同时进行两个 16 位补码数的加减运算,高半字与低半字之间没有进、借位,各自独立进行;带饱和的有符号数加减运算指令 SADD/SSUB,操作数为 32 位或 40 位有符号数;与 16 位常数进行加法操作的指令 ADDK;使用寻址模式的加减运算类指令 ADDAB/ADDAH/ADDAW/ADDAD,SUBAB/SUBAH/SUBAW;带饱和的有符号加减法运算指令 SADD 和 SSUB;整数乘法指令 MPY;适用于 Q 格式数相乘的乘法运算 SMPY/SMPYLH/SMPYHL。指令描述如表 3-10、表 3-11 和表 3-12 所示。其他算法运算指令如表 3-13 所示。

**表 3-10 加法指令**

| 指令 | 语法 | 描述 |
|---|---|---|
| ADD | ADD (.unit)src1,src2,dst<br>.unit=.D1,.D2,.L1,.L2,.S1,.S2 | 将 src1 和 src2 作有符号加法运算,加至 dst |
| ADDAB | ADDAB (.unit) src2,src1,dst<br>.unit=.D1 or .D2 | 使用字节寻址模式的整数加法 |
| ADDAD | ADDAD (.unit) src2,src1,dst<br>.unit=.D1 or .D2 | 使用双字寻址模式的整数加法 |
| ADDAH | ADDAH (.unit) src2,src1,dst<br>.unit=.D1 or .D2 | 使用半字寻址模式的整数加法 |
| ADDAW | ADDAW (.unit) src2,src1,dst<br>.unit=.D1 or .D2 | 使用字寻址模式的整数加法 |
| ADDK | ADDK (.unit) cst,dst<br>.unit=.S1 or .S2 | 16 位带符号常数加法 |
| ADDU | ADDU (.unit) src1,src2,dst<br>.unit=.L1 or .L2 | 将 src1 和 src2 作无符号加法运算,加至 dst |
| ADD2 | ADD2 (.unit)src1,src2,dst<br>.unit=.S1,.S2,.L1,.L2,.D1,.D2 | src1 和 src2 的高低半字分别作有符号加法运算 |
| SADD | SADD (.unit) src1,src2,dst<br>.unit=.L1,.L2,.S1,.S2 | src1 与 src2 作带饱和的加法,不影响 SAT 位 |

**表 3-11 减法指令**

| 指令 | 语法 | 描述 |
|---|---|---|
| SUB | SUB (.unit) src1,src2,dst<br>.unit=.D1,.D2,.L1,.L2,.S1,.S2 | 将 src1 减去 src2,结果放至 dst |
| SUBAB | SUBAB (.unit) src2,src1,dst<br>.unit=.D1 or .D2 | 使用字节寻址模式的整数减法 |

续表

| 指　令 | 语　法 | 描　述 |
|---|---|---|
| SUBAH | SUBAH (. unit) src2, src1, dst<br>. unit=. D1 or . D2 | 使用半字寻址模式的整数减法 |
| SUBAW | SUBAW (. unit) src2, src1, dst<br>. unit=. D1 or . D2 | 使用字寻址模式的整数减法 |
| SUBC | SUBC (. unit) src1, src2, dst<br>. unit=. L1 or . L2 | 将 src1 减去 src2,如果结果大于等于 0,左移 1 位,加 1,结果放至 dst; 如果结果小于 0,左移 1 位 src1,结果放至 dst |
| SUBU | SUBU (. unit) src1, src2, dst<br>. unit=. L1 or . L2 | 将 src1 减去 src2,结果放至 dst |
| SUB2 | SUB2 (. unit) src1, src2, dst<br>. unit=. L1,. L2,. S1,. S2,. D1,. D2 | src1 和 src2 的高低半字分别作有符号减法 |
| SSUB | SSUB (. unit) src1, src2, dst<br>. unit=. L1 or . L2 | src1 与 src2 作带饱和的减法,不影响 SAT 位 |

**表 3-12　乘法指令**

| 指　令 | 语　法 | 描　述 |
|---|---|---|
| MPY | MPY (. unit) src1, src2, dst<br>. unit=. M1 or . M2 | src1 和 src2 低 16 位作有符号数乘法运算 |
| MPYH | MPYH (. unit) src1, src2, dst<br>. unit=. M1 or . M2 | src1 和 src2 高 16 位作有符号数乘法运算 |
| MPYHL | MPYHL (. unit) src1, src2, dst<br>. unit=. M1 or . M2 | src1 高 16 位和 src2 低 16 位作有符号数乘法运算 |
| MPYHLU | MPYHLU (. unit) src1, src2, dst<br>. unit=. M1 or . M2 | src1 高 16 位和 src2 低 16 位作无符号数乘法运算 |
| MPYHSLU | MPYHSLU (. unit) src1, src2, dst<br>. unit=. M1 or . M2 | 有符号数 src1 高 16 位和无符号数 src2 低 16 位作乘法运算 |
| MPYHSU | MPYHSU (. unit) src1, src2, dst<br>. unit=. M1 or . M2 | 有符号数 src1 和无符号数 src2 高 16 位作乘法运算 |
| MPYHU | MPYHU (. unit) src1, src2, dst<br>. unit=. M1 or . M2 | src1 和 src2 高 16 位作无符号数乘法运算 |
| MPYHULS | MPYHULS (. unit) src1, src2, dst<br>. unit=. M1 or . M2 | 无符号数 src1 高 16 位和有符号数 src2 低 16 位作乘法运算 |
| MPYHUS | MPYHUS (. unit) src1, src2, dst<br>. unit=. M1 or . M2 | 无符号数 src1 和有符号数 src2 高 16 位作乘法运算 |
| MPYLH | MPYLH (. unit) src1, src2, dst<br>. unit=. M1 or . M2 | src1 低 16 位和 src2 高 16 位作有符号数乘法运算 |
| MPYLHU | MPYLHU (. unit) src1, src2, dst<br>. unit=. M1 or . M2 | src1 低 16 位和 src2 高 16 位作无符号数乘法运算 |
| MPYLSHU | MPYLSHU (. unit) src1, src2, dst<br>. unit=. M1 or . M2 | 有符号数 src1 低 16 位和无符号数 src2 高 16 位作乘法运算 |

续表

| 指　令 | 语　法 | 描　述 |
|---|---|---|
| MPYLUHS | MPYLUHS (.unit)src1,src2,dst<br>.unit=.M1 or .M2 | 无符号数 src1 低 16 位和有符号数 src2 高 16 位作乘法运算 |
| MPYSU | MPYSU (.unit) src1,src2,dst<br>.unit=.M1 or .M2 | 有符号数 src1 和无符号数 src2 低 16 位作乘法运算 |
| MPYU | MPYU (.unit) src1,src2,dst<br>.unit=.M1 or .M2 | src1 和 src2 低 16 位作无符号数乘法运算 |
| MPYUS | MPYUS (.unit) src1,src2,dst<br>.unit=.M1 or .M2 | 无符号数 src1 和有符号数 src2 低 16 位作乘法运算 |
| SMPY | SMPY (.unit) src1,src2,dst<br>.unit=.M1 or .M2 | src1 和 src2 的低 16 位作有符号数乘法运算后，左移 1 位，若结果不等于 0x80000000，将结果放入 dst；若等于，结果置 0x7FFFFFFF，CSR 的 SAT 位置 1 |
| SMPYH | SMPYH (.unit) src1,src2,dst<br>.unit=.M1 or .M2 | src1 和 src2 的高 16 位作有符号数乘法运算后，左移 1 位，若结果不等于 0x80000000，将结果放入 dst；若等于，结果置 0x7FFFFFFF，CSR 的 SAT 位置 1 |
| SMPYHL | SMPYHL (.unit) src1,src2,dst<br>.unit=.M1 or .M2 | src1 的高 16 位和 src2 的低 16 位作有符号数乘法运算后，左移 1 位，若结果不等于 0x80000000，将结果放入 dst；若等于，结果置 0x7FFFFFFF，CSR 的 SAT 位置 1 |
| SMPYLH | SMPYLH (.unit) src1,src2,dst<br>.unit=.M1 or .M2 | src1 的低 16 位和 src2 的高 16 位作有符号数乘法运算后，左移 1 位，若结果不等于 0x80000000，将结果放入 dst；若等于，结果置 0x7FFFFFFF，CSR 的 SAT 位置 1 |

**表 3-13　其他算术运算指令**

| 指　令 | 语　法 | 描　述 |
|---|---|---|
| ABS | ABS (.unit) src2,dst<br>.unit=.L1 or .L2 | 取绝对值 |
| SAT | SAT (.unit) src2_h:src2_l,dst<br>.unit=.L1 or .L2 | 将 40 位长型有符号数转换为 32 位有符号数(若被转换数超出 32 位数表示范围，计饱和值，并置 CSR 的 SAT 位) |

加减运算指令需要考虑溢出问题，溢出是指运算结果超出目的操作数字长所能表示数的范围，造成运算结果的高位丢失，使保存的运算结果不正确。TMS320C64x 为定点 DSP 芯片，定点数以全字长表示一个整数，其能覆盖的数据动态范围较小，易产生溢出。对于定点无符号加减运算类指令产生溢出时，会造成高位丢失；定点有符号加减运算类指令产生溢出时，会改变运算结果的符号。

通常有以下三种方法解决加减运算指令的溢出问题。

(1) 用较长的字长来存放运算结果，使目的操作数字长超出源操作数的字长。超出源操作数字长的部分称为保护位(Guard Bit)。

(2) 用带饱和的加减运算指令 SADD、SSUB 作补码数加减运算，当产生溢出时，这类指令将使目的操作数置为同符号的最大值(绝对值)，即保持运算结果的符号不变，并且给出提示位使 CPU 的状态寄存器 CSR 内的 SAT 位置 1。

(3) 对整个系统乘一个小于 1 的比例因子，即将所有输入的数值减小，以保持运算过程不溢出，这种方法在实际中最常用，但会降低计算精度。

乘法指令以 16×16 位的硬件乘法器为基础，整数乘法的 2 个源操作数都是 16 位字长，目的操作数为 32 位的寄存器，不存在溢出问题。

### 3.2.3 逻辑及位域运算指令

TMS320C64x 算术运算指令包括逻辑运算指令 AND、OR、XOR、NEG(求补码)；移位指令包括算术左移指令 SHL、算术右移指令 SHR、逻辑右移(无符号扩展右移)指令 SHRU、带饱和的算术左移指令 SSHL；位操作指令常用于对寄存器的控制，包括位域清零/置位指令 CLR/SET、带符号扩展与无符号扩展的位域提取指令 EXT/EXTU、寻找 src2 中与 src1 最低位(LSB)相同的最高位位置指令 LMBD、检测有多少个冗余符号位指令 NORM；比较及判别指令包括 CMPEQ/CMPGT(U)/CMPLT(U)指令，用于比较两个有/无符号数的大小关系。若结果为真，则目的寄存器置 1；若结果为假，目的寄存器置 0。指令描述如表 3-14、表 3-15 和表 3-16 所示。

**表 3-14 逻辑运算指令**

| 指 令 | 语 法 | 描 述 |
| --- | --- | --- |
| AND | AND (.unit) src1,src2,dst<br>.unit=.L1,.L2,.S1,.S2,.D1,.D2 | 对 2 个操作数按位作“与”运算 |
| OR | OR (.unit) src1,src2,dst<br>.unit=.D1,.D2,.L1,.L2,.S1,.S2 | 对 2 个操作数按位作“或”运算 |
| XOR | XOR (.unit) src1,src2,dst<br>.unit=.L1,.L2,.S1,.S2,.D1,.D2 | 对 2 个操作数按位作“异或”运算 |
| NEG | NEG (.unit) src2,dst<br>.unit=.L1,.L2,.S1,.S2 | 取 32 位、40 位有符号数的负值 |

**表 3-15 移位指令**

| 指 令 | 语 法 | 描 述 |
| --- | --- | --- |
| SHL | SHL (.unit) src2,src1,dst<br>.unit=.S1 or .S2 | 算术左移指令，用 0 填补低位 |
| SHR | SHR (.unit) src2,src1,dst<br>.unit=.S1 or .S2 | 算术右移指令，最高位按符号扩展 |
| SHRU | SHRU (.unit) src2,src1,dst<br>.unit=.S1 or .S2 | 逻辑右移，无符号扩展右移，用 0 填补最高位 |
| SSHL | SSHL (.unit) src2,src1,dst<br>.unit=.S1 or .S2 | 带饱和的算术左移指令，src2 是 32 位有符号数，若被 src1 指定移出的数位中有 1 位与符号位不一致，则将 src2 同符号的极大值填入 dst，并使 CSR 的 SAT 位置位 |

表 3-16 位操作指令

| 指　令 | 语　法 | 描　述 |
|---|---|---|
| CLR | CLR (. unit) src2,csta,cstb,dst<br>. unit=. S1 or . S2 | 位域清零指令,将 src2 从位 csta 到位 cstb 之间的位段清 0,结果放入 dst |
| SET | SET (. unit) src2,csta,cstb,dst<br>. unit=. S1 or . S2 | 位域置位指令,将 src2 从位 csta 到位 cstb 之间的位段置 1,结果放入 dst |
| EXT | EXT (. unit) src2,csta,cstb,dst<br>. unit=. S1 or . S2 | 符号扩展的位域提取指令,先将 src2 左移 csta 位,然后带符号扩展右移 cstb 位,结果放入 dst |
| EXTU | EXTU (. unit) src2,csta,cstb,dst<br>. unit=. S1 or . S2 | 无符号扩展的位域提取指令,先将 src2 左移 csta 位,然后不扩展右移 cstb 位,结果放入 dst |
| LMBD | LMBD (. unit) src1,src2,dst<br>. unit=. L1 or . L2 | 确定 src2 左起第一个与 src1 最低位相同的位数,结果置入 dst |
| NORM | NORM (. unit) src2,dst<br>. unit=. L1 or . L2 | 将 src2 中符号位的多余位数写入 dst |
| CMPEQ | CMPEQ (. unit) src1,src2,dst<br>. unit=. L1 or . L2 | 比较两个有符号数是否相等。若相等,则将目的寄存器置 1,若不相等,目的寄存器置 0 |
| CMPGT | CMPGT (. unit) src1,src2,dst<br>. unit=. L1 or . L2 | 比较两个有符号数是否满足大于条件。若为真,则将目的寄存器置 1,若为假,目的寄存器置 0 |
| CMPGTU | CMPGTU (. unit) src1,src2,dst<br>. unit=. L1 or . L2 | 比较两个无符号数是否满足大于条件。若为真,则将目的寄存器置 1,若为假,目的寄存器置 0 |
| CMPLT | CMPLT (. unit) src1,src2,dst<br>. unit=. L1 or . L2 | 比较两个有符号数是否满足小于条件。若为真,则将目的寄存器置 1,若为假,目的寄存器置 0 |
| CMPLTU | CMPLTU (. unit)src1,src2,dst<br>. unit=. L1 or . L2 | 比较两个无符号数是否满足小于条件。若为真,则将目的寄存器置 1,若为假,目的寄存器置 0 |

### 3.2.4 数据传送指令

TMS320C64x 数据传送指令包括通用寄存器之间传送数据指令 MV；用于通用寄存器与控制寄存器之间传送数据的指令 MVC；用于将 16 位常数和 32 位常数送入通用寄存器的指令 MVK/MVKL /MVKH/MVKLH。指令描述如表 3-17 所示。

表 3-17 数据传送指令

| 指　令 | 语　法 | 描　述 |
|---|---|---|
| MV | MV (. unit) src2,dst<br>. unit=. L1,. L2,. S1,. S2,. D1,. D2 | 在通用寄存器之间传送数据 |
| MVC | MVC (. unit) src2,dst<br>. unit=. S2 | 在通用寄存器与控制寄存器之间传送数据 |

续表

| 指　令 | 语　法 | 描　述 |
|---|---|---|
| MVK | MVK (.unit) cst,dst<br>.unit=.L1,.L2,.S1,.S2,.D1,.D2 | 将16位带符号常数送入通用寄存器,并符号扩展到高位 |
| MVKL | MVKL (.unit)cst,dst<br>.unit=.S1 or .S2 | 将32位常数的低16位送入通用寄存器的低16位 |
| MVKH | MVKH (.unit) cst,dst<br>.unit=.S1 or .S2 | 将32位常数的高16位送入通用寄存器的高16位 |
| MVKLH | MVKLH (.unit) cst,dst<br>.unit=.S1 or .S2 | 将32位常数的低16位送入通用寄存器高16位,低位不变 |

## 3.2.5 程序转移指令

TMS320C64x程序转移指令包括四类B指令。指令描述如表3-18所示。其他用于程序控制的指令如表3-19所示。

**表3-18 程序转移指令**

| 指　令 | 语　法 | 描　述 |
|---|---|---|
| B displacement | B displacement (.unit) label<br>.unit=.S1 or .S2 | 用标号label表示目标地址的转移指令 |
| B register | B register (.unit) src2<br>.unit=.S2 | 用寄存器表示目标地址的转移指令 |
| B IRP | B IRP (.unit) IRP<br>.unit=.S2 | 从可屏蔽中断寄存器读取目标地址的转移指令 |
| B NRP | B NRP (.unit) NRP<br>.unit=.S2 | 从不可屏蔽中断寄存器读取目标地址的转移指令 |

**表3-19 其他程序控制指令**

| 指　令 | 语　法 | 描　述 |
|---|---|---|
| IDLE | IDLE<br>.unit=none | 保持空闲状态直到有中断或分支产生 |
| NOP | NOP[count]<br>.unit=none | 无任何操作 |
| ZERO | ZERO (.unit) dst<br>.unit=.L1,.L2,.D1,.D2,.S1,.S2 | 目标寄存器置0 |

转移指令有5个指令周期的延迟间隙。转移指令后的5个指令执行包全部进入CPU流水线,并相继执行。

## 3.2.6 资源对公共指令集的限制

TMS320C64x系列DSP在指令运行的过程中,同一个执行包的两条指令不能同时使用相同的资源,并且任两条指令不能在同一周期内对同一个寄存器进行写操作,在编写程序代码时要注意以下资源限制。

**1. 使用相同功能单元的指令的限制**

一个执行包中,两条指令不能使用同一个功能单元。

例如,以下两条指令:

```
ADD .S1 A0,A1,A2
|| SHR .S1 A3,15,A4
```

这两条指令中,. S1 被两条指令同时使用,可将其修改为

```
ADD .L1 A0,A1,A2
|| SHR .S1 A3,15,A4
```

修改后,两条指令使用不同的功能单元. L1 和. S1,避免使用相同功能单元的两条指令安排在同一执行包中。

**2. 使用交叉通路(1X 和 2X)的限制**

避免每个单元(. S Unit、. L Unit 和. M Unit)同时读一个相同的操作数。通过交叉路径,每个执行包的指令只能由每条数据路径的一个单元对另一个数据通道的寄存器进行源操作数的读操作。

例如,以下两条指令:

```
ADD .L1X A0,B1,A1
|| MPY .M1X A4,B4,A5
```

这两条指令中,1X 被两条指令同时使用,可将其修改为

```
ADD .L1X A0,B1,A1
|| MPY .M2X A4,B4,A5
```

使其使用不同路径,避免使用同一条交叉通路的两条指令安排在同一个执行包中。

**3. 数据读/写的限制**

在同一个执行包中,读取和存储指令不能对同一寄存器组进行访问,并且地址寄存器必须与. D Unit 为同一数据通道。

例如,以下两条指令:

```
LDW .D1 *A0,A1
|| LDW .D2 *A1,B2
```

指令中,. D2 必须使用 B 组寄存器,可将其修改为

```
LDW .D1 *A0,A1
|| LDW .D2 *B0,B2
```

以下两条指令:

```
LDW .D1 *A4,A5
|| STW .D2 A6,*B4
```

这两条指令对同组寄存器进行读和写,可将其修改为

```
LDW .D1 *A4,B5
|| STW .D2 A6,*B4
```

**4. 使用长定点类型(40位)数据的限制**

在同一个执行包中,每个寄存器组只能有一个长定点类型数据,在.S Unit 和.L Unit的所有含长型定点类型数据的指令为0延迟间隙。

例如,以下两条指令:

```
ADD .L1 A5:A4,A1,A3:A2
|| SHL .S1 A8,A9,A7:A6
```

这两条指令中,将两个长数据写入同一寄存器组,可将其修改为

```
ADD .L1 A5:A4,A1,A3:A2
|| SHL .S2 B8,B9,B7:B6
```

修改后,每个寄存器组包含一个长数据。

因为.S Unit 和.L Unit 的一个长数据读通路和写通路共用,所以同一.S Unit 或.L Unit的长数据读操作和存储操作不能安排在同一执行包中。

例如,以下两条指令:

```
ADD .L1 A5:A4,A1,A3:A2
|| STW .D1 A8, * A9
```

指令中,长数据读操作与存储操作冲突,可将其修改为

```
ADD .L1 A4,A1,A3:A2
|| STW .D1 A8, * A9
```

即去掉长数据读操作。

**5. 存储器读取的限制**

在同一个周期中,不能对同一个寄存器进行4次以上的读操作,但条件寄存器无此限制。

例如,以下指令:

```
MPY .M1 A1,A1,A4
|| ADD .L1 A1,A1,A5
|| SUB .D1 A1,A2,A3
```

指令中,对A1进行了5次读写,可将其修改为

```
MPY .M1 A1,A1,A4
|| ADD .L1 A0,A1,A5
|| SUB .D1 A1,A2,A3
```

即对A1进行4次读写。

**6. 存储器存储的限制**

在同一个周期中,两条指令不能对同一个寄存器进行写操作,但只要不是在同一个周期进行操作,两条对同一个目标寄存器进行写操作的指令,可以组成并行执行指令。

例如,以下两条指令:

```
MPY .M1 A0,A1,A2
|| ADD .L1 A4,A5,A2
```

指令中,对目标寄存器 A2 的写操作在同一个周期发生,可将其修改为

```
ADD .L1 A4,A5,A2
||MPY .M1 A0,A1,A2
```

## 3.3 汇编、线性汇编和伪指令

### 3.3.1 汇编代码结构

助记符指令源语句的每一行通常包含七部分：标号、并行符号、条件、指令、功能单元、操作数和注释。

```
label:   parallel bars   [condition]   instruction    unit      operands ;   comments
标号        并行符号           条件            指令        功能单元        操作数          注释
```

(1) label(标号)：用来定义一行代码或一个变量,它代表一条指令或数据的存储地址,标号后面的冒号可选；标号的第一个字符必须是字母或下划线跟字母且必须在第一列；标号最多可包含 32 位字母字符；并行指令不能使用标号。

(2) parallel bars(并行符号)：|| 。

(3) [condition](条件)：如果指令中没有给定条件,指令总被执行；如果给定条件,当条件为真,指令执行,当条件为假,指令不执行。

(4) instruction(指令)：汇编代码指令包括伪指令和命令助记符,伪指令用来在汇编语言中控制汇编过程或定义数据结构,所有伪指令以点打头；命令助记符代表有效微处理器命令,执行程序操作。

(5) unit(功能单元)：C6000 有 8 个功能单元,每个功能单元有两种类型。功能单元以“.”开始,后面跟一个功能单元分类符。C6000 功能单元包括. S1、. S2. 、. L1、. L2、. M1、. M2、. D1 和. D2,另有交叉通道,如. L1X。

(6) operands(操作数)：操作数由常数、符号以及常数与符号构成的表达式组成,操作数之间必须用逗号隔开。

(7) comments(注释)：注释可以以“ * ”号或“；”号打头。以“；”号打头,可以在任何一列开始,若以“ * ”号打头,则必须在第一列开始。

如以下汇编指令：

```
x .int 10
  MPY .M1 A1, A3, A7
  || ADD .L1X A2, B2, A5
```

### 3.3.2 汇编伪指令

汇编伪指令用于为程序提供数据并指示汇编程序如何汇编源程序,指挥汇编器将程序汇编成机器代码,是汇编语言程序的一个重要内容。伪指令在将来程序运行时是不运行的,它实际上是指挥汇编程序去汇编源程序。汇编伪指令可完成以下工作：

(1) 将代码和数据汇编进指定的段；

(2) 为未初始化的变量在存储器中保留空间；

(3) 控制清单文件是否产生；

(4) 初始化存储器；

(5) 汇编条件代码段；

(6) 定义全局变量；

(7) 为汇编器指定可以获得宏的库；

(8) 考察符号调试信息。

伪指令和它所带的参数必须书写在一行。在包含汇编伪指令的源程序中，伪指令可以带有标号和注释。根据它们的功能，可以将其分成以下7类。

**1. 段定义伪指令**

段定义伪指令用于定义相应的汇编语言程序的段。表3-20列出了段定义伪指令的助记符以及语法格式和注释。

**表3-20 段定义伪指令**

| 伪指令助记符及语法格式 | 描 述 |
| --- | --- |
| . bss | 为未初始化的数据段保留存储空间(单位为字) |
| . data | 指定. data后面的代码为数据段(通常包含初始化的数据) |
| . sect "section name" | 定义初始化的命名段(可以包含可执行代码或数据) |
| . text | 指定. text后面的代码为文本段(通常包含可执行的代码) |
| . usect | 为未初始化的命名段保留空间(单位为字)，类似. bss伪指令，但允许保留与. bss段不同的空间 |

**2. 初始化常数的伪指令**

初始化常数的伪指令为当前段汇编常数值。表3-21列出了初始化常数的伪指令的助记符以及语法格式和注释。

**表3-21 初始化常数的伪指令**

| 伪指令助记符及语法格式 | 描 述 |
| --- | --- |
| . byte $value_1$[,…, $value_n$] | 初始化当前段里的一个或多个连续字 |
| . char $value_1$[,…, $value_n$] | 初始化当前段里的一个或多个连续字符 |
| . field $value_1$[,…, $value_n$] | 初始化一个可变长度的域，将单个值放入当前字的指定位域中 |
| . float $value_1$[,…, $value_n$] | 初始化一个或多个IEEE的单精度浮点数(32位)，即计算浮点数的单精度IEEE浮点表示，并将它保存在当前段的两个连续的字中。该伪指令自动对准最接近的长字边界 |
| . xfloat $value_1$[,…, $value_n$] | 初始化一个或多个IEEE的单精度浮点数(32位)，即计算浮点数的单精度IEEE浮点表示，并将它保存在当前段的两个连续的字中。该伪指令不自动对准最接近的长字边界 |
| . int $value_1$[,…, $value_n$] | 初始化一个或多个32位整数，即把32位的值放到当前段的连续的字中 |
| . half $value_1$[,…, $value_n$] | 初始化一个或多个16位整数，即把16位的值放到当前段的连续的字中 |
| . short $value_1$[,…, $value_n$] | 初始化一个或多个16位整数，即把16位的值放到当前段的连续的字中 |

续表

| 伪指令助记符及语法格式 | 描　述 |
| --- | --- |
| . word　$value_1$[,…, $value_n$] | 初始化一个或多个32位整数,即把32位的值放到当前段的连续的字中 |
| . double　$value_1$[,…, $value_n$] | 初始化一个或多个IEEE的双精度浮点数(64位),即计算浮点数的双精度IEEE浮点表示,并将它保存在当前段的两个连续的字中。该伪指令自动对准最接近的长字边界 |
| . string　$value_1$[,…, $value_n$] | 初始化一个或多个8位字符,即将8位字符从一个或多个字符串放进当前段 |

**3. 格式化输出清单文件的伪指令**

格式化输出清单文件的伪指令用于格式化输出清单文件。表3-22列出了格式化输出清单文件的伪指令的助记符以及语法格式和注释。

**表3-22　格式化输出清单文件的伪指令**

| 伪指令助记符及语法格式 | 描　述 |
| --- | --- |
| . list | 允许汇编器将所选择的源语句输出到清单文件 |
| . nolist | 禁止汇编器将所选择的源语句输出到清单文件 |
| . length | 设置源文件列表的页长度 |
| . title | 在列表文件每一页打印文件名 |

**4. 引用其他文件的伪指令**

引用其他文件的伪指令为引用其他文件提供信息。表3-23列出了引用其他文件的伪指令的助记符以及语法格式和注释。

**表3-23　引用其他文件的伪指令**

| 伪指令助记符及语法格式 | 描　述 |
| --- | --- |
| . copy /. include | 包含其他文件的源语句 |
| . global | 确认一个或多个全局(外部)符号 |
| . mlib | 定义宏库 |

**5. 条件汇编伪指令**

条件汇编伪指令用来通知汇编器按照表达式计算出的结果的真假,决定是否对某段代码进行汇编。表3-24列出了条件汇编伪指令的助记符以及语法格式和注释。

**表3-24　条件汇编伪指令**

| 伪指令助记符及语法格式 | 描　述 |
| --- | --- |
| . if/. else/. endif | 条件汇编代码块 |
| . loop/. endloop | 循环汇编代码块 |
| . break | 终止循环汇编代码块 |

**6. 定义宏的伪指令**

表3-25列出了定义宏的伪指令的助记符以及语法格式和注释。

表 3-25 定义宏的伪指令

| 伪指令助记符及语法格式 | 描　述 |
|---|---|
| macname .macro | 定义宏 |
| .endm | 中止宏 |
| .var | 定义宏替代符号 |

**7. 汇编符号伪指令**

汇编符号伪指令用于使符号与常数值或字符串等价起来。表 3-26 列出了汇编符号伪指令的助记符以及语法格式和注释。

表 3-26 汇编符号伪指令

| 伪指令助记符及语法格式 | 描　述 |
|---|---|
| .asg | 把一个字符串赋给一个替代符号，替代符号也可以重新被定义 |
| .eval | 计算一个表达式，将其结果转换成字符，并将字符串赋给替代符号，用于操作读数器 |
| .set | 用于给符号赋值，符号被存在符号表中，而且不能被重新定义 |
| .equ | 用于给符号赋值 |
| .end | 结束程序 |

## 3.3.3 汇编语言程序设计

汇编语言程序设计的步骤包括：分析问题，确定算法，绘制流程图，确定数据结构、进行数据段设计，编写程序，调试。

汇编语言程序设计的核心是定义数据结构和算法。如以下 C 程序：

```
/定义数据结构
    int a = 5;
    int x = 10;
    int b = 15;
    int y = 0;
/算法
    main ()
    {
    y = a * x;
    y = y + b;
    }
```

将其转换成汇编程序如下：

例：编写汇编程序实现 y＝ax＋b。

```
.title "example.asm"
 * 定义数据结构
.sect "mydata"
a   .short 5
x   .short 10
b   .short 15
```

```
y  .short 0
 *算法
    .sect "myCode"
 *指针初始化
init:MVK .S1 a,A0          ;A0 = &a
    MVKH .S1 a,A0
    MVK .S1 x,A2           ;A2 = &x
    MVKH .S1 x,A2
    MVK .S1 b,A4           ;A4 = &b
    MVKH .S1 b,A4
    MVK .S1 y,A6           ; A6 = &y
    MVKH .S1 y,A6
 *取数据
    LDH .D1 *A0,A1         ; A1 =  a
    LDH .D1 *A2,A3         ; A3 = x
    LDH .D1 *A4,A5         ; A5 = b
    NOP 4
 *核心算法
start:MPY .M1 A1,A3,A7     ; A7 = ax
    NOP 1
    ADD .L1 A5,A7,A7       ; A7 = ax + b
    STH .D1 A7, *A6
 *结束循环
end: B END
    NOP 5
```

### 3.3.4 线性汇编

DSP 的 C/C++编译器对于实时性较高的应用，或者复杂的代码仍然难以达到要求。线性汇编不需要考虑汇编的功能单元的使用、寄存器的分配、指令是否并行以及流水线的延迟，因而无须设计软件流水，可以达到近似汇编的效率，同时有 C 语言的简洁。因此，可以采用线性汇编来编写代码中的关键部分，尤其是经常调用的函数或运算量较大的循环。

线性汇编是一种介于 C/C++语言和汇编语言之间的一种语言，其目的是为了提供一个无须考虑 DSP 内部结构和流水线问题的高效的编程平台。线性汇编代码类似于标准汇编代码，不同点在于线性汇编代码中不需要给出标准汇编代码所必须指出的所有信息，线性汇编代码可以对这些信息进行选择，或者由汇编优化器确定，从而使得代码编写更加容易。

线性汇编语言基本格式与汇编语言相同，线性汇编仅对指定的代码段进行优化，文件使用“.sa”扩展名，用作汇编优化器的输入文件。指定代码段外的代码被复制为输出“.asm”文件。线性汇编过程具备以下特点：

(1) 传递参数；

(2) 返回结果；

(3) 使用符号变量；

(4) 不考虑流水线问题。

线性汇编文件中必须包含一些汇编优化器伪指令，汇编优化器伪指令用于区分线性汇编代码和标准汇编代码，且为汇编优化器提供相关代码的其他信息。

**1. 线性汇编伪指令**

(1) 调用一个函数。

.call [ret_reg=]func_name(arg1,arg2)(仅在过程 procedure)内有效。

(2) 定义一个可被汇编优化器优化,并且可被 C/C++当作函数调用的线性汇编代码段的伪指令。

```
label .cproc [vari1[,vari2, … ]]          ;起始
      .endproc                            ;结束
```

(3) 定义一个可被汇编优化器优化的线性汇编代码段的伪指令。

```
label .proc [vari1[,vari2, … ]]           ;起始
      .endproc                            ;结束
```

(4) 表明存储器地址相关与不相关的伪指令。

```
.mdep[symbol1],[symbol2]                  ;1,2 相关
.no_mdep                                  ;其后定义的函数段内存储器地址不相关
```

(5) 定义变量的伪指令。

```
.reg variable1[,variable2, … ]
```

(6) 返回结果的伪指令。

```
.return [argument]
```

(7) 指出循环迭代次数的伪指令。

```
label .trip minimum value
```

**2. 线性汇编资源安排**

线性汇编资源安排遵循以下规则：读取指令(LDH)必须使用.D 单元；乘法指令(MPY)必须使用.M 单元；加法指令(ADD)必须使用.L 单元；减法指令(SUB)必须使用.S 单元；跳转指令(B)必须使用.S 单元。

## 3.3.5 链接器命令文件的编写和使用

链接命令文件是将链接的信息放在一个文件中,这在多次使用相同的链接信息时非常方便。在链接命令文件中可以使用 MEMORY 命令和 SECTIONS 命令来定义目标系统的存储器配置图及段的映射。链接命令文件为 ASCII 文件,可包含以下内容：

(1) 输入文件名,即指定要链接的目标文件、文档库文件或其他命令文件。当调用其他命令文件时,该语句要放在命令文件的最后,因为链接器不能从调用的命令文件返回。

(2) 链接器选项,可以用在链接器命令行,也可以编写在命令文件中。

(3) MEMORY 和 SECTIONS 链接伪指令,存储器伪指令 MEMEORY,用来定义目标系统的存储器空间。段伪指令 SECTIONS 负责告诉链接器将输入文件中用.text、.data、.bss 和.sect 等伪指令定义的段放到 MEMORY 命令描述的存储器空间的相应位置。

**1. MEMORY 伪指令及其使用**

链接器要确定输出段应分配到存储器的位置,因此需要有一个目标存储器的模型,

MEMORY 伪指令用来指定目标存储器空间。在实际应用系统中，目标系统配置的存储器各不相同，通过这条伪指令，可以定义系统实际存在的存储器的类型和它们占用的地址。

MEMORY 伪指令的一般语法如下：

```
MEMORY
{
 name1[(attr)]: original = constant, length = constant;
 …
namen[(attr)]: original = constant, length = constant;
}
```

MEMORY 伪指令在链接命令文件中用大写字母，后面紧跟着由大括号括起来的一系列定义存储器的说明。

(1) name 是存储器区间的取名，可由 1～64 个字符组成，包括 A～Z、a～z、$、.、\、_。名称对链接器没有特殊的含义，只是用来区分链接器区间。在不同的 PAGE 里区间名可以相同，但在同一个 PAGE 里区间名不能相同，且不能重叠配置。

(2) attr 指定存储区的 1～4 种属性，属性为任选项，利用属性可以在将输出段定位到存储器时加以限制。

R：指定该存储区可以读。

W：指定该存储区可以写。

X：指定该存储区可以装入可执行代码。

I：指定该存储区可以进行初始化。

如果不给存储区指定属性，默认为具有以上 4 种属性，可以不受限制地将任何输出段分配到该存储区。

(3) original 指定存储区的起始地址，可以简写为 org 或 o。

(4) length 指定存储区的长度，可以简写为 len 或 l。

**2. SECTIONS 伪指令及使用**

SECTIONS 伪指令功能如下：

(1) 说明如何将输入段组合成输出段；

(2) 在可执行程序中定义输出段；

(3) 指定输出段在存储器中存放的位置；

(4) 允许对输出段重新命名。

SECTIONS 伪指令语法格式如下：

```
SECTIONS
{
name: [property [,property] [,property]…]
name: [property [,property] [,property]…]
name: [property [,property] [,property]…]
}
```

SECTIONS 伪指令在链接命令文件中用大写字母，后面紧跟着由大括号括起来的关于输出段的说明。每个输出段的说明都从段名开始，段名后面说明段的内容和如何给段分配存储单元段的属性。

下面是一段 TMS320C64x 链接器命令文件的例子。

```
MEMORY
{
    L1PRAM:     o = 0x00E00000    l = 0x00008000    /* 32KB L1 Program SRAM/CACHE */
    L1DRAM:     o = 0x00F00000    l = 0x00008000    /* 32KB L1 Data SRAM/CACHE */
    L2RAM:      o = 0x00800000    l = 0x00200000    /* 2MB L2 Internal SRAM */
    EMIFA_CE2:  o = 0xA0000000    l = 0x00800000    /* 8MB EMIFA CE2 */
    EMIFA_CE3:  o = 0xB0000000    l = 0x00800000    /* 8MB EMIFA CE3 */
    EMIFA_CE4:  o = 0xC0000000    l = 0x00800000    /* 8MB EMIFA CE4 */
    EMIFA_CE5:  o = 0xD0000000    l = 0x00800000    /* 8MB EMIFA CE5 */
    DDR2_CE0:   o = 0xE0000000    l = 0x10000000    /* 256MB EMIFB CE0 */
}
SECTIONS
{
    .vector     > 0x00800000, RUN_START(_ISTP_START)
    .text       > L2RAM
    .stack      > L2RAM
    .bss        > L2RAM
    .cio        > L2RAM
    .const      > L2RAM
    .data       > L2RAM
    .switch     > L2RAM
    .sysmem     > L2RAM
    .far        > L2RAM
    .args       > L2RAM
    .ppinfo     > L2RAM
    .ppdata     > L2RAM
    /* COFF sections */
    .pinit      > L2RAM
    .cinit      > L2RAM
}
```

## 本章小结

本章介绍 TMS320DM6437 的指令系统。对 TMS320C64x 的指令集进行概述，包括指令和功能单元之间的映射、延迟间隙、指令操作码映射图、并行操作、条件操作和寻址方式，重点介绍了 TMS320C64x 的指令系统和资源对公共指令集的限制，以及汇编、线性汇编和伪指令。

## 思考与练习题

1. 什么是延迟间隙？请说明 TMS320C64xDSP 各指令类型对应的延迟间隙。
2. TMS320C64x 系列 DSP 的寻址方式有哪些？
3. TMS320C64x 系列 DSP 指令集按指令的功能分类有哪些？
4. 在编写程序代码时要注意哪些资源对公共指令集的限制？
5. TMS320C64x 系列 DSP 汇编代码结构包括哪几部分？
6. 线性汇编的目的是什么？如何进行线性汇编资源安排？

# 第4章 软件开发环境及程序优化

CHAPTER 4

可编程DSP芯片的开发需要一套完整的软、硬件开发工具，通常可分成代码生成工具和代码调试工具两大类。代码生成工具是指将高级语言或汇编语言编写的DSP程序转换成可执行的DSP芯片目标代码的工具程序，主要包括汇编器、链接器和C编译器以及一些辅助工具程序等。代码调试工具包括C/汇编语言源代码调试器和仿真器等。一个或多个DSP汇编语言程序经过汇编和链接后，生成目标文件。目标文件格式为COFF公共目标文件格式。COFF在编写汇编语言程序时采用代码块和数据块段的形式，更利于模块化编程。汇编器和链接器提供伪指令来产生和管理段。采用COFF格式编写汇编程序或高级语言程序时，不必为程序代码或变量指定目标地址，程序可读性和可移植性得到增强。可执行的COFF格式目标文件通过软件仿真程序或硬件在线仿真器的调试后，最后将程序加载到用户的应用系统。

## 4.1 DSP软件开发过程及开发工具

图4-1所示是一个典型的DSP软件开发流程图。图中阴影部分是常用软件开发流程，其他部分为开发过程中的附加功能强化选项。

**1. 建立源程序**

用C语言或汇编语言编写源程序，扩展名分别为.c和.asm。在文件中，除了DSP的指令外还有汇编伪指令。

**2. C编译器(C Compiler)**

将C语言源程序自动编译为汇编语言源程序。

**3. 汇编器(Assembler)**

将汇编语言的源程序文件汇编成机器语言的目标程序文件(.obj文件)，其格式为COFF(公用目标文件格式)。

**4. 连接器**

连接器的基本任务是将目标文件连接在一起，产生可执行模块(.out文件)，连接器可以接收的输入文件包括汇编器产生的COFF目标文件、链接命令文件(.cmd文件)、库文件以及部分连接好的文件。它所产生的可执行COFF目标模块可以装入各种开发工具，或由TMS320器件来执行。

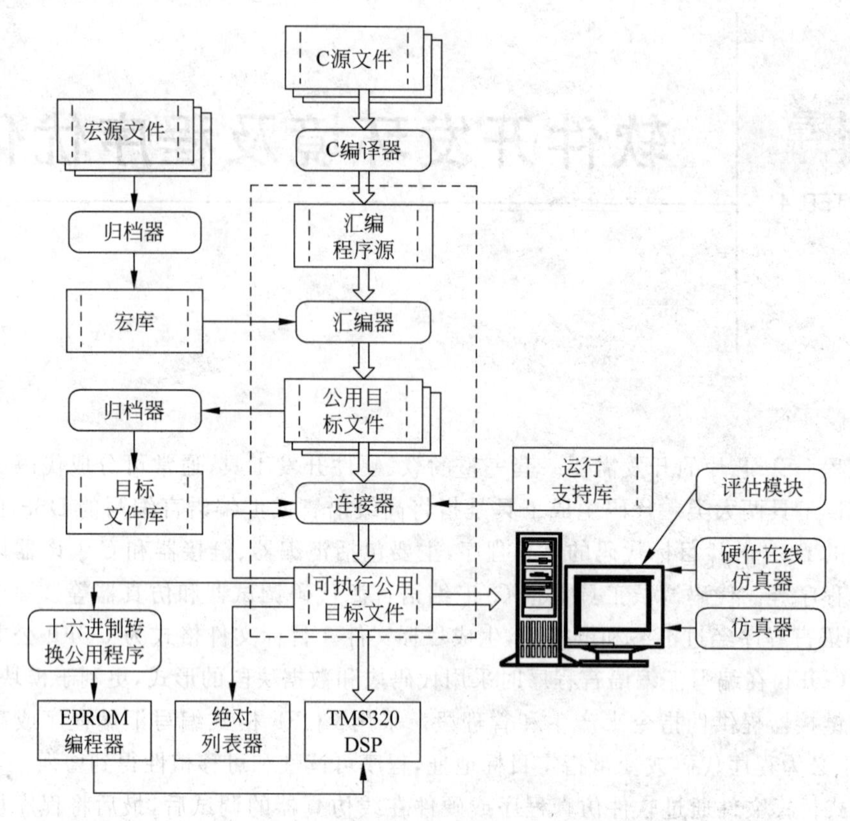


图 4-1 DSP 软件开发流程

(1) 归档器(Archiver)。归档器允许用户将一组文件归入一个档案文件(库)。例如,将若干个宏归入一个宏库,汇编器将搜索这个库,并调用源文件中使用的宏。也可以用归档器将一组目标文件收入一个目标文件库,连接器将连接库内的成员,并解决外部引用。

(2) 交叉引用列表器(Cross-Reference Lister)。交叉引用列表器是一个查错工具,它接收已经连接好的目标文件作为输入,产生一个交叉引用列表作为输出,列出符号、符号的定义,以及它们在已经连接的源文件中的引用情况。

**5. 调试工具**

(1) 软件仿真器(Simulator)。将链接器输出文件(.out 文件)调入到一个 PC 的软件模拟窗口下,对 DSP 代码进行软件模拟和调试。TMS320 软件仿真器是一个软件程序,使用主机的处理器和存储器仿真 TMS320 DSP 的微处理器和微计算机模式,从而进行软件开发和非实时的程序验证。

(2) 硬件在线仿真器(XDS Emulator)。为可扩展的开发系统仿真器(XDS510),可以用来进行系统级的集成调试,是进行 DSP 芯片软、硬件开发的最佳工具。XDS510 是 TI 为其系列 DSP 设计用以系统级调试的专用硬件仿真器(Emulators),它使用 JTAG 标准,使用这种方法,程序可以从片外或片内的目标存储器实时执行,在任何时钟速率下都不会引入额外的等待状态。

(3) 评估模块(EVM 板)。TMS320 的评估模块是廉价的开发板,用于对 DSP 芯片的性能评估和标准程序检查,也可以用来组成一定规模的用户 DSP 系统。

**6. 十六进制转换公用程序(Hex Conversion Utility)**

TI的软件仿真器和硬件仿真器接收可执行的COFF文件(.out文件)作为输入。在程序设计和调试阶段,都是利用仿真器与PC机进行联机在线仿真,通过硬件仿真器将可执行的COFF文件从PC下载到DSP目标系统的程序存储器中运行和调试。当程序调试仿真通过后,希望DSP目标系统变为一个独立的系统,一般是将程序存储在片外断电不会丢失资料的外部程序存储器(如FLASH和EPROM)中。上电后通过DSP引导程序(BOOTLOADER),将程序代码从速度相对较慢的EPROM搬移到速度较快的DSP片内RAM或片外RAM中运行。但大多数可擦除存储器不支持COFF文件。十六进制转换公用程序将COFF文件转化为标准的ASCII码十六进制文件格式,从而可写入EPROM,并且还可以自动生成支持BOOTLOADER从EPROM引导加载DSP程序的固化代码。

## 4.2 CCS集成开发环境

Code Composer Studio(简称CCS)是TI公司为TMS320系列DSP软件开发推出的集成开发环境。TMS320 CCS由以下四部分组件构成:

(1) TMS320代码生成工具,如汇编器、链接器、C/C++编译器和建库工具等。

(2) CCS集成开发环境(Integrated Developing Environment,IDE),包括编辑器、工程管理工具和调试工具等。

(3) DSP/BIOS(Basic Input and Output System)插件及应用程序接口API(Application Program Interface)。

(4) RTDX(Real Time Data Exchange)实时数据交换插件、主机(Host)接口及相应的API。

与以往的DSP开发软件不同,CCS使用工程(Project)来管理应用程序设计文档,工程中可包含C源代码、汇编源代码、目标文件、库文件、链接命令文件和头文件。在以往的开发工具中,编译、汇编和链接是各自独立的执行程序,开发设计人员需要熟悉每个程序的相关参数,且需在DOS窗口下键入这些烦琐的命令。CCS集成开发环境支持编辑、编译、汇编、链接和调试DSP程序的整个开发过程,并辅之以完整的、可即时访问的在线帮助文档,编译、汇编和链接选项的设置只需在生成选项(Build Options)窗口中进行选择设置,设计人员不必记忆复杂命令。CCS对某一工程的生成(Build)实际上是对工程的编译、汇编和链接等。

### 4.2.1 CCS安装与设置

**1. CCS安装**

本节以CCS 6.0.1.00040_win32版本为例,介绍其安装与设置。安装步骤如下:

(1) 双击CCS 6.0.1.00040_win32可执行安装文件,进入安装界面;

(2) 同意安装协议;

(3) 选择安装路径,安装路径不支持中文;

(4) 选择安装的DSP型号;

(5) 选择仿真器;

(6) 相关软件的选择；

(7) 等待安装完成；

(8) 安装完成。

**2. CCS与仿真器的连接**

当用户安装CCS v6版本的软件之后，仿真器的驱动就已经安装好了，用户只需要将仿真器的USB与PC的USB接口连接即可。驱动也是自动识别安装的，当提示驱动安装完毕且可以使用后，用户就可以使用仿真器对目标板进行仿真操作。

使用仿真器对目标板进行仿真的步骤如下。

1) 定义工作区目录

CCS v6首先要求定义一个工作区，即用于保存开发过程中用到的所有文件的目录。每次启动CCS v6都会要求输入工作区目录。默认情况下，会在“C:\Users\<用户>\Documents”或“C:\Documents and Settings\<用户>\workspace_v6_0”目录下创建工作区，用户也可以选择其他路径。如果对所有项目使用一个目录，只需选中“Use this as the default and do not ask again”，默认使用此目录且不再询问选项。

2) 建立目标板配置环境

在CCS低版本中，用CCS SETUP进行配置，在CCS v6中建立目标板配置环境的步骤如下：在工具栏中选择“File/New/Target Configuration File”，并为此配置命名后，单击“Finish”按钮，在调试器类型“Connection”一栏中选择仿真器和芯片类型，如果使用默认的GEL文件，单击“Save”按钮即可；如果使用自己的GEL文件，单击“Target Configuration”，在“Initialization Script”中选择自己的GEL文件，之后单击“Save”按钮，完成配置。

3) 连接目标板

选择菜单“View/Target configurations”，在配置界面中右击配置文件选择“Set as Default”将刚刚建立的配置文件设置为默认状态，启动调试，右击选择已配置的项目的“Launch Selected Configuration”，当启动成功后，选择菜单“Run/Connect Target”即可连接目标板。

### 4.2.2 创建CCS工程项目

创建CCS工程项目的步骤如下。

(1) 新建一个项目工程：“Project/New CCS Project”。

(2) 在“Project Name”字段设置工程文件名；可采用默认路径，选择“Browse”，可设置其他路径。

(3) 在菜单“Target”中选择芯片，在“Connection”中选择仿真器型号，高级设置中的内容直接使用默认设置就可以，设置完成后单击“Finish”按钮。

(4) 新建源文件：选择菜单“Window/Show View/Other”下的C/C++/C/C++ Projects中项目，右击项目，并选择“File/New/Source File”，在打开的文本框中，设置源文件名称和源文件的类型。

(5) 添加已有的源文件：右击工程，选择需要添加的文件，选择“Add Files to Project”，将文件添加到项目中。

(6) 当所有的文件都添加完成后,对源文件进行编译,选择"Project/Build Active Project",生成项目。

## 4.2.3 工程导入

**1. CCS 3.3 工程导入**

CCS 3.3 工程导入的步骤如下:

(1) 在 CCS Edit 视图下,选择菜单"Project/Import Legacy CCSv3.3 Projects"。

(2) 在"Select a project file"下单击"Browse"按钮,选择 CCS3.3 文件。

(3) 选择"Copy project into workspace",将导入的工程复制到工作空间。

(4) 单击"Finish",完成 CCS 3.3 工程的导入。

(5) 选择菜单"Window/Show View/Project Explorer",右击工程选择"Properties",设置导入后的工程属性。

(6) 右击工程选择"Build Project"进行编译,编译完成后,导入过程结束。

**2. CCS 高版本工程导入**

(1) 在 CCS Edit 视图下,选择菜单"Project/Import CCS Projects"。

(2) 在"Select search-directory"下单击"Browse"按钮,选择 CCS 工程文件。

(3) 选择"Copy project into workspace",将导入的工程复制到工作空间。

(4) 单击"Finish"按钮,完成 CCS 高版本工程的导入。

(5) 右击工程选择"Build Project"进行编译,编译完成后,导入过程结束。

## 4.2.4 CCS 6.0 仿真与烧写

**1. CCS 6.0 仿真操作**

(1) 首先按照 4.2.1 节建立 CCS 与仿真器的连接,在 CCS Edit 视图下,将导入工程的 cmd 文件替换为仿真所用 cmd 文件。

(2) 右击工程选择"Build Project"进行编译,编译无误后会在 Workspace 的工程文件夹下的 Debug 文件夹里生成一个".out"文件。

(3) 将视图切换到 CCS Debug 视图下,选择菜单"Run/Load/Load Program",进入工程加载。

(4) 在"Program file"字段中单击"Browse project"找到".out"文件。

(5) 单击"OK"按钮后即可完成工程加载。

(6) 选择菜单"Run/Resume",即可观察到开发板的变化。

**2. CCS 6.0 的烧写操作**

在进行烧写之前,展开工程下的 Debug 文件,双击打开.map 文件,在出现的视图中蓝底色一行为密码区域使用情况,如果在 used 和 unused 一栏下分别为 0 和 08,表示密码区域未使用,否则密码区域可能已经被使用,不可以烧写,若强行烧写将导致芯片锁死,此时可以自己重作新建工程编译。

CCS 6.0 的烧写操作与仿真操作一样,只不过将导入工程的 cmd 文件由仿真所用 cmd 文件替换成烧写所用 cmd 文件,然后右击工程选择"Build Project"进行编译,编译没有错误后会在 Workspace 的工程文件夹下的 Debug 文件夹里生成一个".out"文件,加载这个

“.out”文件即可，不需要单击运行。

# 4.3 DSP/BIOS实时操作系统

TI基于软件开发面临的新的要求，推出了一种新型的实时操作系统DSP/BIOS。运行于该操作系统之上的应用程序在开发时间、软件维护、升级等方面都有了极大的提高。

TMS320DM6437主频600MHz，峰值处理能力高达4800MIPS，如何充分发挥芯片的性能优势，对软件提出了很高的要求。TI推出的DSP/BIOS是CCS中集成的一个简易的嵌入式实时操作系统，是一个可升级的实时内核。它主要是为需要实时调度和同步以及主机-目标系统通信和实时监测的应用而设计的。在应用程序实时执行时，可以从应用程序中捕获事件和统计信息，并通过标准物理链路(如JTAG)上载到主机。利用主机端的可视化工具，能在程序实时执行时进行直接跟踪和监控。DSP/BIOS拥有很多实时嵌入式操作系统的功能，如任务的调度、任务间的同步和通信、内存管理、实时时钟管理、中断服务管理等。它提供了抢占式的多任务调度、对硬件的及时反应、实时分析和配置工具等，同时提供标准的API(应用程序接口)接口，易于使用。用户可以借助DSP/BIOS编写复杂的多线程程序，并且会占用更少的CPU和内存资源。在DSP/BIOS基础上开发的软件标准化程度高，可以重复使用，从而减少软件的维护费用。

## 4.3.1 DSP/BIOS的组件构成

**1. DSP/BIOS实时多任务内核与API函数**

使用DSP/BIOS开发程序主要是通过调用DSP/BIOS实时库中的API函数来实现的。所有API都提供C语言程序调用接口，只要遵从C语言的调用约定，汇编代码也可以调用DSP/BIOS的API。DSP/BIOS的API被分为多个模块，根据应用程序模块的配置和使用情况的不同，DSP/BIOS API函数代码长度从500字到6500字不等。API模块如表4-1所示。

**表4-1 API模块**

| 模　块 | 描　述 | 模　块 | 描　述 |
|---|---|---|---|
| ATM | 用汇编语言写的微函数 | MEM | 存储管理器 |
| BUF | 维持固有缓冲大小的缓冲值 | PIO | 维修管道管理器 |
| CS2 and C64 | 目标特定函数 | ORD | 周期函数管理器 |
| CLK | 系统时钟管理器 | QUE | 队列管理器 |
| DEV | 设备驱动接口 | RTDX | 实时数据交换管理器 |
| GIO | 使用IOM驱动的输入输出模块 | SEM | 旗语管理器 |
| Global Settings | 全局设置管理器 | SIO | 流输入输出管理器 |
| HOOK | HOOK函数管理器 | STS | 统计对象管理器 |
| HST | 主机通道管理器 | SWI | 软件中断管理器 |
| HWI | 硬件中断管理器 | SYS | 系统服务管理器 |
| IDL | idle函数和循环处理管理器 | TRC | 跟踪管理器 |
| ICK | 资源锁管理器 | TSK | 多任务管理器 |
| LOG | 事件记录管理器 | std.h and stdlib.h functions | 标准C语言库输入输出函数 |
| MBX | 信箱管理器 | | |

**2.　DSP/BIOS 配置工具**

基于 DSP/BIOS 的程序都需要一个 DSP/BIOS 的配置文件，其扩展名为.cdb。DSP/BIOS 配置工具有一个类似 Windows 资源管理器的界面，它主要有两个功能：

(1) 在运行时设置 DSP/BIOS 库使用的一系列参数；

(2) 静态创建被 DSP 应用程序调用的 DSP/BIOS API 函数所使用的运行对象，这些对象包括软件中断、任务、周期函数及事件日志等。

DSP/BIOS 实时操作系统的配置界面(如图 4-2 所示)包括以下设置。

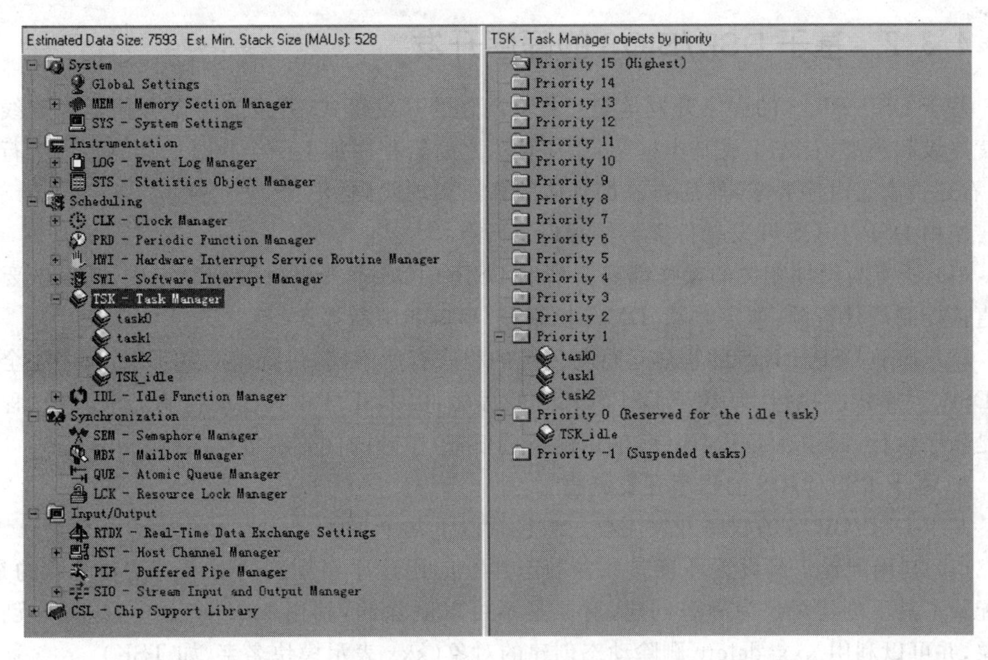


图 4-2　DSP/BIOS 配置工具界面

(1) System(全局设置)：包括内存端设置、锁相环设置和中断向量入口设置等。

(2) Instrumentation(调试工具)：记录器(LOG)可以提供调试信息。

(3) Scheduling(操作系统调试工具)：包括定时器、周期器、硬件中断管理、软件中断管理、任务调试和系统负载任务函数。

(4) Synchronization(同步机制)：提供一般操作系统都具有的旗语、油箱、队列和锁。

(5) Input/Output(主机交互接口)：提供 DSP 实时运行时与主机通过仿真口和 CCS 交互数据的机制。

(6) Chip Support Library(芯片支持库)：针对不同的 DSP 芯片帮助配置 DSP 的外设资源，最常用的有 DSM 和 MCBSP 的配置。

在图 4-2 所示的配置工具界面中集中了所有的 DSP/BIOS 模块，在模块下可添加新的对象并编辑它的属性。添加完对象后，会在工程中自动生成相应的代码，用户只需要声明此对象，然后调用它的 API 函数即可。

利用配置工具，DSP/BIOS 对象可以被预先创建及设置，并和应用程序绑定在一起，用这种方法创建静态对象不仅可以合理利用内存空间、缩短代码长度及优化内部数据结构，还有利于在程序编译前通过对象的属性预先发现错误。

### 3. DSP/BIOS 实时分析工具

DSP/BIOS 分析工具可以辅助 CCS 环境实现程序的实时调试，以可视化的方式观察程序的性能，并且不影响应用程序的运行。通过 CCS 下的 DSP/BIOS 工具控制面板可以选择多个实时分析工具，包括 CPU 负荷图、程序模块执行状态图、主机通道控制、信息显示窗口和状态统计窗口等。与传统的调试方法不同的是，程序的实时分析要求在目标处理器上运行监测代码，使 DSP/BIOS 的 API 和对象可以自动监测目标处理器，实时采集信息并通过 CCS 分析工具上传到主机。实时分析包括程序跟踪、性能监测和文件服务等。

## 4.3.2 基于 DSP/BIOS 的程序开发

基于 DSP/BIOS 的程序开发是交互式可反复的开发模式，开发者可以方便地修改线程的优先级和类型，首先生成基本框架，添加算法之前给程序加上一个仿真的运算负荷进行测试，看是否满足时序要求，然后再添加具体的算法实现代码。

使用 DSP/BIOS 开发软件需要注意以下两点：

(1) 所有与硬件相关的操作都需要借助 DSP/BIOS 本身提供的函数完成，开发者要避免直接控制硬件资源，如定时器、DMA 控制器、串口和中断等；

(2) 基于 DSP/BIOS 的程序运行与传统的程序有所不同，传统编写的 DSP 程序完全控制 DSP，程序依次执行，而基于 DSP/BIOS 的程序，由 DSP/BIOS 程序控制 DSP，用户程序不是顺序执行，而是在 DSP/BIOS 的调度下按任务、中断的优先级等待执行。

### 1. 基于 DSP/BIOS 的程序开发流程

基于 DSP/BIOS 的程序开发流程一般包括以下几个步骤：

(1) 利用配置工具设置环境参数并静态建立应用程序要用到的对象。需要注意的是，在配置工具下创建对象为静态创建，对象是不可以删除的，利用 xxx_create 可以动态创建对象，并可以利用 xxx_delete 删除动态创建的对象(xxx 表示模块名字，如 TSK)。

(2) 保存配置文件。保存配置文件时，配置工具自动生成匹配当前配置的汇编源文件和头文件以及一个链接命令文件。

(3) 为应用程序编写一个框架，可以使用 C、汇编语言或 C 与汇编的混合编程，在 CCS 环境下编译并链接程序，添加到项目工程文件中，链接进应用程序。如果用户想使用自己的链接命令文件，则需要在自己的命令文件的第一行包含语句“ *.cmd”。

(4) 使用仿真器和 DSP/BIOS 分析工具来测试应用程序。

(5) 重复上述步骤直至程序运行正确。

在实际产品开发过程中，当正式产品硬件开发好后，修改配置文件来支持产品硬件并测试。

### 2. DSP/BIOS 程序的启动过程

DSP/BIOS 的启动过程包括以下几步。

(1) 初始化 DSP：复位中断向量指向 c_int00 地址，DSP/BIOS 程序从入口点 c_int00 开始运行。对于 C6000，初始化堆栈指针(B15)和全局页指针(B14)分别指向堆栈底部与 .bss 段的开始，控制寄存器 AMR、IER 和 CSR 也被初始化。

(2) 初始化 .bss 段：当堆栈被设置完成后，初始化任务被调用，利用 .cinit 段的记录对 .bss 段的变量进行初始化。

(3) 调用 BIOS_init 初始化 DSP/BIOS 模块：BIOS_init 执行基本的模块初始化，然后调用 MOD_init 宏分别初始化每个用到的模块。

(4) 处理.pinit 表：.pinit 表包含了初始化函数的指针。

(5) 调用应用程序 main 函数：在所有 DSP/BIOS 模块初始化之后，调用 main 函数。用户 main 函数可以是 C/C++函数或者汇编语言函数，对于汇编函数，使用_main 作为函数名。由于此时的硬件、软件中断还没有被使能，在用户主函数的初始化中需要注意，可以使能单独的中断屏蔽位，但是不能调用类似 HWI_enable 的接口来使能全局中断。main 函数初始化之后 CPU 的控制权交给 DSP/BIOS。需要注意的是，main 函数中一定不能存在无限循环，否则整个 DSP/BIOS 程序将瘫痪。

(6) 调用 BIOS_start 启动 DSP/BIOS：BIOS_start 在用户 main 函数退出后被调用，BIOS_start 函数是由配置工具产生的，它负责使能使用的各个模块并调用 MOD_startup 启动每个模块。包括 CLK_startup、PIP_startup、SWI_startup、HWI_startup 等。当 TSK 管理模块在配置中被使用时，TSK_startup 被执行，并且 BIOS_start 将不会结束返回。

在这些工作完成之后，DSP/BIOS 调用 IDL_loop 引导程序进入 DSP/BIOS 空闲循环，此时硬件和软件中断可以抢先空闲循环的执行，主机也可以和目标系统之间开始数据传输。

## 4.4 DSP 的 C/C++语言程序设计

### 4.4.1 面向 TMS320C64x 的 C/C++语言

**1. TMS320C64x 系列 DSP 的 C 语言特点**

TMS320C64x 系列 DSP 编译器支持 ISO 标准的 C++语言，但与标准的 C++相比又存在以下不同：

(1) 并不包括完整的 C++标准库支持，但是包括 C 子集和基本的语言支持。

(2) 支持 C 的库工具(C library facilities)的头文件不包括：< clocale >、< csignal >、< cwctype>和< cwchar >。

(3) 所包括的 C++标准库头文件为< typeinfo >、< new >和< ciso646 >。

(4) 对 bad_cast 和 bad_type_id 的支持并不包括在 typeinfo 文件中。

(5) 不支持异常事件的处理。

(6) 默认情况下，禁止运行时类型信息(RTTI)。RTTI 允许在运行时确定各种类型的对象，它可以使用-rtti 编译选项来使能。

(7) 如果两个类不相关，reinterpret_cast 类型指向其中一个类成员的指针，不允许这个指针再指向另一个类的成员。

(8) 不支持标准中[tesp. res]和[temp. dep]里描述的“在模板中绑定的二相名”。

(9) 不能实现模板参数。

(10) 不能实现模板的 export 关键字。

(11) 用 typedef 定义的函数类型不包括成员函数 cv-qualifiers。

(12) 类成员模板的部分说明不能放在类定义的外部。

**2. 数据表示**

1）标识符和常量

标识符的所有字符都是有意义的且区分大小写，此特征适用于内部和外部的所有标识符。源（主机）和执行（目标）字符集为 ASCII 码，不存在多字节字符。

具有多个字符的字符常量按序列中的最后一个字符编码，例如：'abc'='c'。

2）数据类型

表 4-2 列出了 TMS320C64x 编译器中各种标量数据类型、位数、表示方式及取值范围，许多取值范围的值可以作为头文件 limits.h 中的标准宏使用。

**表 4-2 TMS320C64x 编译器中各种标量数据类型、位数、表示方式及取值范围**

| 数据类型 | 位数 | 表示方式 | 取值范围 |
|---|---|---|---|
| char，signed char | 8bits | ASCII | −128～127 |
| unsigned char | 8bits | ASCII | 0～255 |
| short | 16bits | 2s complement | −32768～32767 |
| unsigned short | 16bits | Binary | 0～65535 |
| int，signed int | 32bits | 2s complement | −2147483648～21474836470 |
| unsigned int | 32bits | Binary | 0～4294967295 |
| long，signed long | 40bits | 2s complement | −549755813888～549755813887 |
| unsigned long | 40bits | Binary | 0～1099511627775 |
| enum | 32bits | 2s complement | −2147483648～2147483647 |
| float | 32bits | IEEE 32-bit | 1.175494e−38†～3.40282346e+38 |
| double | 64bits | IEEE 64-bit | 2.2250785e−308†～1.79769313e+308 |
| long double | 64bits | IEEE 64-bit | 2.22507385e−308†～1.79769313e+308 |
| pointers，references，pointer to data members | 32bits | Binary | 0～0xFFFFFFFF |

3）数据转换

浮点类型到整型的转换，截取 0 前面的整数部分。

指针类型和整数类型之间可以自由转换。

4）表达式

当两个带符号的整数相除时，如果其中有一个为负，则商为负，余数的符号与分子的符号相同。有符号数的右移为算术移位，即保留符号。斜杠（/）用来求商，百分号（%）用来求余数。

例如：

```
10/-3=-3,-10/3=-3
10%-3=1,-10%3=-1
```

需要注意的是：

(1) 寄存器存储类对所有的 chars、short、integer 和 pointer 类型有效；

(2) 结构体成员被打包为字；

(3) 整数类型的位段带有符号，位段被打包为从高位开始的字，并且不能超越字的边界；

(4) 中断关键字 interrupt 只能用于没有参数的 void 型函数。

### 4.4.2　面向DSP的C/C++语言程序设计流程

DSP系统的软件优化流程如图4-3所示。整个工作流程分为三个步骤：编写测试C语言代码；优化C语言代码；编写线性汇编代码。

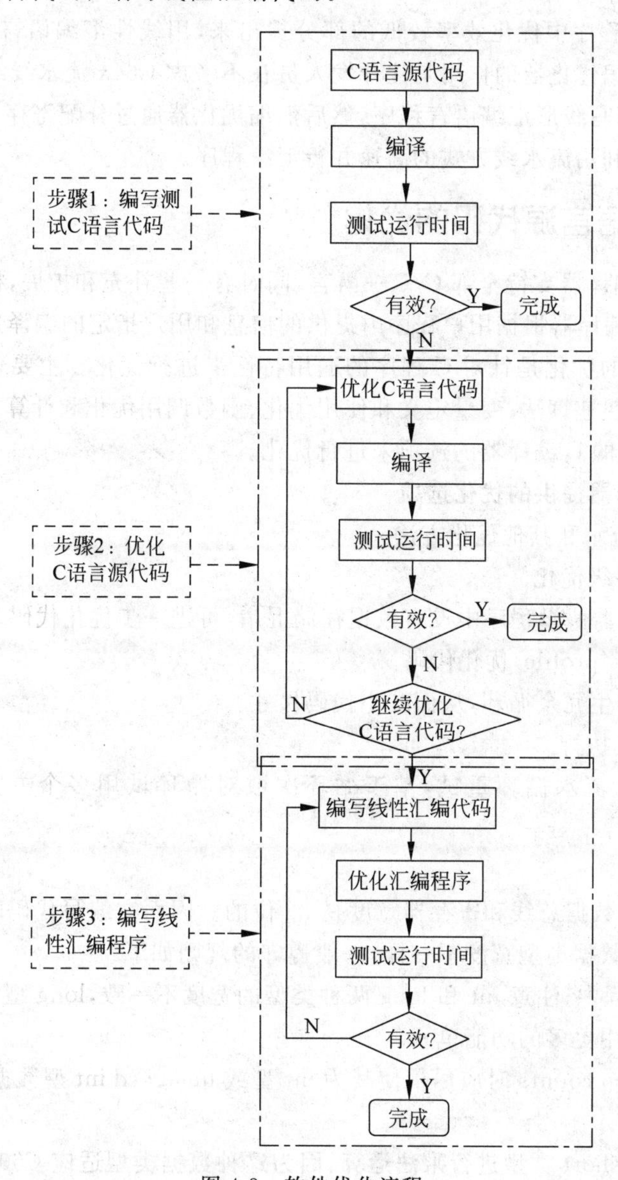


图4-3　软件优化流程

**1. C语言代码编写测试**

按照需要用C语言实现功能。在实际的DSP应用中，许多算法直接用汇编代码编写，虽然优化效率很高，可是实现的难度却很大，所以一般先用C语言来实现，然后编译运行，利用C64x开发环境的profile、clock工具测试程序运行时间，若不能满足要求，则进行第二步。

**2. C语言级的优化**

选择C64x开发环境提供的优化方式，以及充分运用其他技巧优化C代码，若还不能满足效率要求，则进行第三步。

**3. 汇编级的优化**

将上一阶段C程序中优化效率较低的部分提出来，用线性汇编语言编写，利用汇编优化器进行优化。汇编优化器的作用是让开发人员在不考虑C64x流水线结构和分配其内部寄存器的情况下，编写线形汇编语言程序，然后汇编优化器通过分配寄存器和循环优化将汇编语言程序转化为利用流水线方式的高速并行汇编程序。

### 4.4.3 C语言源代码的优化

C6000C/C++编译器支持全部C/C++语言，同时有一些补充和扩展，极大地缩短了软件开发周期。C/C++编译器根据用户程序内提供的信息和用户指定的编译选项进行优化。

C语言源代码的优化是针对C程序的通用特性来进行优化。主要包括数据类型的选择、数值操作优化、快速算法、变量定义和使用优化、函数调用优化和计算表格优化等。也可通过选定CCS提供的C编译器的选项来进行优化。

**1. 选用C编译器提供的优化选项**

-o：使能软件流水和其他优化方法。

-pm：使能程序级优化。

-mt：使能编译器假设程序中没有数据存储混淆，可进一步优化代码。

-mg：使能分析(profile)优化代码。

-ms：确保不产生冗余循环，从而减小代码尺寸。

-mh：允许投机执行。

-mx：使能软件流水循环重试，基于循环次数对循环试用多个方案，以便选择最佳方案。

**2. 数据类型**

C64xDSP内部数据总线和寄存器宽度是32位的。因而在编写代码时需要考虑代码的数据类型。不同的数据类型宽度不一样，一般遵守的规则如下：

(1) 在使用过程中，注意int和long两种类型的宽度不一致，long型数据为40位，会产生额外的指令和占用更多的功能单元。

(2) 在使用loop counts时应尽量使其为int型或unsigned int型数据，以避免不必要的符号位扩展。

(3) 尽量使用short类型进行乘法运算，因为这种数据类型适应C6000中的16位乘法器。如进行一次short * short运算只需1个时钟周期，而进行一次int * int运算则需5个时钟周期。

(4) 循环计数器应使用int或无符号int类型，不用short。

(5) short型数据的int处理，C64xDSP具有双16bit扩充功能，芯片能在一个周期内完成双16bit的乘法、加减法、比较和移位等操作。在设计时，当对连续的short型数据流操作时，应该转化成对int型数据流的操作，这样一次可以把两个16位的数据读入一个32位的寄存器，然后用内部函数来对它们处理(如_sub2等)。充分运用双16bit扩充功能，一次可以进行两个 16bit 数据的运算,速度将提升一倍。

**3. 减小存储器相关性**

C64x 编译器尽可能将指令安排为并行执行。为使指令并行操作,编译器需要知道指令间的关系,因为只有不相关的指令才可以并行执行。当编译器不能确定两条指令是否相关时,则编译器假定它们是相关的,从而不能并行执行。设计中常采用关键字 const 来指定目标,const 表示一个变量或一个变量的存储单元保持不变。因此,在代码中加入关键字 const,可以去除指令间的相关性。例如下面的程序:

```
void vecsum(short * sum,short * in1,short * in2,unsigned int N)
{ int i;
   for(i = 0;i < N;i++)
         sum[i] = in1[i] + in2[i];
}
```

程序中写 sum 可能对指针 in1、in2 所指向的地址有影响,从而 in1 和 in2 的读操作必须等到写 sum 操作完成之后才能进行,降低了流水效率。为帮助编译器确定存储器的相关性,使用 const 关键字来指定一个目标。上面的源程序可改为含关键字 const 的优化源代码:

```
void vecsum(short * sum, const short * in1,const short * in2,unsigned int N)
{ int i;
      for(i = 0;i < N;i++)
         sum[i] = in1[i] + in2[i];
}
```

程序中由于使用了关键字 const,消除了指令之间的相关路径,从而使编译器能够判别内存操作之间的相关性,找到更好的指令执行方案。

另外,也可使用关键字 restrict 来标明指针是指向一个特定对象的唯一指针。

例如以下 C 程序:

```
void vecsum(short * sum, short * in1, short * in2,unsigned int N)
{
  int i;
  for (i = 0; i < N; i++)
  sum[i] = in1[i] + in2[i];
}
```

可将其修改为

```
void vecsum(restrict short *  sum, restrict short * in1, restrict short * in2, unsigned int N)
{
  int i;
  for (i = 0; i < N; i++)
  sum[i] = in1[i] + in2[i];
}
```

**4. 使用内联函数(Intrinsics)**

内联函数是 C64x 编译器提供的专门函数,它们与嵌入式的汇编指令是一一对应的,

C 编译器以内联函数的形式支持所有 C 语言代码不易表达的指令，其目的是快速优化 C 源程序。在 C 源程序中调用内联函数，与调用一般的函数相同，只不过内联函数名称前有下划线作特殊标识。当汇编指令功能不易采用 C 语言表达时，可采用内联函数表示。例如在定点运算中经常要求出源操作数的冗余符号位数，这一功能如果用 C 完成的话，需要的源程序代码冗长，有较多的逻辑操作和判断跳转，运行效率低下。若用内联函数，代码为 result =_norm(src1)，减少了代码长度，提高了运行效率。因此对于需要大量 C 代码才能表示的复杂功能，应该尽量用 C64x 的内联函数来表示。

Intrinsics 是直接与 C6000 汇编指令映射的在线函数，不易用 C/C++语言实现其功能的汇编指令都有对应的 intrinsics 函数，使用方法与调用函数一样，也可使用 C/C++变量。

如以下程序：

```
int x1,x2,y;
y = _sadd(x1,x2);
```

下面为执行饱和加法的两种程序段。

程序 1：

```
int sadd(int a, int b)
{
  int result;
  result = a + b;
  if(((a ^b)&0x80000000) == 0);
  {
  if ((result ^a)&0x80000000)
    {
    result = (a < 0)?0x80000000:0x7fffffff;
    }
  }
  return(result);
}
```

程序 2：

```
result = _sadd(a,b)
```

**5. 尽量少进行函数调用**

函数调用时，要将 PC 和一些寄存器压栈保存，函数返回时，则将这些寄存器出栈返回，增加了一些不必要的操作。所以一些小的函数，最好是用适当的内联函数代替直接写入主函数里，一些调用不多的函数，也可以直接写入主函数内，这样可减少不必要的操作，提高速度。但是这样往往会增加程序的长度，因此是一种利用空间换取时间的办法。

**6. 使用逻辑运算代替乘除运算**

在 DSP 里，乘除运算指令的执行时间要远远超过逻辑移位指令，尤其是除法指令，在设计的时候，可以根据实际情况，进行一些调整，尽量用逻辑移位运算来代替乘除运算，这样可以加快指令的运行时间。

**7. 软件流水线技术的使用**

软件流水线技术用来对一个循环结构的指令进行调度安排，使之成为多重迭代循环并行执行。在编译代码时，可以选择编译器的-o2 或-o3 选项，则编译器将根据程序尽可能地安排软件流水线。在DSP算法中存在大量的循环操作,因此充分地运用软件流水线方式,能极大地提高程序的运行速度。但使用软件流水线还有下面几点限制:

(1) 循环结构不能包含代码调用,但可以包含内联函数;

(2) 循环计数器应该是递减的;

(3) 循环结构不能包含break,if语句不能嵌套,条件代码应当尽量简单;

(4) 循环结构中不能包含改变循环计数器的代码;

(5) 循环体代码不能过长,因为寄存器(32个)的数量有限,应该分解为多个循环;

(6) 在软件流水线的运用上,应该尽量使复杂的循环分解成简单的小循环,以避免寄存器的数量不够;对于过于简单的循环,应该适当展开,以增加代码数量,增加流水线中的迭代指令。

### 4.4.4 汇编代码的优化

**1. C代码转换为线性汇编**

对C代码优化之后,还需要提高模块的执行效率。当C语言不能满足要求时,可将C代码转换为线性汇编代码,以下为C代码转换为线性汇编代码的实例。

1) 程序1

C程序如下:

```
static __inline void transfer_16to8copy(uint8_t * const dst, const int16_t *
const src, uint32_t stride)
{
  uint32_t i, j;
  for (j = 0; j < 8; j++)
  {
    for (i = 0; i < 8; i++)
    {
      int16_t pixel = src[j * 8 + i];
      if (pixel < 0)
      pixel = 0;
      else if (pixel > 255)
      pixel = 255;
      dst[j * stride + i] = (uint8_t) pixel;
    }
  }
}
```

转换为线性汇编程序为

```
  .global _transfer16to8copy_sa
_transfer16to8copy_sa .c proc DSTDATA, SRCDATA, A_stride
  .no_mdep
  .reg A1_H:A1_L, A2_H:A2_L, B_H:B_L
  .reg loopnum
  MVK 7, loopnum;
loop_16to8copy: .trip 8,8,8
  LDDW * SRCDATA++, A1_H:A1_L
```

```
LDDW *SRCDATA++,A2_H:A2_L
SPACKU4 A1_H,A1_L,B_L
SPACKU4 A2_H,A2_L,B_H
STNDW B_H:B_L, *DSTDATA++(A_stride)
[loopnum] BDEC loop_16to8copy,loopnum
.return
.endproc
```

程序优化分析：

(1) 使用LDDW指令，一次从内存中读入64bit数据，每次循环读入128bit数据，并进行处理。相比C程序中每次循环读入并处理16bit数据，效率提高8倍；

(2) 使用STNDW指令，一次写入64bit数据，相比C程序中每次循环写入8bit数据，效率提高8倍；

(3) 使用SPACKU4指令，既代替C程序的IF分支跳转指令，又实现64bit数据到32bit数据的压缩，与C程序相比，效率大幅提高。

经测试汇编程序优化后，相比C程序，效率提高约5倍。

2) 程序2

C程序如下：

```
for (j = 0; j<8; j++) /*循环8次,每次循环读入ptr_cur 8bit,读入ptr_ref 8bit*/
{
sad += abs(ptr_cur[0] - ptr_ref[0]); /*每8bit数据对应相减,并取绝对值,再累加,存入sad*/
sad += abs(ptr_cur[1] - ptr_ref[1])
sad += abs(ptr_cur[2] - ptr_ref[2]);
sad += abs(ptr_cur[3] - ptr_ref[3]);
sad += abs(ptr_cur[4] - ptr_ref[4]);
sad += abs(ptr_cur[5] - ptr_ref[5]);
sad += abs(ptr_cur[6] - ptr_ref[6]);
sad += abs(ptr_cur[7] - ptr_ref[7]);
ptr_cur += stride;
ptr_ref += stride;
}
return sad /*返回累加结果sad*/
```

转化为汇编程序如下：

```
*初始化程序
    MVKL 0x01010101, A_k1
    MVKH 0x01010101, A_k1
    MV A_k1, B_k1
    MVK 3, I;循环次数
    ZERO A_sad
    ZERO B_sad
*主程序
loop: .trip 4, 4, 4
    LDNDW * cur++(stride), B_s7654:B_s3210
    LDNDW * cur++(stride), A_s7654:A_s3210
    LDNDW * ref++(stride), B_r7654:B_r3210
```

```
LDNDW * ref++(stride), A_r7654:A_r3210
SUBABS4 B_s7654, B_r7654, B_d7654
SUBABS4 B_s3210, B_r3210, B_d3210
SUBABS4 A_s7654, A_r7654, A_d7654
SUBABS4 A_s3210, A_r3210, A_d3210
DOTPU4 B_d7654, B_k1, B_s3
DOTPU4 B_d3210, B_k1, B_s2
DOTPU4 A_d7654, A_k1, A_s1
DOTPU4 A_d3210, A_k1, A_s0
ADD B_sad, B_s3, B_sad
ADD B_sad, B_s2, B_sad
ADD A_sad, A_s1, A_sad
ADD A_sad, A_s0, A_sad
[i] BDEC loop, I
ADD A_sad, B_sad, A_retval
.return A_retval
.endproc
```

程序优化分析：

(1) C 程序每循环读入 64bit ptr_cur 和 ptr_ref，对应汇编程序使用 LDNDW 不对齐读指令，每次读入 64bit，读入 4 次，提高了读写效率，循环次数由 C 程序的 8 次减为 4 次；

(2) 每 32bit 使用 SUBABS4 指令，同时实现 4 个 8bit 分别对应相减并求绝对值(单周期指令)；

(3) 使用 DOTPU4 矢量运算指令，每周期实现 4 个 8bit 数据累加。

经测试汇编程序优化后，相比 C 程序，效率提高约 5 倍。

**2. 使用并行指令**

由于 TMS320C64x 拥有 A、B 两个寄存器组(各 32 个寄存器)，故可采用寄存器组并行。TMS320C64x 拥有四个运算器功能单元( L、S、D、M )，因此可以采用运算器功能单元并行，每个机器周期对 L、S、D、M 运算器功能单元进行操作。同时，TMS320C64x 的 CPU 芯片采用超长指令字 VLIW 结构，一个机器周期 CPU 最多可以同时并行执行 8 条指令，所以它具有强大的并行操作能力，合理有效地发挥其并行能力，是优化工作的关键，并行操作应该贯穿于整个程序中。但是，由于 TMS320C64x 硬件资源的限制，并不能保证每个周期都能并行执行 8 条指令。所以编写代码之前应该考虑使用到的资源，在编写代码时均匀地使用每组数据通路中的资源。如果源操作数有两个(src1，src2)，那么应该将它们分别安排到 A 或 B 数据通路中；如果源操作数只有一个(src1)，那么应该将数据的前半部分和后半部分分别安排到不同的数据通路中，这样才有利于最大限度地利用并行性。

例如以下汇编程序：

```
      MVK .S1 200,A1
      ZERO .L1 A7
LOOP: LDH .D1 *A4++,A2
      LDH .D1 *A8++,A3
      NOP 4
      MPY .M1 A2,A3,A6
      NOP
      ADD .L1 A6,A7,A7
```

```
    SUB .S1 A1,1,A1
[A1] B .S2 LOOP
    NOP 5
```

该程序执行 200 次循环迭代，需要 16×200＝3200 时钟周期。

采用并行指令对以上程序改写如下：

```
    MVK .S1 200,A1
    || ZERO .L1 A7
LOOP: LDH .D1 *A4++,A2
    || LDH .D2 *B4++,B2
    SUB .S1 A1,1,A1
[A1] B .S1 LOOP
    NOP 2
    MPY .M1X A2,B2,A6
    NOP
    ADD .L1 A6,A7,A7
```

使用并行指令，循环体内需要 8 个时钟周期。这段循环代码的执行周期为 8×200＝1600。

**3. 延时间隙的利用**

由于采用了 8 级流水线结构，使得 TMS320C64x 系列 DSP 可以同时有 1～ 8 条指令工作在不同的指令阶段，极大地提高了运算速度。但是由于一些指令具有延时间隙，使得很多时间被浪费了，所以合理地利用延时间隙就显得非常重要。例如，取操作指令 LDH 需要 4 个延时间隙，在这 4 个延时间隙中就可以进行很多数据处理。例如要完成以下操作：

```
temp1 = a[1] ;
temp2 = b[1];
accum = temp1 * temp2;
temp3 = a[0] ;
temp4 = b[0];
accum + = temp1 * temp2;
```

如果直接汇编，每次按照先取值，再赋值的顺序，则四条取值指令需要耗费 16 个延时间隙，使得资源利用大大降低。充分利用延时间隙，优化后的汇编程序如下：

```
LDH .D2 * + B0[0X7], B4 ; a[1]
LDH .D2 * + B0[0X17], A4 ; b[1]
LDH .D2 * + B0[0X6], B2 ; a[0]
LDH .D2 * + B0[0X16], A2; b[0]
NOP 3
MPY .M1 A4, B4, A4
MPY .M1 A2, B2, A2
NOP 2
ADD .L1 A2, A4, A4
```

以上程序对 4 个取值指令来说，只浪费了 3 个延时间隙，即利用了 13 个延时间隙，使得资源得到充分利用。

另外，也可采用对程序中的 NOP 指令进行填充的方式进行程序优化，例如以下程序：

```
LOOP: LDH .D1 *A8++,A2
```

```
    || LDH .D2  * B9++,B3
    NOP 4
    MPY .M1X A2,B3,A4
    NOP
    ADD .L1 A4,A6,A6
    SUB .L2 B0,1,B0
[B0] B .S1 LOOP
    NOP 5
```

调整指令顺序，对程序中的 NOP 指令进行填充：

```
LOOP: LDH .D1  * A8++,A2
    || LDH .D2  * B9++,B3
    SUB .L2 B0,1,B0
[B0] B .S1 LOOP
    NOP 2
    MPY .M1X A2,B3,A4
    NOP
    ADD .L1 A4,A6,A6
```

程序修改后，LD 的 NOP 由 4 降为 2，同时 B 的 NOP 被消除。

**4. 循环优化**

DSP 程序中比较耗时的部分往往是在一个或几个大的循环中。这些循环部分又往往可分为取数、处理、存储处理结果三个顺序执行的步骤。这三个步骤有明显的时间先后关系，即取数、处理和存储。这种时间上的相互依赖性为程序的并行制造了非常大的困难。为了进一步优化循环体内的指令，可以使用循环展开、循环拆分和循环合并等方法。

例如以下程序：

```
    MVK .S2 5, B0                         ;循环的次数
    MVK .S2 1, B1
LOOP:
    ADD .S2 15, B0, B2
    LDH .D2 * + B5[B2], B7                ;取值
    NOP 4
    ADDK .S2 1, B2
    STH .D2 B7, * + B5[B2]                ;赋值
    SUB .S2 B0, B1, B0                    ;循环的次数
[B0] BNOP .S2 LOOP, 5                     ;判断循环是否结束
```

上述程序一次循环就要花费 14 个时钟周期。对其进行优化，把循环展开，同时利用上述的延时间隙，从而提高效率，优化后的程序如下：

```
LDH .D2 *  + B5[0X14] , B0; dq[4]
LDH .D2 *  + B5[0X13] , B1; dq[3]
LDH .D2 *  + B5[0X12] , B2; dq[2]
LDH .D2 *  + B5[0X11] , B7; dq[1]
LDH .D2 *  + B5[0X10] , B9; dq[0]
```

```
STH .D2 B0, * + B5[B15] ; dq[5] = dq[4]
STH .D2 B1, * + B5[B14] ; dq[4] = dq[3]
STH .D2 B2, * + B5[B13] ; dq[3] = dq[2]
STH .D2 B7, * + B5[B12] ; dq[2] = dq[1]
STH .D2 B9, * + B5[B11] ; dq[1] = dq[0]
```

可以看出，通过展开循环，没有使用跳转指令，并且所有的延时间隙全部利用起来，实现原来功能的总时间只有10个时钟周期。

**5. 软件流水技术**

软件流水技术是用在循环语句中调用指令的方法，使循环的多次迭代能够并行执行。C64x的并行资源使得在前次迭代尚未完成之前就可以开始一个新的循环迭代。CCS编译器为开发者提供了丰富的编译优化选项，在编译时可以选择编译器的-o2或-o3选项，编译器将根据程序尽可能地安排软件流水。图4-4所示为运用软件流水的循环结构，它包括A、B、C、D、E五次迭代，同一周期最多执行五次迭代的不同指令(阴影部分)。图中阴影部分称为“循环内核”，核中不同的指令并行执行。核前执行的过程称为“流水线填充”，核后执行的过程称为“流水线排空”。软件流水的目的就是尽可能早地开始一个新循环迭代，使用的基本方法为模迭代间隔编排表。对于多周期循环来说，主要步骤为确定最小迭代间隔，画相关图，汇编资源安排，模迭代间隔编排，汇编。

| | | | | | |
|---|---|---|---|---|---|
| A1 | | | | | 流水线填充 |
| B1 | A2 | | | | |
| C1 | B2 | A3 | | | |
| D1 | C2 | B3 | A4 | | |
| E1 | D2 | C3 | B4 | A5 | 循环内核 |
| | E2 | D3 | C4 | B5 | 流水线排空 |
| | | E3 | D4 | C5 | |
| | | | E4 | D5 | |
| | | | | E5 | |

图4-4 软件流水循环结构

利用软件流水技术会使程序效率极大提高，但它的使用有些限制。如循环过程中不能包含函数调用，循环中不能有条件中止、使循环提前推出的指令，循环过程中不能修改循环的次数，代码的尺寸不能太长，不能要求一个寄存器的生命太长等。编程时要修改调整代码使程序不受这些限制，保证流水线不被阻塞或者尽量少地被阻塞，充分发挥TMS320C64x指令系统并行的特点，从而提高程序的效率。

在画相关图时应遵循：

(1) 画出节点和路径；

(2) 写出完成各指令需要的CPU周期；

(3) 为各节点指派功能单元；

(4) 分开路径，以使最多的功能单元被使用。

**6. Cache优化**

Cache优化是指通过减少由于数据和代码的读取导致的CPU延时，最大效率地提高

Cache 性能，从而提高程序性能。C64x 系列采用了两级 Cache 的存储器结构用于对程序和数据的缓存，Cache 的使用较好地解决了低速片外数据存储和高速 CPU 间的矛盾。对 Cache 进行优化主要是从提高 Cache 命中率的角度来进行的，如果 Cache 中的数据能多次被重复利用，即 DSP 运算单元可直接从高速 Cache 中访问数据，而不需要访问慢速的存储器，就避免了 DSP 的数据访问等待时间。在实际编码时，一般把 L2 配置为 Cache 和 SRAM 混合使用模式。程序使用的一些关键数据段和代码段放入片内内存中，在片内和片外存储器中分别设置一个用于动态分配内存的栈 heap，动态内存分配函数 MEM _alloc 可以方便地指定在哪个堆栈里开辟动态内存空间。

### 4.4.5 C 语言和汇编语言混合编程

**1. 在 C/C++代码中调用汇编语言模块**

C/C++代码可以访问定义在汇编语言中的变量和调用函数，并且汇编代码可以访问 C/C++的变量和调用 C/C++的函数。汇编语言和 C/C++语言接口需遵循如下的规则：

(1) 所有的函数，无论是使用 C/C++语言编写还是汇编语言编写，都必须遵循寄存器的规定。

(2) 必须保存寄存器 A10～A15、B3 和 B10～B15，同时还要保存 A3。如果使用常规的堆栈，则不需要明确保存堆栈。即只要任何被压入堆栈的值在函数返回之前被弹回，汇编函数就可以自由使用堆栈。任何其他寄存器都可以自由使用而无须首先保存它们。

(3) 中断程序必须保存它们使用的所有寄存器。

(4) 当从汇编语言中调用一个 C/C++ 函数时，第一个参数必须保存到指定的寄存器，其他的参数置于堆栈中。只有 A10～A15 和 B10～B15 被编译器保存。C/C++ 函数能修改任何其他寄存器的内容。

(5) 函数必须根据 C/C++ 的声明返回正确的值。整型和 32 位的浮点值返回到 A4 中。双精度、长双精度、长整型返回到 A5:A4 中。结构体的返回是将它们复制到 A3 的地址。

(6) 除了全局变量的自动初始化外，汇编模块不能使用 .cinit 段。

(7) 编译器将连接名分配到所有的扩展对象。因此，当编写汇编代码时，必须使用编译器分配的相同的连接名。

(8) 在汇编语言中定义的在 C/C++ 语言中访问或者调用的对象或者函数，都必须以 .def 或者 .global 伪指令声明。这样可以将符号定义为外部符号并允许连接器对它识别引用。

下例为 C/C++语言调用汇编函数的程序。

C 程序：

```
extern "C"
{
   extern int asmfunc(int a);          /* 声明外部函数 */
   int gvar = 4;                       /* 定义全局变量 */
}
void main()
{
```

```
    int i = 5;
    i = asmfunc(i);                          /* 调用函数 */
    ……
}
```

汇编程序：

```
.global _asmfunc
.global _gvar
_asmfunc:
LDW * + b14(_gvar),A3
NOP 4
ADD a3,a4,a3
STW a3, * b14(_gvar)
MV a3,a4
B b3
NOP 5
```

**2. 独立的C模块和汇编模块接口**

在编写独立的C程序和汇编程序时，必须注意以下几点：

(1) 不论是用C语言编写的函数还是用汇编语言编写的函数，都必须遵循寄存器使用规则。

(2) 必须保护函数要用到的几个特定寄存器。

(3) 中断程序必须保护所有用到的寄存器。

(4) 从汇编程序调用C函数时，第一个参数(最左边)必须放入累加器A中，剩下的参数按自右向左的顺序压入堆栈。

(5) 调用C函数时，C函数只保护了几个特定的寄存器，而其他寄存器可以自由使用。

(6) 长整型和浮点数在存储器中存放的顺序为低位字在高地址，高位字在低地址。

(7) 如果函数有返回值，返回值存放在累加器中。

(8) 汇编语言模块不能改变由C模块产生的.cinit段。

(9) 编译器在所有标识符(函数名、变量名等)前加下划线"_"。

(10) 任何在汇编程序中定义的对象或函数，如果需要在C程序中访问或调用，则必须用汇编指令.global定义。

**3. 从C程序中访问汇编程序变量**

从C程序中访问汇编程序中定义的变量或常数，可以分为以下3种情况：

(1) 访问在.bss段中定义的变量。

(2) 访问不在.bss段中定义的变量。

(3) 对于在汇编程序中用.set和.global伪指令定义的全局常数，也可以使用特殊的操作从C程序中访问它们。

例如，在C程序中访问在.bss段中定义的变量。

汇编程序：

```
.bss    _var,1                      ;定义变量
.global  _var                       ;声明为外部变量
```

C 程序：

```
extern int var                         //声明为外部变量
var = 1                                //访问变量
```

在 C 程序中访问不在.bss 段中定义的变量。

汇编程序：

```
.global   _sine                        ;声明为外部变量
.sect   "sine_tab"                     ;建立一个独立的段
_sine:                                 ;常数表起始地址
.float  0.0
.float  0.015987
.float  0.022145
```

C 程序：

```
extern float sine[]                    //声明为外部变量
float * sine_p = sine;                 //声明一个指针指向该变量
f = sine_p[4];                         //作为普通数组访问 sine 数组
```

**4. C/C++语言中嵌入汇编语言**

C 程序嵌入汇编语句是一种直接的 C 模块和汇编模块接口方法。在 C/C++ 语言中嵌入汇编语言，可以在 C 程序中实现用 C 语言难以实现的一些硬件控制功能，也可以用这种方法在 C 程序中的关键部分用汇编语句代替 C 语句以优化程序。但这种方法的缺点是它比较容易破坏 C 环境，因为 C 编译器在编译嵌入了汇编语句的 C 程序时并不检查或分析所嵌入的汇编语句。

直接在 C 语言程序中相应位置嵌入汇编语句，语法格式为：asm(“汇编”)。

使用 asm 语句需要注意：

(1) 避免破坏 C/C++环境，因为编译器不会对插入的指令进行检查。

(2) 避免在 C/C++代码中插入跳转或者标号，因为这样可能会对插入代码或周围的变量产生不可预测的后果。

(3) 当使用汇编语句时不要改变 C/C++代码变量的值，因为编译器不检查此类语句。

(4) 不能用 asm 语句插入到改变汇编环境的汇编伪指令中。

(5) 避免在 C 代码中创建汇编宏指令和用-g 选项编译。C 环境调试信息和汇编宏扩展不兼容。

## 本章小结

本章介绍软件开发环境及程序优化。主要介绍 DSP 程序开发工具和开发过程以及程序的优化方法。软件开发环境介绍了 DSP 软件开发过程、CCS 集成开发环境，以及 DSP/BIOS 实时操作系统，程序设计及优化部分详细介绍了 DSP 的程序设计和优化方法，包括 C/C++语言程序设计、面向 DSP 的 C/C++语言程序设计流程、C 语言源代码的优化、汇编代码的优化、C 语言和汇编语言混合编程。

## 思考与练习题

1. 请说明 DSP 软件开发流程。
2. 面向 DSP 的 C/C++语言程序设计主要有哪几部分？
3. C 语言源代码的优化有哪些方法？
4. 汇编代码的优化方法有哪些？
5. 如何在 C 程序中调用汇编函数？
6. 如何在 C 程序中访问汇编程序变量？

# 第 5 章 TMS320DM6437 流水线与中断

CHAPTER 5

## 5.1 流水线

### 5.1.1 流水线概述

在冯·诺依曼结构中,程序中各条机器指令都是按照顺序执行的,只有在前一条指令的各过程段都全部完成后,才从存储器取出下一条指令,即机器各部件在某些周期内进行操作,而在某些周期内是空闲的,导致机器各部分的利用率不高。如果用控制器进行适当调度,可以让机器的各个部件在每个周期内都在工作,这样可以提高计算机各功能部件的工作效率和计算机的运行速度,这就需要流水线(Pipeline)技术。

流水线技术是指在程序执行时多条指令重叠进行操作的一种准并行处理技术。它是将一个重复的过程分解为若干个子过程,每个子过程由专门的功能部件来实现。流水线中的每个子过程及其功能部件称为流水线的级或段,段与段相互连接形成流水线。流水线的段数称为流水线的深度。把多个处理过程在时间上错开,依次通过各功能段,这样,每个子过程就可以与其他的子过程并行进行。对微处理器的每个部件来说,每隔 1 个时钟周期即可进入一条新指令,这样在同一时间内,就有多条指令交叠在不同部件内处理,使 CPU 运算速度提高。但这种流水线工作方式控制较为复杂,很难全速运行。

TMS320DM6437 的 DSP 具有独特的特点,它可以通过消除流水线交错,简化流水线的控制,并通过增加流水线消除程序提取、数据访问和乘法运算等传统结构的瓶颈,提高单周期的吞吐量。并且,利用流水线提供的灵活性可以简化编程,提高性能。

### 5.1.2 流水线操作

流水线操作以 CPU 周期为单位,一个 CPU 周期是指特定的执行包在流水线特定阶段的时间。CPU 周期的边界总是发生在时钟周期的边界,随着节拍代码流流经各个部件,各个部件根据指令代码进行不同处理。一个指令的取出和执行过程可以分为多个阶段。TMS320DM6437 的 DSP 指令集流中所有的指令都通过取指(Fetch)、译码(Decode)和执行(Execute)3 个阶段。各阶段的任务如下。

(1) 取指:取出一条指令送到指令寄存器。所有指令的取指阶段都有 4 个节拍,即 PG、PS、PW、PR 节拍,每个节拍的具体功能如下。

① PG 程序地址产生(Program Address Generate):CPU 上取指包的地址确定。

② PS 程序地址发送(Program Address Send):取指包的地址送至内存。

③ PW 程序访问等待(Program Access Ready Wait):访问程序存储空间。

④ PR 程序取指包接收(Program Fetch Packet Receive):取指包送至 CPU 边界。

TMS320DM6437 的 DSP 取指阶段的每个节拍采用 8 个字的取指包。四个节拍从左到右依次进行,所有的这 8 个字同时通过 PG、PS、PW 和 PR 进行取指。PR 取指包有四个执行包,PW 和 PS 各包括两个执行包,PG 包含八个指令的一个执行包。流水线取指级的四个节拍功能如图 5-1 所示。

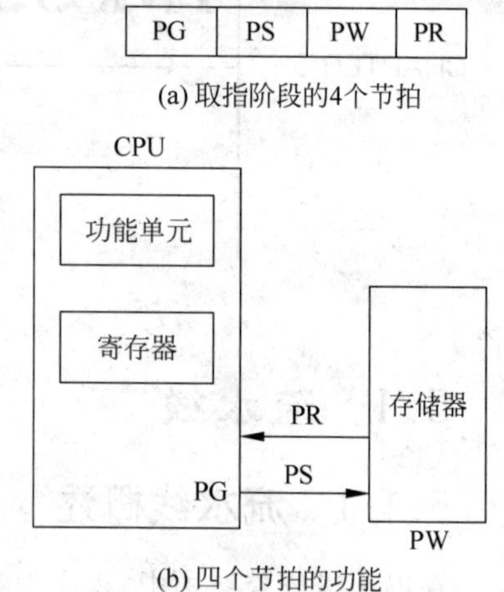


图 5-1 流水线取指级的四个节拍功能图

(2) 译码:对指令操作码进行译码,读取操作数。所有指令译码阶段都包括 2 个节拍,即 DP 和 DC 节拍。每个节拍的具体功能如下。

① DP 指令分配(Instruction Dispatch):确定取指包的下一个执行包,并将其送至适当的功能单元准备译码。

② DC 指令译码(Instruction Decode):指令在功能单元进行译码。

在流水线的 DP 阶段,取指包被分为执行包。执行包包括一个指令或两到八个平行指令。且在此阶段,执行包的指令被分配合适的功能单元。在 DC 阶段,源寄存器、目标寄存器和相关路径被解码,以执行功能单元的指令。

(3) 执行:根据操作码的要求,完成指令规定的操作,并把运算结果写到指定的存储或缓冲单元中。流水线的执行阶段节拍的数量不同,这取决于指令的类型。

流水线的执行部分被分为 5 个节拍。大多数 DSP 指令是单周期的,所以它们只有一个执行节拍(E1)。只有少数指令需要多个执行节拍。不同类型的指令需要不同数量的这些节拍来完成执行。这些流水线的阶段对理解 CPU 周期边界设备状态具有重要作用。流水线执行级的 5 个节拍如下。

① 执行节拍 E1:测试指定执行条件及读取操作数,对所有的指令适用。对于读取和存储指令,假定指令的条件被评估为真时,地址产生,其修正值写入寄存器;若指令的条件为假,则指令在 E1 后不写入任何结果或进行任何流水线操作;对于转移指令,程序转移目的地址取指包处于 PG 节拍;对于单周期指令,结果写入寄存器;对于双精度(DP)比较指令、ADDDP 和 MPYDP 等指令,读取源操作数的低 32 位;对于其他指令,读取操作数;对于双周期双精度(DP)指令,结果的低 32 位写入寄存器。

② 执行节拍 E2:读取指令的地址送至内存。存储指令的地址和数据送至内存。对结果进行饱和处理的单周期指令,若结果饱和,置 SRC 的 SAT 位;对于单个 16×16 乘法指令、乘法单元和非乘法操作指令,结果将写入寄存器文件。TMS320C64x 的 M 单元的非乘法操作指令,对于 DP 比较指令和 ADDDP/SUBDP 指令,读取源操作数的高 32 位;对于 MPYDP 指令,读取源操作数 1 的低 32 位和源操作数 2 的高 32 位;对于 MPYI 和 MPYID 指令,读取源操作数。

③ 执行节拍 E3:进行数据存储空间访问。对结果进行饱和处理的乘法指令在结果饱和时置 SAT 位;对于 MPYDP 指令读取源操作数 1 的高 32 位和源操作数 2 的低 32 位;对

于 MPYI 和 MPYID 指令，读取源操作数。

④ 执行节拍 E4：对于读取指令，把所读的数据送至 CPU 边界；对于乘法扩展，结果将被写入寄存器；对于 MPYI 和 MPYID 指令，读取源操作数；对于 MPYDP 指令，读取源操作数的高 32 位；对于 4 周期指令，结果写入寄存器；对于 INTDP 指令，结果的低 32 位写入寄存器。

⑤ 执行节拍 E5：对于读取指令，把所读的数据写入寄存器；对于 INTDP 指令，结果写入寄存器。

TMS320DM6437 中所有指令均按照以上 3 级流水线运行，具体流水线结构如图 5-2 所示。3 级流水线各节拍的功能描述如表 5-1 所示。

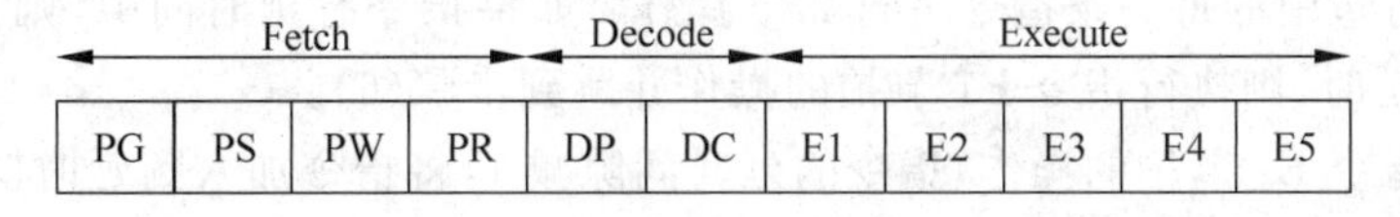


图 5-2　TMS320DM6437 3 级流水线

**表 5-1　3 级流水线各节拍功能描述**

| 流水线阶段 | | 描　述 |
|---|---|---|
| Fetch | PG | Program Address Generate，程序地址产生 |
| | PS | Program Address Send，程序地址发送 |
| | PW | Program Access Ready Wait，程序访问等待 |
| | PR | Program Fetch Packet Receive，程序取指包接收 |
| Decode | DP | Instruction Dispatch，指令分派 |
| | DC | Instruction Decode，指令译码 |
| Execute | E1 | 执行阶段的第一个节拍 |
| | … | … |

流水线流程图如图 5-3 所示，连续的各个取值包都包含 8 条并行指令，各个指令包以每个时钟一个节拍的方式通过流水线。

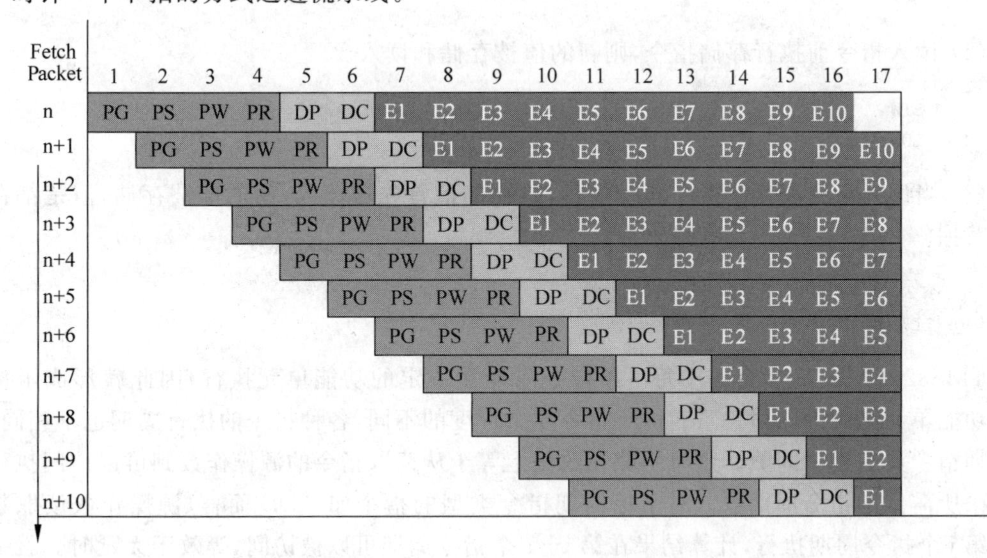


图 5-3　TMS320DM6437 流水线流程图

流水线的实现步骤如下：

(1) 从存储器中取出一条指令。

(2) 判断该指令是否支持并行执行，如果支持，则执行步骤(1)，不支持则执行步骤(3)。

(3) 对指令包中的每一条指令进行解析，解析过程中运用缓存机制提高指令的解析效率。

(4) 判断延时队列中是否有指令，如果有指令则执行步骤(5)，没有则执行步骤(6)。

(5) 对延时队列中的每一条指令进行如下操作：将指令的延时间隙减 1；此时，如果延时间隙为 0，则执行指令在 En 节拍的操作。

(6) 判断指令包中是否有未执行的指令，如果有，则执行操作(7)，没有则结束。

(7) 对执行包中的每一条指令进行如下操作：如果指令有延时间隙，则执行步骤(6)，如果没有执行延时，则执行指令 E1 节拍的操作并跳到步骤(6)。

(8) 执行指令 E1 节拍的操作，指令的延时间隙减 1，将指令加入到延时队列中，并跳到步骤(6)。

### 5.1.3 指令对流水线性能的影响

TMS320C64x＋系列的 DSP 的流水线操作执行指令分为 7 种，分别是单周期指令(Single-cycle Instruction)、双周期或多周期指令(Two-cycle or Multiply Instruction)、存储指令(Store Instruction)、扩展乘法指令(Extended Multiply Instruction)、读入指令(Load Instruction)、分支指令(Branch Instruction)和 NOP 指令。

单周期指令在流水线的 E1 节拍完全执行；双周期或多周期指令在 E1 和 E2 节拍完成；存储指令要在 E1 到 E3 节拍完成其操作；扩展乘法指令是使用 E1 和 E4 节拍；读入指令需要用 E1 到 E5 节拍完成；分支指令只使用 E1 节拍。其中，当要将同一指令读入和存储到相同的内存位置时，有如下规则(i 为周期)：

(1) 在存储之前执行读入指令，则以前的值被读入，新的值被存储。

```
i     LDW
i+1   STW
```

(2) 读入指令前执行存储指令，则新的值被存储和读入。

```
i     STW
i+1   LDW
```

(3) 当读入指令和存储指令同时执行，以前的值首先被读入，新的值被存储，但是都在同一节拍。

```
i  STW
i  ||LDW
```

TMS320DM6437 指令集中每一条指令只能在一定的功能单元执行，因此就形成了指令和功能单元之间的映射关系。由于指令复杂程度的不同，各种指令的执行周期也不相同，多周期指令具有延时间隙。延时间隙在数量上等于从读取指令的源操作数到可以访问执行的结果所需要的指令周期数。对于单周期指令类型的指令如 ADD 而言，源操作数读取数据在第 i 个指令周期执行，计算结果在第 i+1 个指令周期可以被访问，等效于无延时。就乘法指令 MPY 来说，如源操作数读取数据在第 i 个指令周期执行，计算结果在第 i+2 个指令周期才能被访问，延时周期为1。对于转移类指令，如果是转移到标号地址的指令或是中断IRP和NRP引起的转移，没有读操作。对于Load指令，在第i个周期读地址指针并且在该周期内修改基地址，在第i+4个周期写入寄存器。

CPU运行时，每次取八条指令组成一个指令包，取指包一定在地址的256位边界定位。每条指令的最后一位是并行标志位P，P标志位决定本条指令是否与取指包中的下一条指令并行执行。CPU从低地址到高地址依次判读P标志位：如果为1，则该指令将与下一条指令并行执行；如果为0，则下一条指令要在本指令执行完以后才能执行。指令执行过程会占用一定的资源，并行执行的指令所需资源不能冲突。造成冲突的因素有：使用相同的功能单元、使用交叉通路、使用长型数据、对寄存器的读取与存储等。表5-2是除NOP指令外的六种类型指令的每个执行阶段中发生的操作的映射。

**表5-2　六种类型指令的每个执行阶段发生的操作**

| 执行阶段 | 指令类型 | | | | | |
|---|---|---|---|---|---|---|
| | 单周期指令 | 双周期或多周期指令 | 存储指令 | 扩展乘法指令 | 读入指令 | 分支指令 |
| E1 | 计算结果并写入寄存器 | 读取操作数，开始计算 | 计算地址 | 读取操作数，开始计算 | 计算地址 | PG中的目标代码 |
| E2 | | 计算结果，写入寄存器 | 把地址和数据发送给存储器 | | 把地址发送给存储器 | |
| E3 | | | 通过存储器 | | 通过存储器 | |
| E4 | | | | 将结果写入寄存器 | 发送数据返回到CPU中 | |
| E5 | | | | | 将数据写入寄存器 | |

如果流水线中的指令相互独立，则可以充分发挥流水线的性能。但在实际中，指令间可能会相互依赖，这会降低流水线的性能。相邻或相近的两条指令因存在某种关联，后一条指令不能在原指定的时钟周期开始执行，造成流水线中出现“阻塞”的情况。

**1. 在一个取指包中有多个执行包的流水线操作**

一个FP包含8条指令，可分成1～8个EP，每个EP是并行执行的指令，每条指令在1个独立的功能单元内执行。当一个取指包包含多个执行包时，这时将出现流水线阻塞。

例如，取指包n包含3个执行包，n+1～n+6只有一个执行包。n～n+6的所有指令代号依次按A、B、C……排列，取指包n的8条指令中，A和B，C、D和E，F、G和H分别形成一个执行包。

```
  instruction A; EP k          FP n
|| instruction B;

  instruction C; EP k + 1      FP n
|| instruction D;
|| instruction E;
```

```
        instruction F; EP k + 2       FP n
     || instruction G;
     || instruction H;

        instruction I; EP k + 3       FP n + 1
     || instruction J;
     || instruction K;
     || instruction L;
     || instruction M;
     || instruction N;
     || instruction O;
     || instruction P;
```

这时，取指包包含 3 个执行包的流水线操作，且取指包在指令周期 1～4 时，通过取指级的 4 个节拍，同时 1～4 的每个指令周期都有 1 个新取指包进入 PG 节拍；在第 5 个指令周期的 DP 节拍，CPU 扫描 FPn 的 P 位，检测出有 3 个执行包 EPk～EPk＋2，迫使流水线阻塞，允许 EPk＋1 和 EPk＋2 在第 6 和 7 个指令周期进入 DP 节拍，一旦 EPk＋2 进入 DC 节拍，流水线阻塞也被释放；另外，FPn＋1～FPn＋4 在第 6 和 7 个指令周期被阻塞，FPn＋5 在第 6 和 7 个指令周期也被阻塞，直到第 8 个指令周期后才进入 PG 节拍：第 8 个指令周期后流水线将连续操作，直至又有多个执行包进入 DP 节拍或有中断发生。图 5-4 是程序执行时的流水线阻塞图。

| 取指包 (FP) | 执行包 (EP) | 周期 1 | 2 | 3 | 4 | 5 | 6 | 7 | 8 | 9 | 10 | 11 | 12 | 13 | 14 | 15 | 16 | 17 |
|---|---|---|---|---|---|---|---|---|---|---|---|---|---|---|---|---|---|---|
| n | k | PG | PS | PW | PR | DP | DC | E1 | E2 | E3 | E4 | E5 | E6 | E7 | E8 | E9 | E10 | |
| n | k+1 | | | | | | DP | DC | E1 | E2 | E3 | E4 | E5 | E6 | E7 | E8 | E9 | E10 |
| n | k+2 | | | | | | | DP | DC | E1 | E2 | E3 | E4 | E5 | E6 | E7 | E8 | E9 |
| n+1 | k+3 | | PG | PS | PW | PR | | | DP | DC | E1 | E2 | E3 | E4 | E5 | E6 | E7 | E8 |
| n+2 | k+4 | | | PG | PS | PW | 流水线 | | PR | DP | DC | E1 | E2 | E3 | E4 | E5 | E6 | E7 |
| n+3 | k+5 | | | | PG | PS | 阻塞 | | PW | PR | DP | DC | E1 | E2 | E3 | E4 | E5 | E6 |
| n+4 | k+6 | | | | | PG | | | PS | PW | PR | DP | DC | E1 | E2 | E3 | E4 | E5 |
| n+5 | k+7 | | | | | | | | PG | PS | PW | PR | DP | DC | E1 | E2 | E3 | E4 |
| n+6 | k+8 | | | | | | | | | PG | PS | PW | PR | DP | DC | E1 | E2 | E3 |

图 5-4　流水线阻塞图

**2. 多周期 NOP 指令对流水线运行的影响**

一个 FP 中的 EP 的数量是影响指令通过流水线运行方式的一种因素，另一种因素就是 EP 中指令的类型，例如 NOP 指令。NOP 是不使用功能单元的空操作，空操作的指令周期数由该指令的操作数决定，如果 NOP 与其他指令并行使用，将给其他指令加入额外的延迟间隙。

图 5-5 表示一个单周期 NOP 指令与其他代码在一个执行包中。LD、ADD 和 MPY 指令的结果在适当指令周期是可用的，NOP 指令对执行包无影响。图 5-6 用一个多周期 NOP 5 代替单周期 NOP 指令。NOP 5 将产生除它的执行包内部指令操作之外的空操作。在 NOP 5 指令周期完成之前，任何其他指令不能使用 LD、ADD 和 MPY 指令的结果。

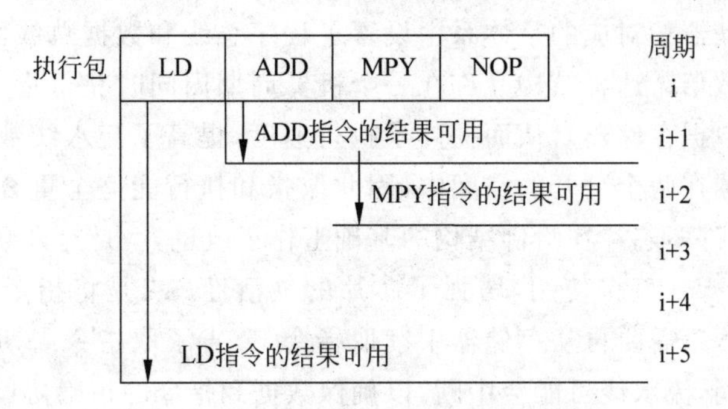


图 5-5　NOP 与其他代码在一个执行包

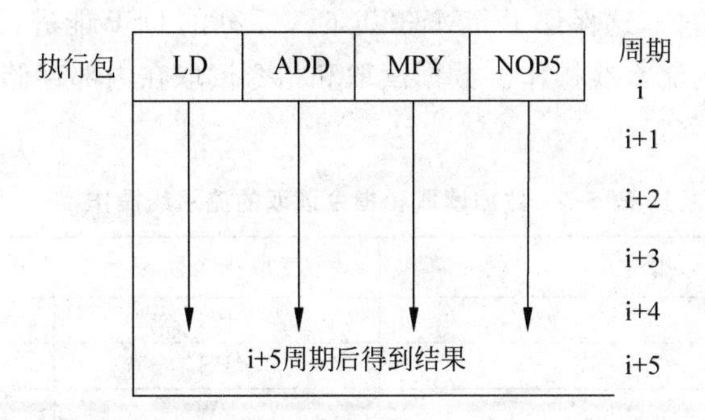


图 5-6　用多周期 NOP 指令代替单周期 NOP 指令

另外，跳转指令可以影响多周期 NOP 指令的执行，当一个跳转指令延迟间隙结束时，多周期 NOP 指令不管是否结束，这时跳转都将废弃多周期 NOP 指令。图 5-7 中，在发出跳转指令的 5 个延迟间隙后，跳转目标进入执行操作。若 EP1 中没有跳转指令，跳转延迟间隙为指令周期 2 至指令周期 6，一旦目标代码在指令周期 7 到达 E1 阶段，就会立即执行目标代码。

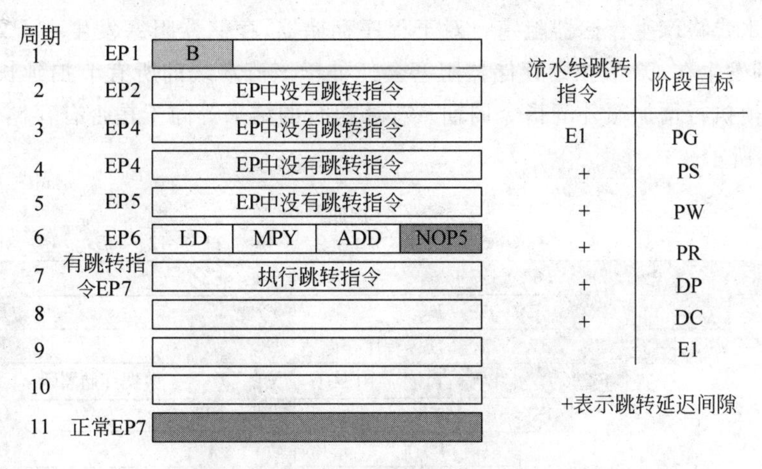


图 5-7　跳转指令对多周期 NOP 指令的影响

## 5.1.4　存储器对流水线性能的影响

TMS320DM6437 片内为哈佛结构，即存储器分为程序指令存储空间和数据存储空间，是一种并行体系结构。它将程序和数据存储在不同的存储空间中，每个存储器独立编址、独立访问。与两个存储器相对应的是体系中设置了程序总线和数据总线两条总线，从而使数据的吞吐率提高了数倍。这种结构允许在一个机器周期内同时获得指令字(来自程序存储器)和操作字(来自数据存储器)，从而提高了执行速度，提高了流水线数据的吞吐率。又由于程序和数据存储器在两个分开的空间中，因此取指和执行能完全重叠。为了进一步提高运行速度和灵活性，许多芯片在哈佛结构的基础上作了改进，一是允许数据存放在程序存储器中，并被算术运算指令直接使用，增强了芯片的灵活性；二是将指令暂存在高速缓冲器中，当执行此指令时，不需要再从存储器中读取指令，节省了取指令周期。根据内存类型和完成访问所需的时间，流水线可能会中断，以确保数据和指令的正确协调。数据读取和程序读取在流水线中有相同的操作，它们使用不同的节拍完成操作。由于数据读入和程序取指，内存访问被分为多个阶段，这保证了TMS320C64x系列的DSP能进行内存访问。表5-3为数据读取和指令读取的流水线操作。数据读取和指令读取在内部存储器中以相同的速度进行，且执行同种类型操作。

表5-3 数据读取和指令读取的流水线操作

| 操　　作 | 读取指令阶段 | 加载数据阶段 |
|---|---|---|
| 计算地址 | PG | E1 |
| 将地址发送到存储器 | PS | E2 |
| 存储器读/写 | PW | E3 |
| 指令读取：在CPU边界得到取指包<br>数据读取：在CPU边界得到数据 | PR | E4 |
| 指令读取：将指令发送给功能单元<br>数据读取：将数据发送到寄存器 | DP | E5 |

存储器对流水线性能的影响主要为存储器阻塞，即当存储器没有做好响应CPU访问的准备时，流水线将产生存储器阻塞。对于程序存储器，存储器阻塞发生在PW节拍，对于数据存储器则发生在E3节拍。存储器阻塞会使处于该流水线的所有节拍延长1个指令周期以上，从而使执行增加额外的指令周期。程序执行的结果等同于是否有存储器阻塞发生。具体如图5-8所示。

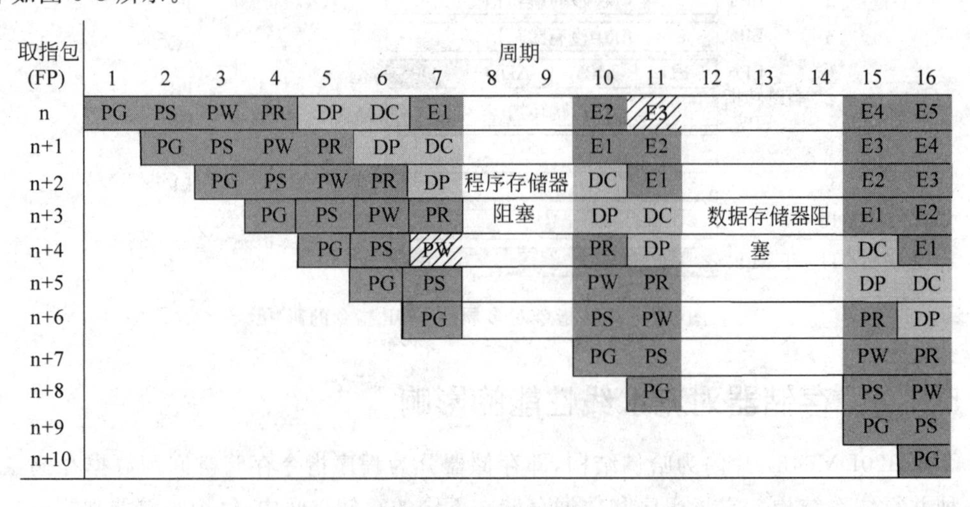


图5-8 存储器阻塞图

# 5.2 DSP的中断系统

## 5.2.1 中断的基础知识

### 1. 中断类型和优先级

中断是由硬件或软件驱动的信号，为使CPU具有对外界异步事件的处理能力而设置的。中断信号使DSP暂停正在执行的程序，接受并响应中断请求，进入中断服务程序。而CPU则要完成当前指令的执行，并冲掉流水线上还未解码的指令。中断源可以在芯片内或片外，如定时器、模数转换器或其他外围设备。中断过程包括保存当前进程的上下文、完成中断任务、恢复寄存器和进程上下文、恢复原始进程。中断一旦被正确启用，CPU将开始处理中断并将程序流重新定向到中断服务程序。通常DSP工作在包含多个外界异步事件环境中，当这些事件发生时，DSP应及时执行这些事件所要求的任务。TMS320DM6437的CPU有3种类型中断，即RESET(复位)、不可屏蔽中断(NMI)和可屏蔽中断(INT4～INT15)。3种中断的优先级别不同，复位RESET具有最高优先级，不可屏蔽中断为第二优先级，响应信号为NMI信号，最低优先级中断为INT15。中断优先级别见表5-4。

表5-4 中断优先级别

| 优先级 | 中断类型 |
|---|---|
| 最高级 | RESET |
| 第二优先级 | NMI |
| | INT4 |
| | INT5 |
| | INT6 |
| | INT7 |
| | INT8 |
| | INT9 |
| | INT10 |
| | INT11 |
| | INT12 |
| | INT13 |
| | INT14 |
| 最低级 | INT15 |

(1) 复位RESET具有最高级别中断，复位中断时正在执行的指令中止，所有的寄存器返回到默认状态。复位是低电平有效信号，必须保证低电平10个时钟周期，然后再变高才能正确重新初始化CPU，这点较为特殊。其他的中断则是在转向高电平的上升沿有效。复位中断服务的取指包必须位于特定设备的特定地址。此外，复位中断不受分支指令的影响。

(2) 不可屏蔽中断(NMI)：不可屏蔽中断优先级为2，它通常用来向CPU发出严重硬件问题的警报。出现在NMI线上的请求，不受中断标志位IF的影响，在当前指令执行完以后，CPU立即无条件响应。为实现此中断，在中断使能寄存器中的不可屏蔽中断使能位(NMIE)必须置1。NMIE为0时，所有可屏蔽中断(INT4～INT15)均被禁止。

(3) 可屏蔽中断(INT4～INT15)：可被CPU通过指令限制某些设备发出中断请求的中断。有12个可屏蔽中断，它们被链接到芯片外部或片内外设，也可由软件控制或者不用。I/O设备发出的所有中断都可以产生可屏蔽中断，受标志位IF的影响，根据中断循环标志的设置来判断CPU是否响应中断请求。中断发生时将中断标志寄存器(IFR)的相应位置1。

另外，除了以上三种，还有一种中断响应信号，IACK和INUMx信号用来通知C6000的片外硬件：在CPU内有一个中断已经发生且正在进行处理时，会有IACK信号指出CPU已经开始处理一个中断，INUMx信号指出正在处理的是哪一个中断。例如：

```
INUM3 = 0(MSB)
INUM2 = 1
```

```
INUM1 = 1
INUM0 = 1(LSB)
```

这些信号提供的 4bit 的数值是 0111，因此 INT7 被中断。

**2. 中断服务表(IST)**

IST 是包含中断服务代码的取指包的一个地址表。当 CPU 开始处理一个中断服务时，它要参照 IST 进行。IST 包含 16 个连续取指包，每个中断服务取指包都包含 8 条指令。图 5-9 给出了 IST 的地址和内容。

由于每个取指包都有 8 条 32 位指令字，故中断服务表内的地址以每个地址 20h 增长。

**3. 中断服务取指包(ISFP)**

ISFP 是用于服务中断的取指包，当中断服务程序很小时，可以把它放在一个单独的取指包内，如图 5-10 所示。其中，为了中断结束后能够返回主程序，FP 中包含一条跳转到中断返回指针所指向地址的指令。接着是一条 NOP 5 指令，它使跳转目标能够有效地进入流水线的执行级。若无这条指令，CPU 将会在跳转前执行下一个 ISFP 中的 5 个执行包。

|  |  |
|---|---|
| 000h | RESET ISFP |
| 020h | NMI ISFP |
| 040h | Reserved |
| 060h | Reserved |
| 080h | INT 4 ISFP |
| 0A0h | INT 5 ISFP |
| 0C0h | INT 6 ISFP |
| 0E0h | INT 7 ISFP |
| 100h | INT 8 ISFP |
| 120h | INT 9 ISFP |
| 140h | INT 10 ISFP |
| 160h | INT 11 ISFP |
| 180h | INT 12 ISFP |
| 1A0h | INT 13 ISFP |
| 1C0h | INT 14 ISFP |
| 1E0h | INT 15 ISFP |

图 5-9 中断服务表

取指包

|  |  |
|---|---|
| 0C0h | Instr 1 |
| 0C4h | Instr 2 |
| 0C8h | Instr 3 |
| 0CCh | Instr 4 |
| 0D0h | Instr 5 |
| 0D4h | Instr 6 |
| 0D8h | B IRP |
| 0DCh | NOP 5 |

中断服务表

|  |  |
|---|---|
| 000h | RESET ISFP |
| 020h | NMI ISFP |
| 040h | Reserved |
| 060h | Reserved |
| 080h | INT 4 ISFP |
| 0A0h | INT 5 ISFP |
| 0C0h | INT 6 ISFP |
| 0E0h | INT 7 ISFP |
| 100h | INT 8 ISFP |
| 120h | INT 9 ISFP |
| 140h | INT 10 ISFP |
| 160h | INT 11 ISFP |
| 180h | INT 12 ISFP |
| 1A0h | INT 13 ISFP |
| 1C0h | INT 14 ISFP |
| 1E0h | INT 15 ISFP |

图 5-10 单独的中断取指包

若中断服务程序太长，不能放在单一的 FP 内，则需要跳转到另外的中断服务程序的位置上，如图 5-11 所示。

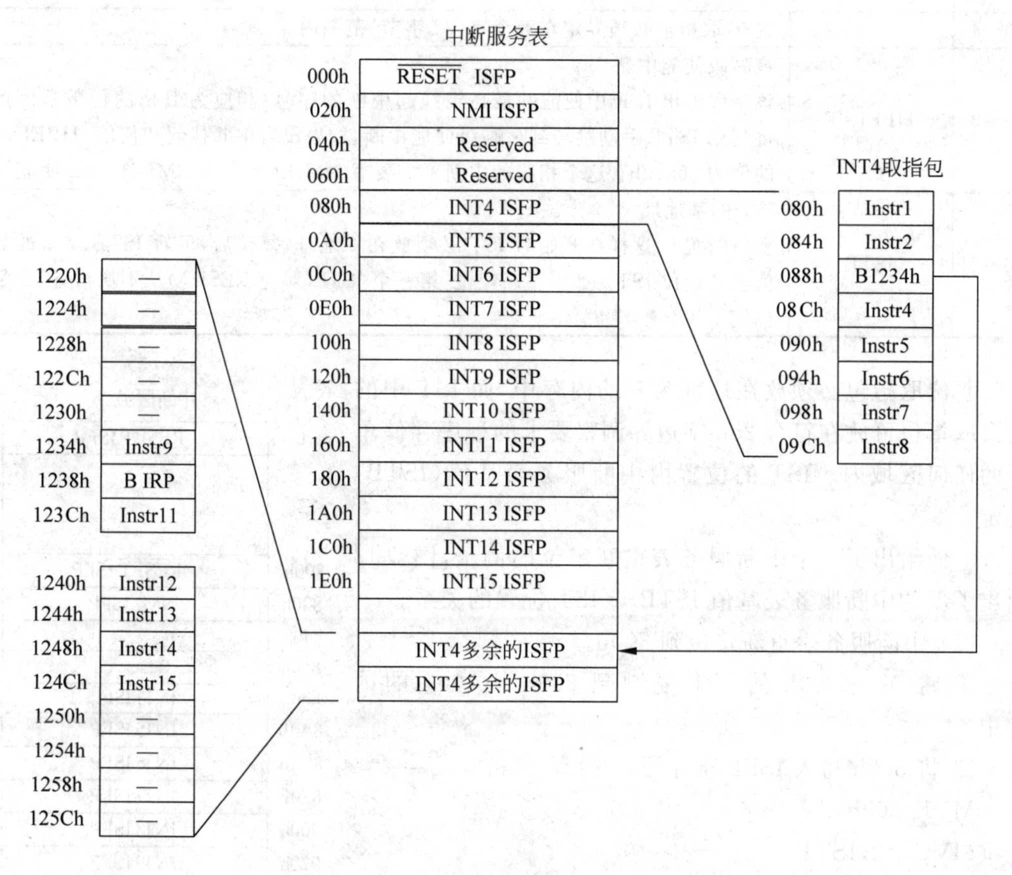

图 5-11 中断服务程序过长时的处理

例如，INT4 的中断服务程序太长而将部分程序放在以地址 1234h 开始的内存内。

在 INT4 的 ISFP 内有一条跳转到 1234h 的跳转指令，因跳转有 5 个延迟间隙，故将 B 1234h 放在了 ISFP 中间，尽管 1220h～1230h 与 1234h 指令并行，但 CPU 不执行 1220h～1230h 内的指令。

**4. 中断服务表指针寄存器(ISTP)**

ISTP 用于确定中断服务程序在中断服务表中的地址。ISTP 中的 ISTB 确定 IST 的地址的基值，HPEINT 确定当前响应的中断，并给出这一特定中断取指包在 IST 中的位置。图 5-12 标出 ISTP 各字段的位置，表 5-5 给出了这些字段的描述。

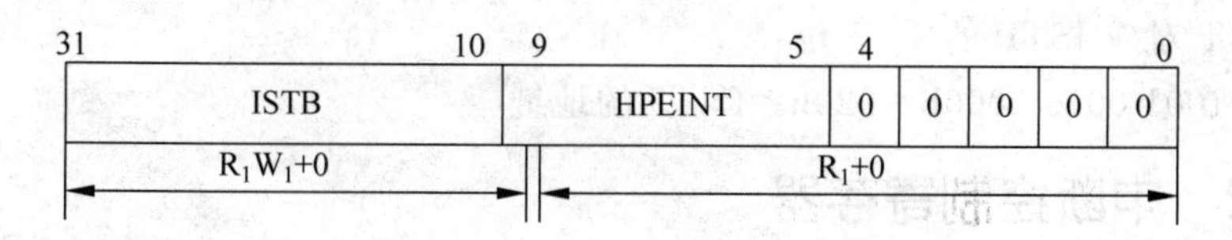

图 5-12 ISTP 格式描述

表 5-5　ISTP 字段描述

| 字段 | 字段名称 | 描　述 |
| --- | --- | --- |
| 0～4 | | 置 0，取指包必须界定在 8 个字(32 字节)范围内 |
| 5～9 | HPEINT | 最高级使能中断<br>该字段给出 IER 中使能的最高级挂起中断的序号(相应为 IFR 的位数)，因此可利用 ISTP 手动跳转到最高级使能中断，如果没有中断挂起和使能，HPEINT 的值为 00000b。这个相应的中断不需要靠 NMIE(除非是 NMI)或 GIE 使能 |
| 10～31 | ISTB | IST 的基地址<br>复位时置 0，这样在开始时 IST 必须放在 0 地址，复位后，可对 ISTB 写新的数值重新定位 IST。如果重新定位，第一个 ISFP(对应 RESET)从不执行，因为复位使 ISTB 置 0 |

复位取指包必须放在地址为 0 的内存中，而 IST 中的其余取指包可放在符合 256 字边界调整要求的程序存储单元的任何区域内。IST 的位置由中断服务表基值(ISTB)确定。

下面给出了一个中断服务表重新定位的例子，图 5-13 给出了新的中断服务表基值 ISTB 与 IST 位置的关系。

(1) 中断服务表重新定位到 800h。

① 将 0h～200h 的 IST 复制到 800h～A00h 的内存中。

② 将 800h 写入 ISFP 寄存器：

MVK 800h,A2

MVC A2,ISTP

ISTP＝800h＝1000 0000 0000b

(2) 重新定位的 ISP 中，ISTP 如何将 CPU 指向正确的 ISFP。

① 假设：

IFR＝BBC0h＝1011 1011 1100 0000b
IER＝1230h＝0001 0010 0011 0001b

② 启用中断等待：INT9 和 INT12。

在 IFR 中 1S 表明等待中断；在 IER 中 1S 表明中断已启用。与 INT12 相比 INT9 具有更高的优先级，所以 HPEINT 被编码为 INT9 的值，即 01001b。

HPEINT 对应 ISTP 的 9～5 位：

ISTP＝1001 0010 0000b＝920h＝INT9 的地址

| 地址 | 中断服务表 |
| --- | --- |
| 0 | RESET ISFP |
| | |
| 800h | RESET ISFP |
| 820h | NMI ISFP |
| 840h | Reserved |
| 860h | Reserved |
| 880h | INT4 ISFP |
| 8A0h | INT5 ISFP |
| 8C0h | INT6 ISFP |
| 8E0h | INT7 ISFP |
| 900h | INT8 ISFP |
| 920h | INT9 ISFP |
| 940h | INT10 ISFP |
| 960h | INT11 ISFP |
| 980h | INT12 ISFP |
| 9A0h | INT13 ISFP |
| 9C0h | INT14 ISFP |
| 9E0h | INT15 ISFP |

图 5-13　ISTB 与 IST 位置关系

## 5.2.2 中断控制寄存器

TMS320DM6437 芯片控制寄存器组中有下列 8 个寄存器涉及中断控制寄存器：

**1. 控制状态寄存器(CSR)**

控制全局使能或禁止中断。该寄存器用于标识一些状态，其中包括全局中断使能、高速缓冲存储器的控制位和其他各种控制位和状态位。在控制状态寄存器中包含控制中断的两个域，即 GIE 和 PGIE。全局中断使能(GIE)允许通过控制单个位的值来使能或禁止所有的可屏蔽中断。GIE＝1 使能可屏蔽中断使之能够进行处理；GIE＝0 禁止可屏蔽中断使之不能处理。PGIE 在中断任务状态寄存器中与 GIE 具有一样的物理地址，PGIE＝1 从中断返回后将启用中断；PGIE＝0 中断返回后禁止中断。CSR 的格式如图 5-14 所示，字段描述如表 5-6 所示。

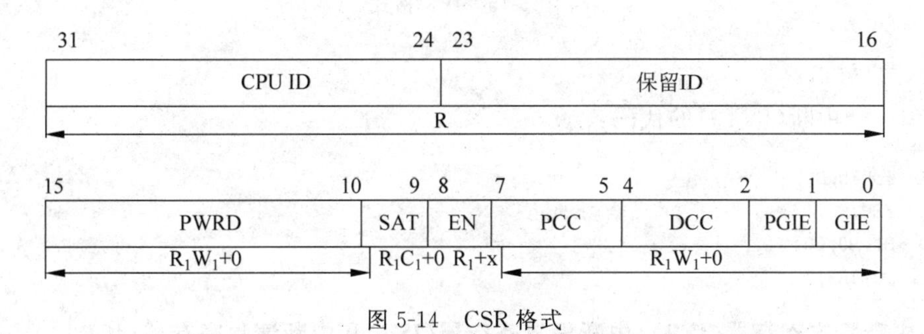


图 5-14　CSR 格式

表 5-6　CSR 字段描述

| 字段 | 字段名称 | 描　述 |
|---|---|---|
| 0 | GIE | 全局中断使能。全局使能或禁止所有的可屏蔽中断<br>GIE＝0，全局禁止可屏蔽中断<br>GIE＝1，全局使能可屏蔽中断 |
| 1 | PGIE | 先前的 GIE，当一个中断发生时，PGIE 保存 GIE 的值，当从中断返回后要使用这个值 |

全局禁用可屏蔽中断的代码：

```
MVC  CSR,B0;
AND  -2,B0,B0;
MVC  B0,CSR;
```

全局使能可屏蔽中断的代码：

```
MVC  CSR,B0;
OR   1,B0,B0;
MVC  B0,CSR;
```

**2. 中断使能寄存器(IER)**

该寄存器用于标识某个中断是使能还是禁止。使能或禁止单一的中断处理，在用户模式下无法访问 IER，格式如图 5-15 所示。IER 的最低位对应于复位，只可读不可写，复位总能被使能；NMIE＝0 时，禁止所有非复位中断；NMIE＝1 时，GIE 和相应的 IER 位一起控制 INT15～INT4 中断使能。对 NMIE 写 0 无效，只有复位或 NMI 发生时它才清 0；NMIE 置 1 靠执行 B NRP 指令和写 1 完成。

使能一个中断(INT9)的代码：

```
MVK  200h,B1;
MVC  IER,B0;
OR   B1,B0,B0;
```

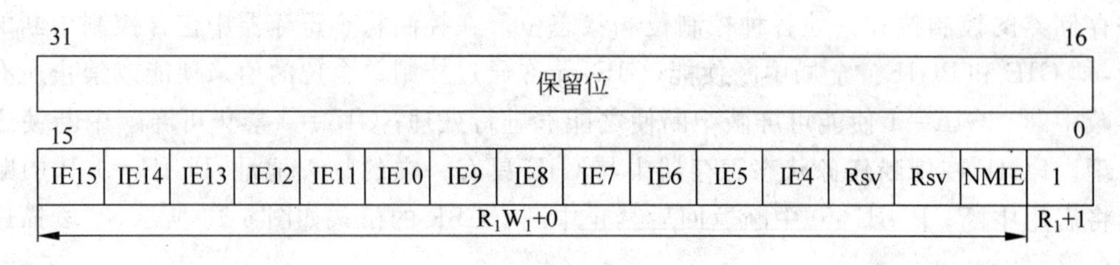


图 5-15 IER 格式

```
MVC  B0,IER;
```

禁用一个中断(INT9)的代码：

```
MVK  FDFFh,B1;
MVC  IER,B0;
AND  B1,B0,B0;
MVC  B0,IER;
```

**3. 中断标志寄存器(IFR)、中断设置寄存器(ISR)和中断清除寄存器(ICR)**

该寄存器用于显示中断标志。给出有中断请求但尚未得到服务的中断，存在于等待中断的状态中，包括 INT4～INT15 和不可屏蔽中断的状态。发生中断时，在 IFR 相应的每个位设置为 1，否则清除相应的位为 0。如果想要检查中断的状态，可以用 MVC 指令读 IFR。图 5-16 所示为中断 IFR 寄存器的格式。

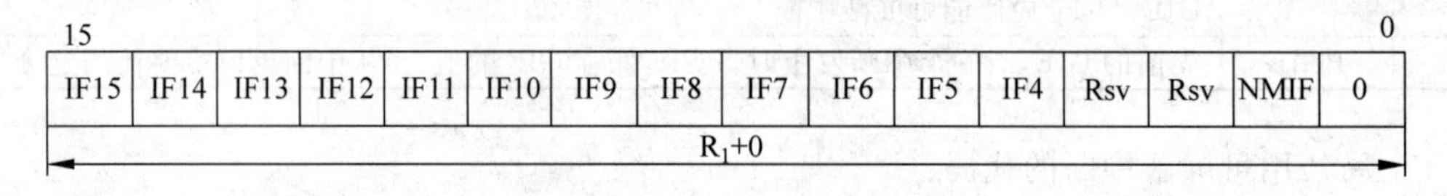


图 5-16 IFR 格式

设置一个中断(INT6)并读标志寄存器的代码：

```
MVK  40h,B3
MVC  B3,ISR
NOP
MVC  IFR,B4
```

清除一个中断(INT6)并读标志寄存器的代码：

```
MVK  40h,B3
MVC  B3,ICR
NOP
MVC  IFR,B4
```

**4. 中断设置寄存器(ISR)**

人工设置 IFR 中的标志位，使用它手动清除 IFR 中的可屏蔽中断(INT15～INT4)。该寄存器用于标识是否允许软件控制来设置中断。将 1 写入 ICR 中的任意位将导致 IFR 中相应的中断标志被清除；相反，将 0 写入则无影响。传入中断具有优先级，并覆盖所有对 ICR 的写入。此外，不能设置 ICR 中的任何位来影响 NMI 和 RESET。ISR 的格式如图 5-17 所示。

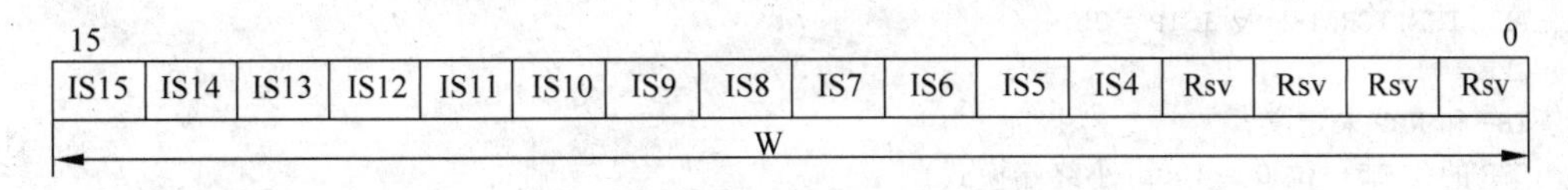


图 5-17　ISR 格式

**5. 中断清零寄存器(ICR)**

人工清除 IFR 中的标志位,使用它手动完成中断处理。该寄存器用于标识是否允许软件来清除中断。ICR 的格式如图 5-18 所示。

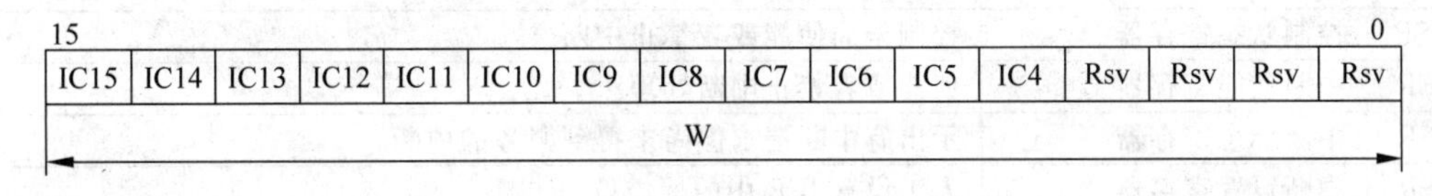


图 5-18　ICR 格式

另外,ISR 和 ICR 可用程序设置和清除 IFR 中的可屏蔽中断位,设置和清除操作不影响 NMI 和复位。

**6. 不可屏蔽中断返回指针寄存器(NRP)**

NRP 保存从不可屏蔽中断返回时的指针,该指针引导 CPU 返回到原来程序执行的正确位置。当 NMI 完成服务时,为返回到被中断的原程序中,在中断服务程序末尾必须安排一条跳转到 NRP 指令(B NRP)。

NRP 是一个 32 位可读写的寄存器,在 NMI 产生时,它将自动保存被 NMI 打断而未执行的程序流程中第 1 个执行包的 32 位地址。因此,虽然可以对这个寄存器写值,但任何随后而来的 NMI 中断处理将刷新该写入值。

从 NMI 返回的代码:

```
B    NRP;
NOP  5;    延迟间隙
```

**7. 可屏蔽中断返回指针寄存器(IRP)**

IRP 保存从可屏蔽中断返回时的指针,该指针引导 CPU 返回到原来程序执行的正确位置。当可屏蔽中断完成服务时,为返回到被中断的原程序中,在中断服务程序末尾必须安排一条跳转到 NRP 指令(B IRP)。

IRP 是一个 32 位可读写的寄存器,在可屏蔽中断产生时,它将自动保存被可屏蔽中断打断而未执行的程序流程中第 1 个执行包的 32 位地址。因此,虽然可以对这个寄存器写值,但任何随后而来的可屏蔽中断处理将刷新该写入值。

从一个可屏蔽中断返回的代码:

```
B    IRP;
NOP  5;    延迟间隙
```

**8. 中断-复位状态**

表明复位后 CPU 的状态。

复位后,控制寄存器及控制位的中值如下:

```
AMR,ISR,ICR,IFR 及 ISTP = 0h;
IER = 1h;
IRP 和 NRP 未定义;
CSR 的位 15～位 0 = 100h(小终端模式)
                 = 000h(大终端模式)
```

中断控制寄存器描述如表 5-7 所示。

表 5-7 中断控制寄存器描述

| 缩写 | 名 称 | 描 述 |
|---|---|---|
| CSR | 控制状态寄存器 | 控制全局使能或者禁止中断 |
| IER | 中断使能寄存器 | 使能或者禁止中断处理 |
| IFR | 中断标志寄存器 | 示出有中断请求但尚未得到服务的中断 |
| ISR | 中断设置寄存器 | 人工设置 IFR 中的标志位 |
| ICR | 中断清零寄存器 | 人工清除 IFR 中的标志位 |
| ISTP | 中断服务表指针 | 指向中断服务表的起始地址 |
| NRP | 不可屏蔽中断返回指针 | 包含从不可屏蔽中断返回的地址,该中断返回通过 B NRP 指令完成 |
| IRP | 中断返回指针 | 包含从可屏蔽中断返回的地址,该中断返回通过指令 B IRP 完成 |

### 5.2.3 中断响应过程

根据 TMS320DM6437 的中断机制,可以把中断分为三部分:中断请求、中断检查和中断响应。中断请求指中断源发出中断请求,如果中断处于开启状态以及该中断标志位使能,则处理器对该中断做出相应处理,否则忽略此次中断请求。通过中断检查,如果没有中断正在处理或者正在处理的中断的优先级比较低,则处理器对当前的中断请求做出响应,处理器会立刻跳转执行该中断任务。需要完成的工作是保存上下文,并将 PC 的值改为中断程序的入口地址。

TMS320DM6437 支持处理多个中断请求。当有一个中断正在执行的时候,如果产生了一个优先级更高的中断请求,这时处理器便会去响应优先级比较高的中断请求;如果中断请求的优先级比较低,则该中断请求被挂起,直到高优先级的中断执行完毕后才执行。

**1. 中断请求**

若有多个中断源,CPU 就需要判断其优先级:先响应优先级别高的中断请求;高优先级中断请求信号可中断低优先级中断服务。

**2. 中断响应**

CPU 要响应中断需要满足以下条件:无同级或高级中断正在服务;当前指令周期结束;若现行指令是 RETI、RET 或者访问 IE、IP 指令,则需要执行到当前指令及下一条指令方可响应。

响应过程:置位中断优先级有效触发器,关闭同级和低级中断;调用入口地址,断电入栈;进入中断服务程序。

**3. 中断处理**

中断处理就是在确认中断后,执行中断服务程序,从中断入口地址开始执行,直到返回指令为止。一般包括:保护现场;执行中断服务程序;恢复现场。用户根据要完成的任务编写中断服务程序,要注意将主程序中的需要保护的寄存器内的内容进行保护。保护和恢复现场可以通过堆栈操作或切换寄存器组完成。

**4. 中断返回**

中断返回是指中断服务完成后,CPU 返回到原程序的断点,继续执行原来的程序,通过中断执行指令 RETI 来实现。

中断响应的过程可以用图 5-19 所示的流程图来说明。

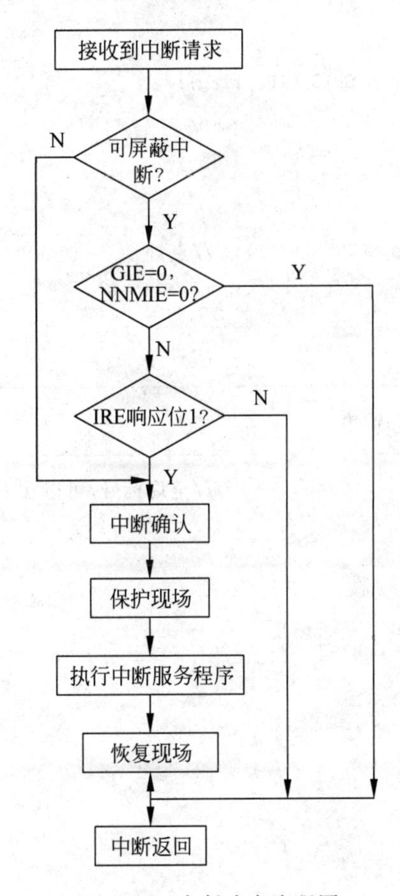


图 5-19　中断响应流程图

## 5.2.4　中断嵌套

中断嵌套是指中断系统正在执行一个中断服务时,如果事先设置了中断优先级寄存器 IP,那么另一个优先级更高的中断提出中断请求时发生中断嵌套,这时会暂时终止当前正在执行的级别较低的中断源的服务程序,去处理级别更高的中断源,待处理完毕,再返回到被中断了的中断服务程序继续执行;如果没有设置 IP,则不会发生任何嵌套。如果有同一优先级的中断触发,它并不是在"不断地申请",而是将它相应的中断标志位置即 IE 寄存器的某位置位,当 CPU 执行完当前中断之后,按照查询优先级重新去查询各个中断标志位,进入相应中断。这种允许被"嵌套"的中断服务程序在软件上需要做额外的处理,中断服务函数开头首先得保存原始的中断返回指针 IRP 或 NRP、中断使能寄存器 IER 以及控制状态寄存器 CSR,一般保存在堆栈中,随后可以按要求重新设置 IER,使能比当前中断优先级更高的中断,关闭低优先级的中断;然后重新开启全局中断,这之后的代码就可以被中断嵌套。

## 5.2.5 中断向量程序

```
interrupt void c_int14(void)                    //中断服务程序
{
   if(flag == 0)
   {
        GPIO_pinWrite(Hgpio,GPIO_PIN3,flag);
        flag = 1;
   }
   else
   {
      GPIO_pinWrite(Hgpio,GPIO_PIN3,1);  //点灯
      flag = 0;
   }
}
* ----------------------------------------------------------------------------
* 定义全局变量,并从此文件输出
* ----------------------------------------------------------------------------
.global _vectors                                //全局标号,可以在别处使用
.global _c_int00
.global _vector1
.global _vector2
.global _vector3
.global _vector4
.global _vector5
.global _vector6
.global _vector7
.global _vector8
.global _vector9
.global _vector10
.global _vector11
.global _vector12
.global _vector13
.global _c_int14; Hookup the c_int14 ISR in main()
.global _vector15
* ----------------------------------------------------------------------------
* 某些全局变量在本文件引用,但在别处定义
* 注意中断服务例程需在此引用
* ----------------------------------------------------------------------------
.ref _c_int00                                   //相当于 extern,在这里引用,在别处定义
* ----------------------------------------------------------------------------
* 该宏展示了中断服务表中的一个入口
* ----------------------------------------------------------------------------
VEC_ENTRY .macro addr                           //定义中断向量入口地址
STW B0, * -- B15;保存 B0 内容,中断产生后执行的第一条指令
```

```
MVKL addr,B0;
MVKH addr,B0;                                //把地址装入 B0
B B0;跳转至 B0 中存储的地址
LDW *B15++,B0;恢复 B0 内容; 由于 C6000 流水线的原因,跳转后仍可以执行多条指令
NOP 2
NOP
NOP
.endm
 * ------------------------------------------------------------------------
 * 该示例中断服务程序用于初始化 IST
 * ------------------------------------------------------------------------
_vec_dummy:未定义中断服务程序
B B3;其他没有定义的中断跳转至 B3 存储的地址
NOP 5
 * ------------------------------------------------------------------------
 * 以下是真正的中断向量表,并在.text: vecs 中给出
 * 如果读者不在连接命令文件中明确指出章节,将会默认连接到.text 处
 * 另外,需设置 ISTP 寄存器指向该表
 * ------------------------------------------------------------------------
.sect ".text:vecs";定义段
.align 1024;1024 字节对边界对齐
_vectors:
_vector0: VEC_ENTRY _c_int00;RESET 跳转到_c_int00 , _c_int00 是 C 语言程序的入口
_vector1: VEC_ENTRY _vec_dummy;NMI
_vector2: VEC_ENTRY _vec_dummy;RSVD
_vector3: VEC_ENTRY _vec_dummy; 所有未定义中断均跳转到同一地址
_vector4: VEC_ENTRY _vec_dummy
_vector5: VEC_ENTRY _vec_dummy
_vector6: VEC_ENTRY _vec_dummy
_vector7: VEC_ENTRY _vec_dummy
_vector8: VEC_ENTRY _vec_dummy
_vector9: VEC_ENTRY _vec_dummy
_vector10: VEC_ENTRY _vec_dummy
_vector11: VEC_ENTRY _vec_dummy
_vector12: VEC_ENTRY _vec_dummy
_vector13: VEC_ENTRY _vec_dummy
_vector14: VEC_ENTRY _c_int14; Hookup the c_int14 ISR in main() 定时中断向量
_vector15: VEC_ENTRY _vec_dummy
```

## 本章小结

本章一方面详细讲解了 TMS320DM6437 的流水线操作,包括流水线的具体流程、指令和存储器对流水线性能的影响和解决方案；另一方面叙述了 DSP 的中断系统,包括基础知识、中断控制寄存器和中断响应过程,并简要介绍了中断嵌套和中断向量程序。

## 思考与练习题

1. 请简述流水线原理。
2. 说明可屏蔽中断的响应过程和中断被响应后的操作。
3. 中断向量表的作用是什么？如何设置中断向量表？
4. INTR 中断和 NMI 中断有什么区别？
5. 在中断服务程序的入口处，为什么常常使用开中断指令？
6. CPU 满足什么条件时能够响应可屏蔽中断？

# 第6章 CHAPTER 6 TMS320DM6437主机接口与多通道缓冲串口

## 6.1 主机接口

### 6.1.1 HPI概述

通用主机接口(HPI)是一个与主机通信的高速并行接口,外部主机掌管该接口的主要控制权。在TMS320C64x系列DSP中,主机接口HPI是一个16/32位宽度的并行端口。通过它可以实现一个外部主控制器同TMS320C643x系列DSP器件之间的通信,能够直接访问DSP的存储空间。以PC机作为主机,通过PC的ISA总线与DHP的HPI主机接口连接作为传输通道,实现对PC机ISA插卡上的DSP芯片进行实时在线程序的装载。HPI与主机的连接是通过DMA/EDMA控制器来实现的,即主机不能直接访问CPU上的存储空间,需要借助HPI,使用DMA/EDMA的附加通道,才能完成对DSP存储空间的访问。主机和CPU都可以访问HPI控制寄存器(HPIC),主机一方还可以访问HPI地址寄存器(HPIA)以及HPI数据寄存器(HPID)。对于TMS320C64×系列,CPU还可以访问HPIA寄存器。

不同型号的器件配置不同的HPI口,可分为HPI8(8位标准HPI接口、8位增强型HPI接口)和HPI16(16位增强型HPI接口)。HPI主机由HPI存储器(DARAM)、HPI地址寄存器(HPIA)、HPI数据锁存器(HPID)、HPI控制寄存器(HPIC)和HPI控制逻辑五个部分组成。

(1) HPI存储器(DARAM):HPI RAM主要用于DSP与主机之间传送数据,也可以用作通用的双寻址数据RAM或程序RAM。

(2) HPI地址寄存器(HPIA):它只能由主机对其直接访问,该寄存器中存放着当前寻址的HPI存储单元的地址。

(3) HPI数据锁存器(HPID):它也只能由主机对其直接访问。如果当前进行读操作,则HPID中存放的是要从HPI存储器中读出的数据;如果当前进行写操作,则HPID中存放的是将要写到HPI存储器的数据。

(4) HPI控制寄存器(HPIC):DSP和主机都能对其直接访问。

(5) HPI控制逻辑:用于处理HPI与主机之间的接口信号。

表6-1为不同芯片的HPI接口对比。

**表 6-1　不同芯片的 HPI 接口对比**

| 接口特征 | C62x/C67x | | C64x | |
|---|---|---|---|---|
| | C620x/C670x | C621x/C671x | C64x HPI16 | C64x HPI32 |
| 数据总线长度 | 16bit | 16bit | 16bit | 32bit |
| 字节使能引脚/HBE[0:1] | 有 | 无 | 无 | 无 |
| 半字指示 HHWIL 信号 | 使用 | 使用 | 使用 | 不使用 |
| 访问半字数据 | 支持 | 不支持 | 不支持 | 不支持 |
| 访问 HPIA | 只能主机访问 | 只能主机访问 | 主机或 CPU<br>HPIA 包括 HPIAR 和 HPIAW | 主机或 CPU<br>HPIA 包括 HPIAR 和 HPIAW |
| /HRDY 操作 | 每次访问一个字后无效 | 内部读/写缓存 not ready 时无效 | 与 C621x/C671x 相同 | 与 C621x/C671x 相同 |
| 内部读缓存 | 无 | 有,8 级深度 | 有,16 级深度 | 有,16 级深度 |
| 内部写缓存 | 无 | 有,8 级深度 | 有,32 级深度,内部定时器超时后清空 | 有,32 级深度,内部定时器超时后清空 |

## 6.1.2 HPI 的结构与功能

HPI 接口复用模式连线如图 6-1 所示。

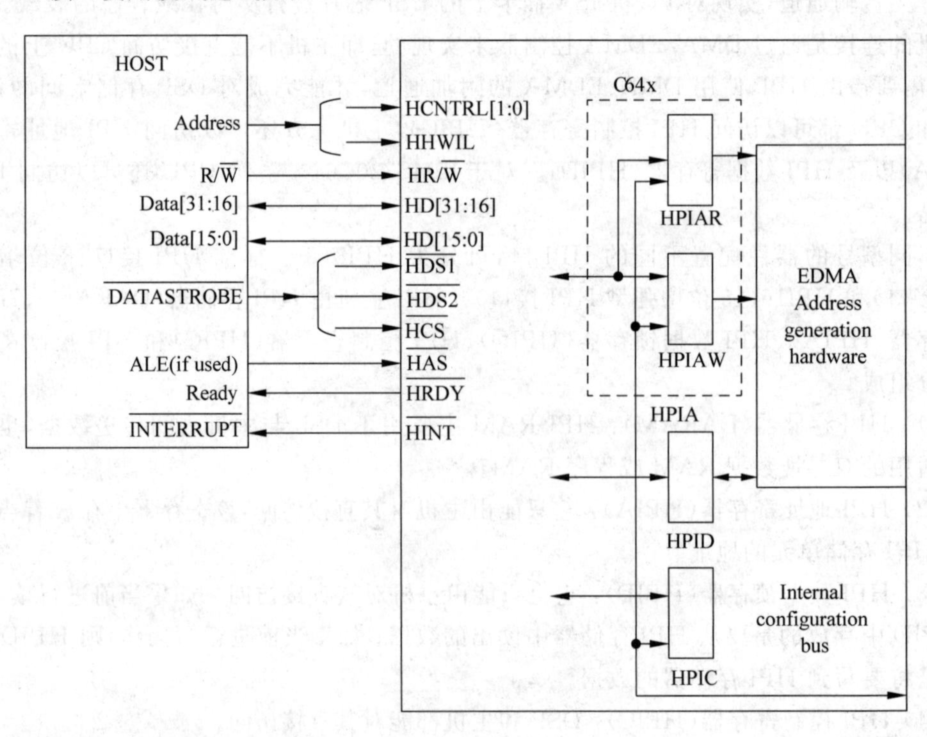


图 6-1　TMS320C64x 外部引脚接口

HPI 各接口信号描述如表 6-2 所示。

表 6-2 HPI 接口信号描述

| 信 号 | 类 型 | 引脚数 | 主机对应信号 | 主机对应信号 |
|---|---|---|---|---|
| HD[15:0]或 HD[31:0] | I/O/Z | 16 或 32 | 数据总线 | |
| HCNTL[1:0] | 1 | 2 | 地址或控制线 | HPI 访问类型控制 |
| HHWIL | 1 | 1 | 地址或控制线 | 确认半字(16bit)输入 |
| /HAS | 1 | 1 | 地址锁存使能(ALE),地址选通,或者不用 | 对复用地址/数据总线的主机,区分地址和数据 |
| /HBE[1:0] | 1 | 2 | 字节使能 | 写数据字节使能 |
| HR/#W | 1 | 1 | 读/写选通 | 读/写选通 |
| /HCS | 1 | 1 | 地址或控制总线 | 输入数据选通 |
| /HDS[1:2] | 1 | 1 | 读选通,写选通,数据选通 | 输入数据选通 |
| /HRDY | 0 | 1 | 异步 ready 信号 | 当前访问 HPI 状态准备好 |
| /HINT | 0 | 1 | 主机中断输入 | 向主机发出的中断信号 |

注:C64x 仅在 HPI16 模式下有 HHWIL 信号。

HPI 引脚由以下几个部分组成。

(1) HD[15:0]或 HD[31:0]:在复用模式下,数据线的宽度一般为 CPU 位宽的一半,一个 HPI 访问分为高低半字的两次访问,如 TMS320C5000 是 16-bit CPU,HPI 数据线为 8 位,TMS320C6000 是 32-bit CPU,其 HPI 数据线为 16 位。TMS320C64x 系列的 HPI 支持 32 位,在 32 位模式下,一个 HPI 访问不需要分为高低半字两次访问。

(2) HCS:HPI 片选信号。作为 HPI 的使能输入端,在每次寻址期间必须为低电平,而在两次寻址之间也可以停留在低电平。

(3) HAS:地址选通信号,此信号用于主机的数据线和地址线复用的情况。不用时此信号应接高。

(4) HBIL:字节识别信号,用于识别主机传送过来的第一个字节还是第二个字节。当 HBIL=0 时为第一个字节,HBIL=1 时为第二个字节。

(5) HCNTL0、HCNTL1:主机控制信号,用来选择主机所要寻址的寄存器。当 HCNTL0/HCNTL1 为 00 时,表明主机访问 HPIC;当为 01 时,表明主机访问用 HPIA 指向的 HPID,每读一次,HPIA 事后增加 1,每写一次,HPIA 事前增加 1;当为 10 时,表明主机访问 HPIA;当为 11 时,表明主机访问 HPID,而 HPIA 不受影响。

(6) HDS1、HDS2:数据选通信号,在主机寻址 HPI 周期内控制数据的传送。

(7) HINT:HPI 中断输出信号,受 HPIC 中的 HINT 位控制。通过 HPI,主机与 DSP 之间可以互发中断。HINT 是 HPI 送给主机的中断信号,DSP 对 HPIC[HINT]位写 1,HINT 信号线上送出高电平信号,主机可利用此信号作为中断信号输入。DSP 不能清除 HPIC[HINT]状态,主机在响应中断后,需要对 HPIC[HINT]位写 1 清除状态,DSP 才能再次对 HPIC[HINT]置位发中断。主机通过写 HPIC[DSPINT]置 1 给 DSP 产生中断,DSP 在响应中断后,需要对 HPIC[DSPINT]写 1 清除状态,主机才能继续操作 HPIC[DSPINT]给 DSP 发中断。通过 HPI 传输数据,结合互发中断作为软件层的握手信号,可有效提高通信的效率与灵活性。

(8) HRDY：HPI 准备好端。高电平表示 HPI 已准备好执行一次数据传送；低电平表示 HPI 正忙于完成当前事务，用于连续高速主机。

(9) HR/W：HPI 读写信号。高电平表示主机要读 HPI，低电平表示写 HPI。

(10) HPIENA：HPI 允许信号，若系统选中 HPI 则将它连到高电平，否则悬空或接低电平。

(11) ALE：存在于地址数据线复用的主机上用来指示地址信号周期，这种总线复用的主机很少见，所以通常将 ALE 固定上拉处理，只用 HSTROBE(HDS1、HDS2 和 HCS)采样控制信号。

主机访问 HPI 的一个字包括两个步骤：首先访问第一个字节，此时 HBIL 为 0；然后访问第二个字节，此时 HBIL 为 1；这两步组成一个访问单元。这个访问单元不可被拆开或颠倒，不管当前访问的是 HPIA、HPIC 还是 HPID。

## 6.1.3 HPI 的读/写时序

在当前的访问操作过程中，主机 CPU 应该监测引脚上的电平信号，看 DSP 是否完成上一次操作访问。DSP 同样根据是否使用引脚来决定锁存控制信号的时序，而如果引脚不使用$\overline{\text{HAS}}$(接高电平)，则在内部信号的下降沿将会锁存控制信号，如图 6-2 和图 6-4 所示；反之如果引脚使用$\overline{\text{HAS}}$，则在下降沿将会锁存控制信号，如图 6-3 和图 6-5 所示。

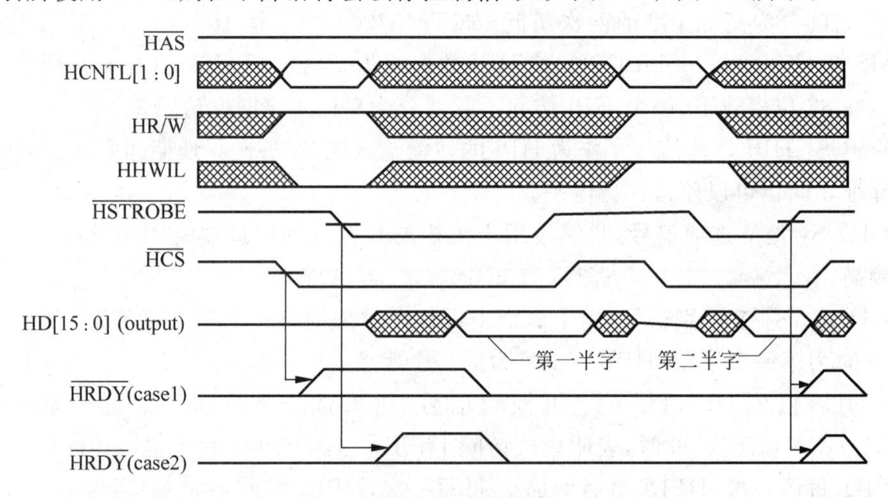


图 6-2 HPI 读时序(没有用到$\overline{\text{HAS}}$信号，固定接高电平)

在如图 6-2 所示的时序中，当内部信号$\overline{\text{HSTROBE}}$下降沿出现之后，数据总线上的数据将会出现。

而在固定地址模式 HPI 读操作(NCNTL[1:0]=11b)的情况下，HPI 向 EDMA 内部地址产生器发送读请求且$\overline{\text{HRDY}}$成了高电平(忙状态)，这个状态表示在图 6-2 和图 6-3 中。$\overline{\text{HRDY}}$就绪信号一直保持忙状态，直到要加载的数据被加载到 HPID 中。

在每一次写操作过程中，主机 CPU 必须要在内部信号$\overline{\text{HSTROBE}}$的上升沿上确定数据总线信号和$\overline{\text{HBE}[1:0]}$。固定地址模式 HPI 写操作(NCNTL[1:0]=11b)和读操作一样；自增地址模式 HPI 写操作(NCNTL[1:0]=10b)和读操作一样，分别如图 6-4 和图 6-5 所示。HPI 接口总线访问时序如图 6-6 所示。

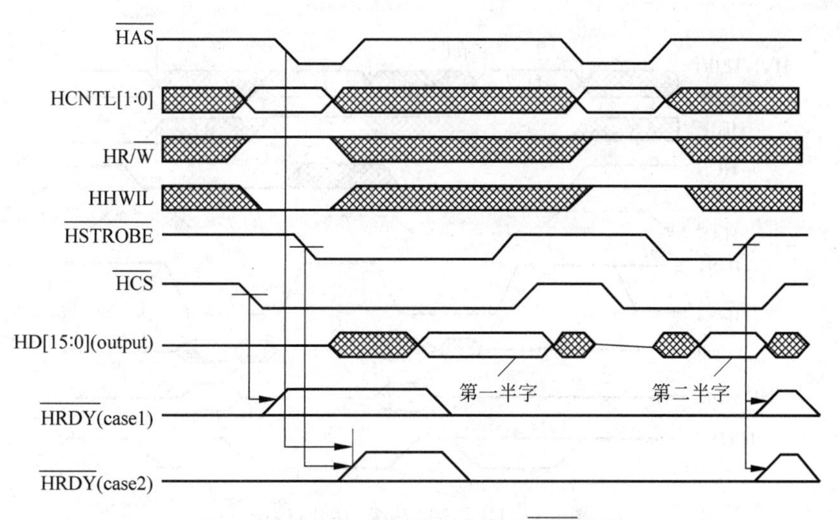


图 6-3　HPI 读时序(接口应用了$\overline{\text{HAS}}$信号)

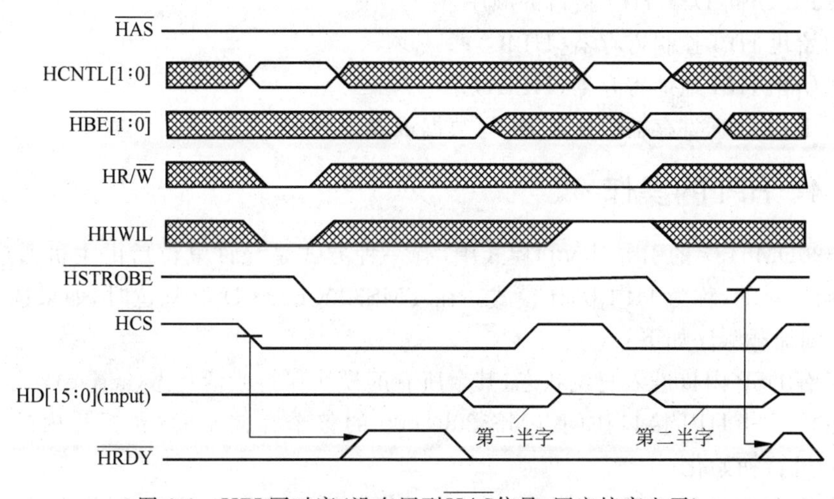


图 6-4　HPI 写时序(没有用到$\overline{\text{HAS}}$信号,固定接高电平)

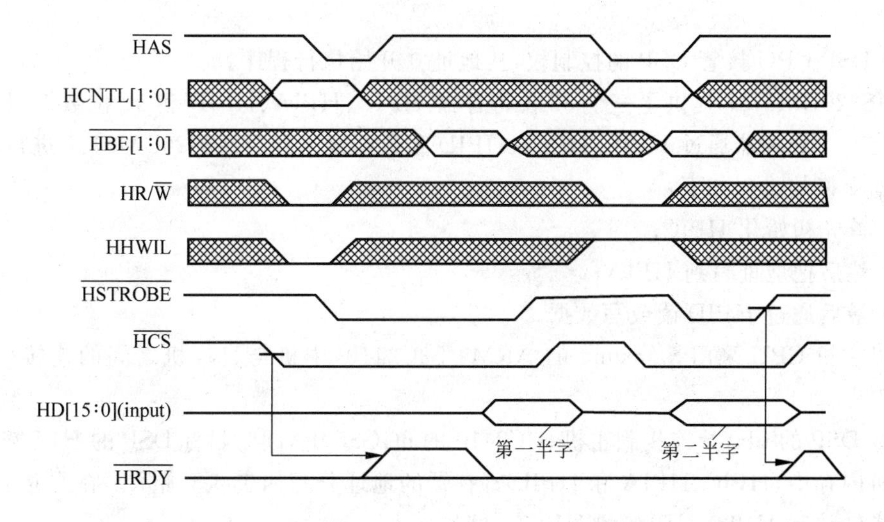


图 6-5　HPI 写时序(接口应用了$\overline{\text{HAS}}$信号)

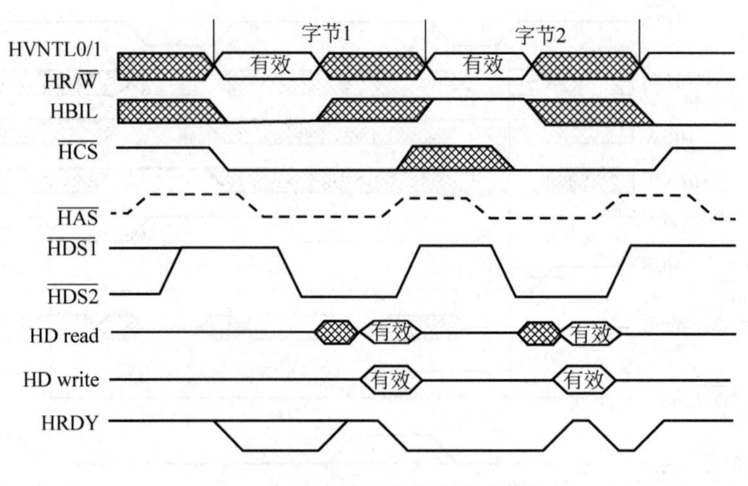


图 6-6　HPI 接口总线访问时序图

主机 CPU 访问 DSP HPI 接口的顺序：

(1) 初始化 HPI 控制寄存器(HPIC)；

(2) 初始化 HPI 地址寄存器(HPIA)；

(3) 从 HPI 数据寄存器(HPID)中写数据或者读数据。

### 6.1.4　HPI 的操作

TMS320DM6437 的引导(boot)模式中，有一种方式是允许复位后由主机通过 HPI 对 DSP 进行初始化的，称为 HPI boot 模式。在 TMS320C6000 DSP 复位时，如果选择了 HPI boot 模式，则加载顺序如下：

(1) 只有 DSP 内核进入复位状态，其余所有的模块保持激活状态(active)；

(2) 主机通过 HPI 接口访问 TMS320C6000 的整个存储空间(包括片内的外设寄存器)，对它们进行初始化；

(3) 完成有关设置之后，主机向 HPIC 寄存器的 DSPINT 位写 1，将 DSP 从复位状态唤醒；

(4) DSP CPU 接管 DSP 的控制权，从地址 0 开始执行程序。

TMS320DM6437 提供了三个 32 位寄存器 HPIC、HPIA、HPID 和 32 位数据线与主处理器通信。主处理器通过 HPIC、HPIA、HPID 和数据线来与 TMS320DM6437 进行数据交换。数据交换的过程如下：

(1) 首先初始化 HPIC；

(2) 然后把地址写到 HPIA；

(3) 最后通过 HPID 读或写数据。

这里主机 CPU 采用 Samsung 的 ARM9 S3C2410，主机与目标机之间的连接如图 6-7 所示。

目标 DSP 的 nHCS 连接到主机 S3C2410 的 nGCS5 上，同时目标 DSP 的 HPI 寄存器映射到主机内存中，HPIC、HPIA 和 HPID 寄存器的地址分配如表 6-3 所示。在 C 语言中，可以通过指针访问 HPIC、HPIA 和 HPID。例如：

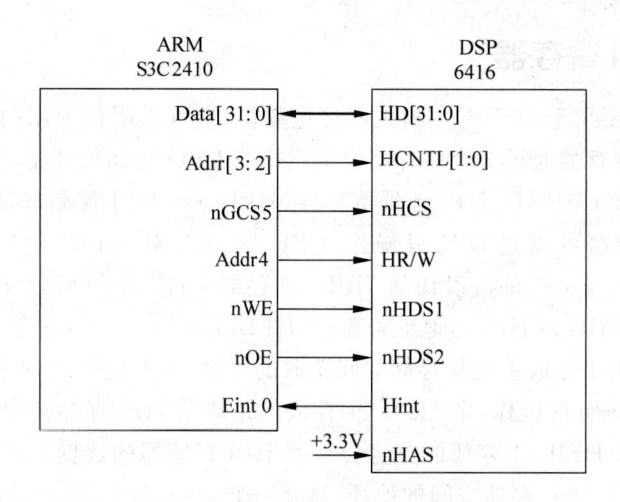


图 6-7　HPI 接口硬件设计原理图

**表 6-3　HPI 寄存器在 MCU CS5 空间的地址映射表**

| HPI 寄存器 | 读 HPI 地址 | 写 HPI 地址 |
|---|---|---|
| HPIC | 0x2800_0010 | 0x2800_0000 |
| HPIA | 0x2800_0014 | 0x2800_0004 |
| HPID(自增) | 0x2800_0018 | 0x2800_0008 |
| HPID | 0x2800_001c | 0x2800_000c |

```
/ * C64xx HPI 映射到 0x28000000 主机地址 * /
#define HPIC_w (x) * (volatile unsigned long * )
0x28000000 = x
#define HPIA_w (x) * (volatile unsigned long * )
0x28000004 = x
#define HPID_auto_w (x) * (volatile unsigned long * )
0x28000008 = x
#define HPID_w (x) * (volatile unsigned long * )
0x2800000c = x
```

主机处理器必须根据.cmd 命令文件把代码装载到 DSP 正确的地址，下面例程是从 DSP 的 0 地址开始加载。

```
void C64xx_write (int * source, int length)
{
int i;
HPIC_w(0);
HPIA_w(0);
for(i = 0;i < length; i++)
{
/ * 以后增的方式写入 HPID * /
HPID auto_w ((int) * source++);
}
}
```

### 6.1.5 HPI寄存器

HPI寄存器主要用于DSP与主机之间传送数据，也可以用作通用的双寻址数据RAM或程序RAM。该寄存器通过3个寄存器完成主机与CPU之间的通信，这3个寄存器分别是：HPI数据寄存器(HPID)、HPI地址寄存器(HPIA)和HPI控制寄存器(HPIC)。主机对于这3个寄存器都可以进行读写操作，CPU则只能对HPIC单独进行访问。对于TMS320C64x，CPU和主机都可以访问HPIA寄存器。HPIA内部分成2个寄存器：HPI读地址寄存器(HPIAR)和HPI写地址寄存器(HPIAW)。

HPID寄存器用于存放主机从存储空间读取的数据，或是主机要向DSP存储空间写入的数据。如果当前进行读操作，则HPID中存放的是要从HPI存储器中读出的数据；如果当前进行写操作，则HPID中存放的是将要写到HPI存储器的数据。HPIA寄存器用于存放当前主机寻址访问DSP存储空间的地址，这是一个30位的值，也就是说该地址是一个字地址，它的最低2位固定为0。HPIC寄存器字长为32位，但高16位和低16位对应于同一个物理存储区，因此高16位和低16位的内容一致。写HPIC时，也必须保证写入数据的高16位和低16位的内容一致。

HPI控制寄存器(HPIC)对HPI的工作模式进行控制，HPIC必须在进行HPI访问前由主机初始化。当主机要随机访问HPI RAM时，必须先发送一个地址到HPIA(HPI地址寄存器)，然后访问该地址所指向的RAM单元。当主机需要连续访问一段HPI RAM时，则需要发送该段首地址到HPIA，然后以地址自增的方式访问。这时候主机每访问完一个存储单元后HPIA自动指向下一个单元。主机可以通过置位HPIC中的DSPINT位来中断DSP芯片，DSP芯片也可以通过置位HPIC中的HINT位来中断主机，此时HPI的引脚HINT被置位低电平，从而向主机发出中断请求。主机可以通过置位HINT来屏蔽此中断。HPI的数据、控制引脚都是专用的，它保证了HPI和DSP操作的并行性。HPI的引脚在无主机访问时呈高阻态，因此可以直接挂在主机数据总线上，使得硬件电路变得简单。

HPIC中的每一位都有特定的功能，在对HPI进行访问的过程中需要特别注意。下面简要介绍这些功能位的作用。

**1. HWOB(半字顺序位)**

如果HWOB=1，第一个半字为最低有效；如果HWOB=0，第一个半字为最高有效。HWOB对地址和数据都起作用，如果采用HPI16模式，在访问数据或者地址寄存器之前，应该首先初始化HWOB位。

**2. DSPINT**

主机产生的Processor-to-CPU中断，用于HPI启动方式中将DSP内核从复位状态中唤醒。

**3. HINT**

DSP-to-Host中断，即通过向此位写入特定值来产生对主机的中断。

### 6.1.6 HPI的中断申请

HPI的中断申请是由/HINT引脚向主机的/INTERRUPT引脚发出中断信号来实现的。HPI有以下两种工作方式：

(1) 共用寻址方式(SAM),这是常用的操作方式。在SAM方式下,主机和DSP都能寻址HPI寄存器,异步工作的主机的寻址可以在HPI内部得到同步。如果DSP与主机的周期发生冲突,主机有优先权。

(2) 仅主机寻址方式(HOM)。在HOM方式下,只能让主机寻址HPI存储器,DSP则处于复位状态或所有内部和外部时钟都停止的IDLE2空转状态(最小功耗状态)。

### 6.1.7　HPI应用实例

在构建主从结构或者多核结构的电路系统中,HPI是一个不错的数据交互方式的选择。而除了作为数据通道之外,HPI还有另一个重要的应用,那就是HPI引导DSP程序。

通常,用CCS(Code Composer Studio)编译DSP软件工程,会生成一个扩展文件名为.out的文件,通过TI公司提供的转换工具,就可以将.out文件转换为十六进制形式的HEX文件或者二进制形式的BIN文件。

生成BIN文件之后,可以将该BIN文件集合到主机CPU的软件工程中,编译进入主机的程序中,并烧写入主机CPU的非易失性存储器中。当电路系统上电之后,主机就会通过HPI接口将DSP的程序写入DSP的内存中,进而引导DSP运行。这样的设计有如下优点:

(1) 省去DSP非易失性存储器的设计;

(2) 在主机CPU中加密,可降低程序被破解的可能性。

在TMS320C64x系列DSP中,主机接口HPI是一个16/32位宽度的并行端口。主机通过HPI接口可以直接访问DSP的存储器空间和DSP片内存储映射的外围设备。HPI与DSP存储空间之间的互联是通过DMA控制器实现的。借助专门的地址和数据寄存器,完成HPI对存储空间的访问。

TMS320DM6437 DSP提供了以下三种引导方式。

(1) 没有自举过程:CPU直接从地址0开始执行代码。

(2) ROM自举:由DMA/EDMA控制器从外部存储器接口EMIFB的ROM中复制固定数量的一段代码到地址0,复制结束后,CPU从地址0开始运行。

(3) HPI自举:由外部主机通过HPI对芯片的存储器空间进行初始化,初始化结束后,外部主机通过HPI中断唤醒CPU,CPU开始从地址0运行。

芯片复位的时候对三种引导方式设置项进行检查。在复位信号RESET信号的上升沿检查设置引脚BOOTMODE状态,自举逻辑开始生效。TMS320C64x EMIFB地址总线上的BEA[19:18]引脚电平决定了引导配置,具体配置描述如表6-4所示。

**表6-4　TMS320DM6437HPI boot配置**

| BOOTMODE | 引导方式 |
| --- | --- |
| 00 | 无 |
| 01 | 主机引导(通过HPI或PCI) |
| 10 | EMIFB8位宽ROM,默认时序 |
| 11 | 保留 |

创建启动代码:实现TMS320DM6437 HPI引导模式的第一步是生成HPI引导的DSP代码。为了操作方便,可以把DSP应用程序转换成头文件,并和主处理器应用程序一起编

译连接。

具体实现分为两步。

(1) 利用转换工具 HEX6x 把 COFF 文件转换成 ASCII-Hex 格式十六进制文件。

利用转换工具 HEX6x 把 COFF 文件转换成十六进制文件，使用转换工具 HEX6x 需要一个. cmd 文件说明具体的转换格式，如下面文件 hexcom. cmd 所示。HEX6x 把 COFF 文件 test. out 转换成 ASCII-Hex 格式的文件：test. hex。test. hex 文件中包含了所要加载的代码段和初始化数据段。

```
test .out
- i
- byte
- image
- memwidth 32
- romwidth 32
- map hex.map
- orderL
ROMS
{EPROM: org = 0x0, length = 0x10000
files = {test.hex}
}
```

(2) 利用自编工具 hex2array. exe 将两个 ASCII-Hex 格式的文件转换成包含数组的头文件。然后利用 hex2array. exe 将 test. hex 转换成数据头文件：code. h。工具 hex2array . exe 为自编工具。在 DOS 命令行中分别执行 hex2array-i，test. hex，code. h。ASCII-Hex 文件格式如下所示：

```
:
2000000000003402A0000006A000003620000000000000000000000000000000000000000A4, …
```

每行前九位是前标，最后两位是校验，其余为代码。转换后的文件格式如下：

```
Const int code _ hex [ ] = 0x0003402A, 0x0000006A, 0x00000362, 0x00000000, 0x00000000,
0x00000000, 0x00000000, 0x00000000, …
```

## 6.2 多通道缓冲串口

### 6.2.1 McBSP 概述

TMS320C64x 的多通道缓冲串行接口(Multichannel Buffered Serial Port，McBSP)是一种功能很强的同步串行接口，具有很强的可编程能力，可以直接配置成多种同步串口标准，直接与各种器件无缝接口。

(1) T1/E1 标准：通信器件。

(2) MVIP 和 ST-BUS 标准：通信器件。

(3) IOM-2 标准：ISDN 器件。

(4) AC97 标准：PC Audio Codec 器件。

(5) IIS 标准：Codec 器件。

(6) SPI：串行 A/D、D/A，串行存储器等器件。

McBSP 多通道缓冲串行接口是在 TMS3320C54x 串行接口的基础上发展出来的，它具有如下功能：

(1) 全双工串行通信。

(2) 允许连续的数据流传输的双缓冲数据寄存器，拥有两级缓冲发送和三级缓冲接收。

(3) 为数据接收和发送提供独立的帧同步脉冲和时钟信号。

(4) 能够与工业标准的编/解码器、模拟接口芯片(AICs)以及其他串行 A/D、D/A 器件转换设备接口直接连接。

(5) 数据传输可利用外部移位时钟或者内部可编程频率移位时钟完成。

(6) 当利用 DMA 为 McBSP 服务时，串行接口数据读写具有自动缓冲能力。

McBSP 还具有以下特点。

(1) 支持以下方式的直接接口连接：TI/EI 帧方式；MVIP 兼容的交换方式和 ST-BUS 兼容设备，包括 MVIP 帧方式、H.100 帧方式和 SCSA 帧方式；IOM-2 兼容设备；AC97 兼容设备；IIS 兼容设备；SPI 设备。

(2) 每个串行接口最多可与多达 128 个通道进行多通道接收和发送。

(3) 支持传输的数据串行字长度可以是 8、12、16、20、24 和 32 位多种。

(4) 支持内置的 $\mu$-律和 A-律数据压缩扩展。

(5) 对于 8 位数据的传输，可以选择 LSB 先传或者 MSB 先传。

(6) 可以编程设置帧同步信号和数据时钟信号的极性。

(7) 高度可编程的内部传输时钟和帧同步信号脉冲，具有相当大的灵活性。

McBSP 主要包括以下几组功能引脚。

(1) 位-时钟：CLKX、CLKR。

(2) 帧同步信号：FSX、FSR。

(3) 串行数据流：DR、DX。

McBSP 为同步串行通信接口，其协议包含以下几点。

(1) 串行数据起始时刻：称为帧同步事件，帧同步事件由位时钟采样帧同步信号给出。

(2) 串行数据流长度：串行传输的数据流达到设定的长度后，便结束本次传输，并等待下一个帧同步信号的到来，再发动另一次传输。

(3) 串行数据传输速度：即每一个串行位的传输时间，由位时钟决定。

(4) FSR(FSX)、CLKR(CLKX)和 DR(DX)三者之间的关系，即它们如何取得帧同步事件、何时采样串行数据位流、何时输出串行数据位流是可以控制的。通过配置 McBSP 的寄存器就可以实现上述目的。

## 6.2.2 McBSP 结构与对外接口

每一个 McBSP 接口包括 23 个映射到 DSP 数据空间的寄存器。McBSP 接口工作的控制由向这些寄存器写入合适的数据来实现；McBSP 接口的工作状态由从这些寄存器读出的数据来获得。McBSP 接口工作控制的主要内容包括以下方面：内部时钟的产生、帧同步信号的产生、每帧中包含数据路数的选择、每路中包含的数据位数的选择以及中断和事件触发信号的产生等。

McBSP 的结构如图 6-8 所示。

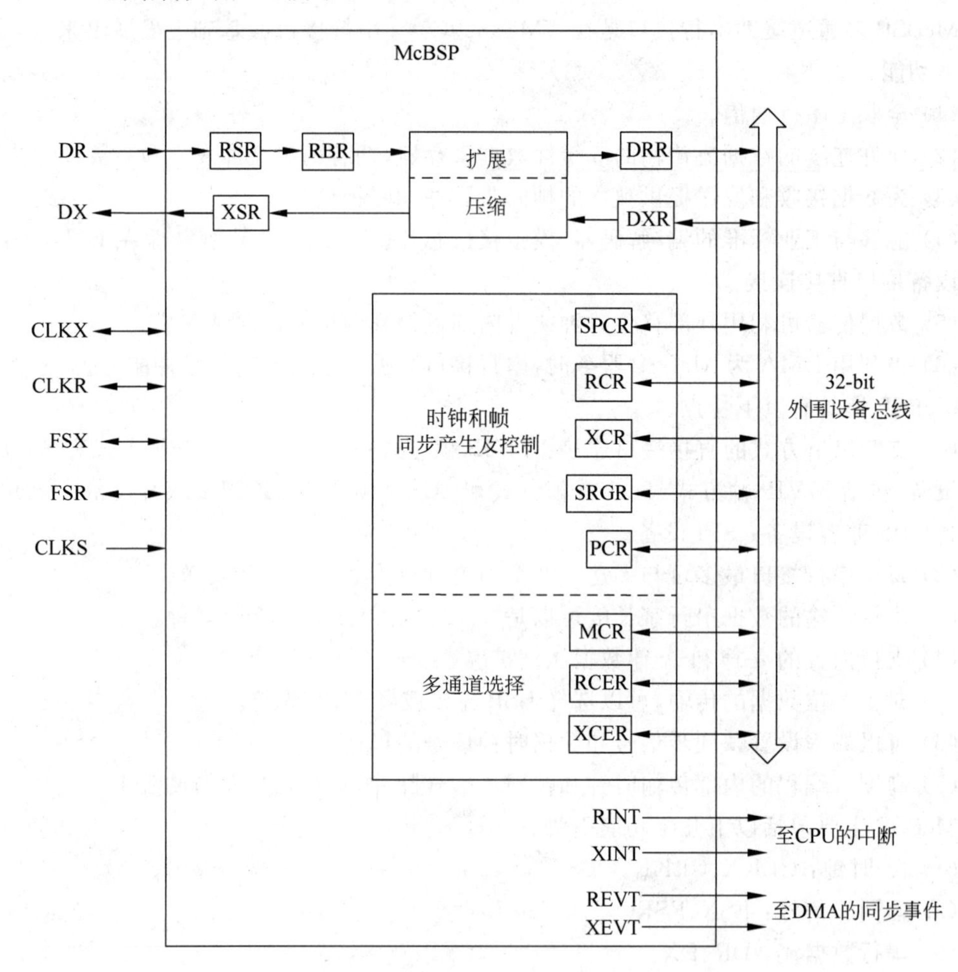


图 6-8 McBSP 结构框图

McBSP 有关的引脚信号如表 6-5 所示。

**表 6-5 McBSP 接口信号**

| 引　脚 | I/O/Z | 说　明 |
|---|---|---|
| CLKR | I/O/Z | 接收时钟 |
| CLKX | I/O/Z | 发送时钟 |
| CLKS | I | 外时钟 |
| DR | I | 串行数据接收 |
| DX | O/Z | 串行数据发送 |
| FSR | I/O/Z | 接收帧同步 |
| FSX | I/O/Z | 发送帧同步 |

## 6.2.3 McBSP 寄存器

McBSP 寄存器通过使用串口控制寄存器(SPCR)和引脚控制寄存器(PCR)来配置串口,采用子地址寻址方式。McBSP 通过复接器将一组子地址寄存器复接到存储器映射的一个位置上。复接器由子块地址寄存器(SPSAx)控制。子块数据寄存器(SPSAx)用于指定子地址寄存器中数据的读/写。这种方法的好处是可以将多个寄存器映射到一个较小的存储器空间。所有 McBSP 的控制寄存器及存储映射地址如表 6-6 所示。McBSP 控制寄存器只能通过外部设备总线来进行访问。用户应该在改变串口控制寄存器(SPCR)、引脚控制寄存器(PCR)、接收控制寄存器(RCR)和发送控制寄存器(XCR)之前暂停 McBSP,否则会导致不确定状态。

表 6-6 McBSP 寄存器

| 映射地址 | | | 缩写 | McBSP 寄存器名 |
|---|---|---|---|---|
| McBSP0 | McBSP1 | McBSP2 | | |
| | | | RBR | 接收缓冲寄存器 |
| | | | RSR | 接收移位寄存器 |
| | | | XSR | 发送移位寄存器 |
| 018C 0000h | 0190 0000h | 01A4 0000h | DRR | 接收数据寄存器 |
| 018C 0004h | 0190 0004h | 01A4 0004h | DXR | 发送数据寄存器 |
| 018C 0008h | 0190 0008h | 01A4 0008h | SPCR | 串口控制寄存器 |
| 018C 000Ch | 0190 000Ch | 01A4 000Ch | RCR | 接收控制寄存器 |
| 018C 0010h | 0190 0010h | 01A4 0010h | XCR | 发送控制寄存器 |
| 018C 0014h | 0190 0014h | 01A4 0014h | SPGR | 采样率发生器寄存器 |
| 018C 0018h | 0190 0018h | 01A4 0018h | MCR | 多通道控制寄存器 |
| 018C 001Ch | 0190 001Ch | 01A4 001Ch | RCER | 接收通道使能寄存器 |
| 018C 0020h | 0190 0020h | 01A4 0020h | XCER | 发送通道使能寄存器 |
| 018C 0024h | 0190 0024h | 01A4 0024h | PCR | 引脚控制寄存器 |
| | | | RCERE1 | 增强的接收通道使能寄存器 1 |
| | | | XCERE1 | 增强的发送通道使能寄存器 1 |
| | | | RCERE2 | 增强的接收通道使能寄存器 2 |
| | | | XCERE2 | 增强的发送通道使能寄存器 2 |
| | | | RCERE3 | 增强的接收通道使能寄存器 3 |
| | | | XCERE3 | 增强的发送通道使能寄存器 3 |

为访问某个指定的子地址寄存器,首先要将相应的子地址写入 SPSAx,SPSAx 驱动复接器,使其与 SPSAx 相连,接入相应子地址寄存器所在的实际物理存储位置。当向 SPSAx 读取数据时,也接入前面子地址寄存器中所指定的内嵌数据寄存器。

### 6.2.4 McBSP 的操作

McBSP 包括一个数据通道和一个控制通道,通过 7 个引脚与外部设备连接。数据发送引脚 DX 负责数据的发送;数据接收引脚 DR 负责数据的接收;发送时钟引脚 CLKX、接收时钟引脚 CLKR、发送帧同步引脚 FSX 和接收帧同步引脚 FSR 提供串行时钟和控制信号。McBSP 的接收操作采取的是 3 级缓存方式,发送操作采取的是 2 级缓存方式。

在 FSR 和 CLKR 的作用下接收数据到达 DR 引脚后移位进入接收移位寄存器 RSR。一旦整个数据单元(8 位、12 位、16 位、20 位、24 位或 32 位)接收完毕,若 RBR 寄存器未满,则 RSR 将数据复制到接收缓冲寄存器 RBR 中。如果 DRR 中旧的数据已经被 CPU 或

DMA 控制器读走，则 RBR 进一步将新的数据复制到数据寄存器 DRR 中，最后由 CPU 或者 DMA 读取数据。

发送数据首先由 CPU 或 DMA 控制器写入发送数据寄存器 DXR。如果 XSR 寄存器为空，则在 FSX 和 CLKX 作用下 DXR 中的值被复制到 XSR 准备移位输出；否则，DXR 会等待 XSR 中旧数据的最后 1 位被移位输出到 DX 引脚后，才将数据复制到 XSR 中。CLKX、CLKR、FSX 和 FSR 既可以由内部采样率发生器产生，也可以由外部设备驱动。

McBSP 的多通道功能主要用于进行时分复用(TDM)数据流的通信。使用单项帧可实现多通道发送和接收的独立选择。每帧所包含的字数表示所选择的信道数。对 TDM 数据流，CPU 可能只需对其中一部分进行处理，为了节省存储空间和总线带宽，多通道选择操作允许使能某些特定信道的 TDM 比特流，多达 32 个信道可被使能。

## 6.2.5 McBSP 的应用

TMS320C64x 系列 DSP 因强大的运算能力、丰富的外围资源而应用日益广泛，且 McBSP 设置灵活，可与多种工业标准接口兼容。当工作在时钟停止模式时，McBSP 可以与 SPI 设备无缝连接。在此模式下，如果 McBSP 产生 SCLK 时钟，为主设备；如果 McBSP 接收 SCLK 时钟，则为从设备。下面主要介绍 McBSP 的主控模式。当 McBSP 配置为时钟停止模式时，支持两种 SPI 格式，即有延迟模式和无延迟模式，模式的选择由 PCR 寄存器的 CLKSTP 域决定；而 PCR 寄存器的 CLKXP 域则决定在时钟上升沿还是下降沿发送数据，具体的配置见表 6-7。

**表 6-7 时钟停止模式设置表**

| CLKSIP | CLKXP | 时钟特性说明 |
|---|---|---|
| OX | X | 时钟工作在非 SPI 模式下 |
| 10 | 0 | 数据在发送时钟上升沿发送，在接收时钟下降沿接收数据且无延迟 |
| 11 | 0 | 数据提前半个周期在时钟上升沿发送，在下降沿接收 |
| 10 | 1 | 数据在发送时钟下降沿发送，在接收时钟上升沿接收数据且无延迟 |
| 11 | 1 | 数据提前半个周期在时钟下降沿发送，在上升沿接收 |

当 McBSP 作为 SPI 主设备的初始化配置时，TMS320C64x 系列 DSP 的 McBSP 作为 SPI 主设备，与 SPI 从设备接口的连接如图 6-9 所示。

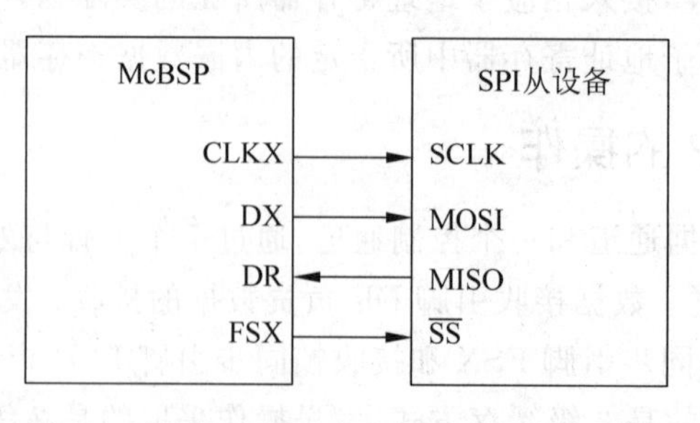


图 6-9 McBSP 主设备与 SPI 从设备连接图

初始化配置步骤如下。

(1) SPCR 寄存器中，XRST＝RRST＝0：复位发送器和接收器。

(2) 对 McBSP 配置寄存器编程。

① PCR 寄存器中，CLKXM＝1，FSXM＝1。由 McBSP 产生移位时钟 CLKX，且将 FSX 配置为输出引脚，控制从设备使能信号$\overline{SS}$。

② SRGR 寄存器中，FSGM＝0。DXR-to-XSR 产生从使能信号 FSX。因此，在接收数据的同时，McBSP 必须发送数据，以产生从使能信号。

③ XCR 和 RCR 寄存器中，XDATDLY＝1，RDATDLY＝1。发送和接收延迟设置为1，否则发送和接收操作将出错。

④ XCR 和 RCR 寄存器中，XPHASE＝0，RPHASE＝0，XFRLEN＝0，RFRLEN＝0。将接收和发送寄存器均设置为单相帧，帧长度均为一个数据元素：数据元素的位数可以根据需要设置为 8 位、12 位和 16 位等多种长度。

⑤ 根据 SPI 从设备特性，设置发送时钟速率；设置帧同步信号长度以及帧周期等；并设置 CLKSTP 域。

(3) GRST＝1，使波特率发生器退出复位状态，并等待至少 2 个位时钟周期。

(4) 如果使用 CPU 来操作，则置 XRST＝RRST＝1，退出复位状态；如果使用 EDMA 传输，则先运行 EDMA，再置 XRST＝RRST＝1。

(5) 等待至少 2 个位时钟周期，使发送器和接收器正常运行。

TMS320C64x 系列的 DSP 对 SPI 接口的 FLASH 存储器 SST25VF010 进行访问，它以命令形式进行，其命令字以字节(8 位)为基本单元，一个命令序列由一个或多个字节组成。因此，系统初始化时，将 McBSP 接收帧和发送帧的元素均配置为 8 位数据宽度。接收帧和发送帧长度则应与命令序列的字节个数保持一致。例如，字节编程命令序列包含 5 个字节，则需先将接收和发送的元素个数设置为 5，然后再启动字节编程操作。

下面给出初始化完成后，实现字节编程命令的部分 C 代码。以下程序段将数据 0x12 写入 FLASH 存储器 0 地址单元。

```
XCR0 = 0x0005040;                   //发送帧长度为 5 个元素
RCR0 = 0x0005040;                   //接收帧长度为 5 个元素
mcbsp0transmitdata(0x02);           //命令字
mcbsp0transmitdata(0x00);           //地址位 D16
mcbsp0transmitdata(0x00);           //地址位 D15～D8
mcbsp0transmitdata(0x00);           //地址位 D7～D0
mcbsp0transmitdata(0x12);           //数据 0x12 被写入 FLASH

//McBSP 以查询方式发送一个数据
void mcbsptransmitdata(Uint8dataout){
Uint32 data = 0;
while(data!= 0x020000){
data = SPCR;
data = data&0x020000;
}
DXR = dataout;
}
//McBSP 以中断方式接收数据
Uint8 receivebuf[200];              //接收缓冲区大小 200 字节
Uint32 num = 0;                     //接收数据计数
```

```
void interruptMcbsp Receive(void){
receive buf[num++] = (Uint8)DRR;    //接收数据
if(num >= 0x200)                     //如果缓冲区已满
num = 0;                             //则重新开始计数
return;
}
```

SPI 协议要求在读数据的同时必须写数据。显然,用查询方式实现数据传输时效率较低。因此,发送数据时通常使用查询方式来实现,以便控制程序流程;而接收数据时使用中断方式或 EDMA 方式,以实现 SPI 串行数据的同时读写。

## 本章小结

本章详细讲解了 TMS320DM6437 的 HPI 接口,包括 HPI 的结构与功能、读/写时序、HPI 操作和寄存器,以及中断申请;另外分析了 TMS320DM6437 的多通道缓冲串口 McBSP,包括其结构和对外接口、寄存器和操作及 McBSP 的应用。

## 思考与练习题

1. 简述 HPI 的组成部分。
2. HPI 的工作方式有哪些?它们有什么区别?
3. TMS320DM6437 主机是如何实现多路访问的?
4. 主机 CPU 是如何访问 DSP HPI 接口的?
5. HPI 的工作方式有哪些?
6. 简述 McBSP 多通道缓冲串行接口的功能。
7. TMS320C64x 芯片的 CPU 主要由哪几部分组成?
8. 简述 HPI 的定义及分类。

# 第7章 TMS320DM6437通用输入/输出接口与定时器

CHAPTER 7

## 7.1 通用输入/输出接口(GPIO)

### 7.1.1 GPIO接口概述

TMS320DM6437的GPIO接口提供了通用输入/输出引脚,其既可配置为输出,也可配置为输入。当配置为输出时,通过写内部寄存器来控制输出引脚状态;当配置为输入时,通过读内部寄存器来检测输入状态。此外,GPIO接口还可通过不同的中断或事件产生模式来触发CPU中断和EDMA(增强型直接内存存取)事件。TMS320DM6437有多达111个GPIO信号引脚,提供了与外部设备的通用连接,GPIO接口分为7组(Banks),前6组各包含16位,如0组为GP[0:15],第7组GPIO包含15位,即GP[96:110],GPIO接口与ZWT封装芯片的引脚对应关系可参考附录B。

GPIO外设的输入时钟表示为锁相环PLL1的6分频,最大的运行速度为10MHz。TMS320DM6437通过引脚多路复用来实现在尽可能小的封装上容纳尽可能多的外设功能。引脚多路复用可通过硬件配置器件复位和寄存器软件编程设置来控制。

### 7.1.2 GPIO功能

TMS320DM6437的GPIO接口支持如下功能。

(1) 多达111个3.3V GPIO引脚,即GP[0:110]。

(2) 中断。

① 多达8个位于Bank 0的独立中断GP[0:7];

② 所有GPIO信号都可作为中断源,7组GPIO都有其各自的中断信号;

③ 可规定每组GPIO中断使能信号,通过上升沿或下降沿来触发中断。

(3) 直接内存存取DMA事件。

① 多达8个位于Bank 0的独立的GPIO DMA事件;

② 7组GPIO都有其各自的DMA事件信号。

(4) 设置/清除功能位:固件写1到对应的位来设置或清除GPIO信号,这允许多个固件进程在没有临界区保护(禁用中断、编程GPIO、重启中断、防止上下文在GPIO编程中切换到另一个进程)的情况下切换GPIO输出信号。

(5) 独立的输入/输出寄存器:通过读输入/输出寄存器可反映输入/输出引脚状态。

(6) 输出寄存器除了设置/清除，还可通过直接写输出寄存器来切换 GPIO 输出信号。

(7) 当读输出寄存器时，其反映了输出驱动状态。

GPIO 结构如图 7-1 所示，下面分别介绍使用 GPIO 信号作为输出或输入的设置方法。

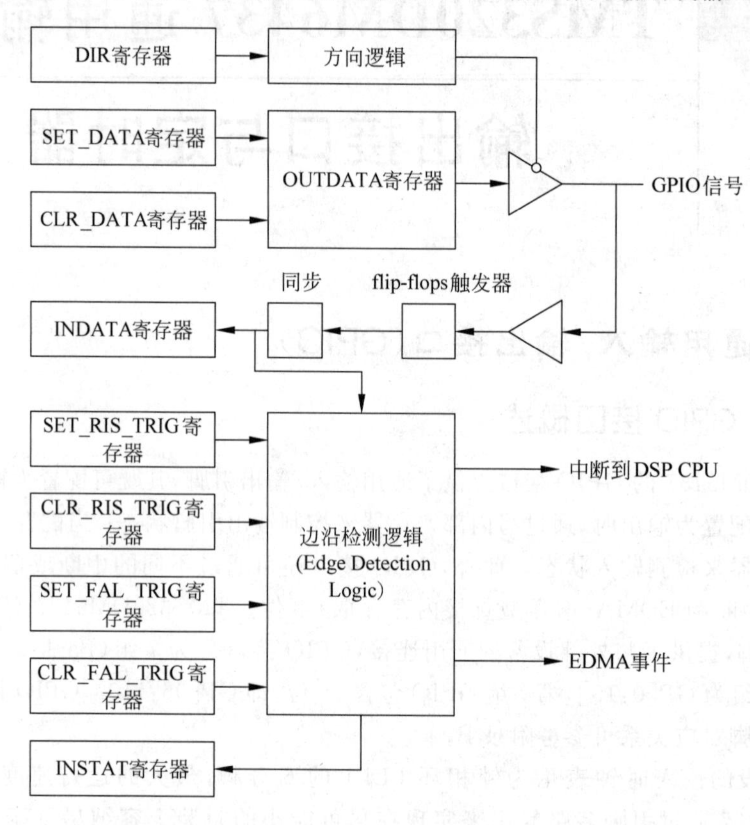


图 7-1 GPIO 结构框图

**1. 使用 GPIO 信号作为输出**

GPIO 信号可通过写 GPIO 方向寄存器(DIR)来配置输入或输出操作。要将给定的 GPIO 信号配置为输出，需在 DIR 中清除该 GPIO 相关的位信号。当 GPIO 被配置为输出时，共有 3 个寄存器用来控制 GPIO 输出驱动状态：

(1) GPIO 设置数据寄存器(SET_DATA)控制驱动 GPIO 信号为高；

(2) GPIO 清除数据寄存器(CLR_DATA)控制驱动 GPIO 信号为低；

(3) GPIO 输出数据寄存器(OUT_DATA)包含当前的输出信号状态。

读 SET_DATA、CLR_DATA 和 OUT_DATA 返回的输出状态不一定是真正的信号状态，因为一些信号可能被配置为输入，实际的信号状态通过 GPIO 相关的输入数据寄存器(IN_DATA)读取，IN_DATA 包含外部信号的实际逻辑状态。

为了驱动 GPIO 信号为高，可选以下任一种方法：一是将逻辑 1 写入该 GPIO 相关的 SET_DATA 位，SET_DATA 中包含 0 的比特位不影响相关输出信号的状态；二是通过使用读-修改-写(Read-Modify-Write)操作，修改该 GPIO 相关的 OUT_DATA 位，在 GPIO 输出信号上驱动的逻辑状态与写入到 OUT_DATA 所有位的逻辑值相匹配。

同样，为了驱动 GPIO 信号为低，可选以下任一种方法：一是将逻辑 1 写入该 GPIO 相关的 CLR_DATA 位，CLR_DATA 中包含 0 的比特位不影响相关输出信号的状态；二是通过使用读-修改-写（Read-Modify-Write）操作，修改该 GPIO 相关的 OUT_DATA 位，在 GPIO 输出信号上驱动的逻辑状态与写入到 OUT_DATA 所有位的逻辑值相匹配。

**2. 使用 GPIO 信号作为输入**

要将给定的 GPIO 信号配置为输入，在方向寄存器 DIR 中设置所需 GPIO 的相关位。使用 GPIO 输入数据寄存器（IN_DATA）读取 GPIO 信号的当前状态：对于配置为输入的 GPIO 信号，读取 IN_DATA 返回与 GPIO 外设时钟同步的输入信号状态；对于配置为输出的 GPIO 信号，读取 IN_DATA 返回由设备驱动的输出值。

## 7.1.3　中断和事件产生

**1. 中断**

1）中断事件和请求

GPIO 外设可以向 DSP CPU 发送一个中断事件，即所有 GPIO 信号都可以配置来产生中断，TMS320DM6437 支持单一 GPIO 信号中断、GPIO 组信号中断，或这两种形式混合。GPIO 外设到 DSP CPU 的中断映射如表 7-1 所示。

**表 7-1　GPIO 到 DSP CPU 的中断映射**

| 中断源 | 缩写 | DSP 中断号 | 中断源 | 缩写 | DSP 中断号 |
|---|---|---|---|---|---|
| GP[0] | GPIO0 | 64 | GPIO Bank 0 | GPIOBNK0 | 72 |
| GP[1] | GPIO1 | 65 | GPIO Bank 1 | GPIOBNK1 | 73 |
| GP[2] | GPIO2 | 66 | GPIO Bank 2 | GPIOBNK2 | 74 |
| GP[3] | GPIO3 | 67 | GPIO Bank 3 | GPIOBNK3 | 75 |
| GP[4] | GPIO4 | 68 | GPIO Bank 4 | GPIOBNK4 | 76 |
| GP[5] | GPIO5 | 69 | GPIO Bank 5 | GPIOBNK5 | 77 |
| GP[6] | GPIO6 | 70 | GPIO Bank 6 | GPIOBNK6 | 78 |
| GP[7] | GPIO7 | 71 | | | |

2）使能 GPIO 中断事件

通过在 GPIO 中断使能寄存器（BINTEN）中设置适当的比特位来使能 GPIO 中断事件。例如，为了使能 Bank 0（GP[15-0]）中断，置位 BINTEN 的位 0，为了使能 Bank 3（GP[63-48]中断，置位 BINTEN 的位 3。

3）配置 GPIO 中断的边沿触发

每个 GPIO 中断源可以配置为在 GPIO 信号上升沿、下降沿、两者兼具或两者均无（无事件）下产生中断，边沿检测与 GPIO 外设模块时钟同步，以下 4 个寄存器用来控制 GPIO 中断的边沿检测方式：

（1）GPIO 设置上升沿中断寄存器（SET_RIS_TRIG）在 GPIO 信号中出现一个上升沿时允许 GPIO 中断；

（2）GPIO 清除上升沿中断寄存器（CLR_RIS_TRIG）在 GPIO 信号中出现一个上升沿时禁止 GPIO 中断；

（3）GPIO 设置下降沿中断寄存器（SET_FAL_TRIG）在 GPIO 信号中出现一个下降沿时允许 GPIO 中断；

(4) GPIO 清除下降沿中断寄存器(CLR_FAL_TRIG)在 GPIO 信号中出现一个下降沿时禁止 GPIO 中断。

要配置 GPIO 中断,只发生在 GPIO 信号的上升沿:

(1) 写逻辑 1 到 SET_RIS_TRIG 的相关位;

(2) 写逻辑 1 到 CLR_FAL_TRIG 的相关位。

要配置 GPIO 中断,只发生在 GPIO 信号的下降沿:

(1) 写逻辑 1 到 SET_FAL_TRIG 的相关位;

(2) 写逻辑 1 到 CLR_RIS_TRIG 的相关位。

要配置 GPIO 中断,发生在 GPIO 信号的上升沿和下降沿:

(1) 写逻辑 1 到 SET_RIS_TRIG 的相关位;

(2) 写逻辑 1 到 SET_FAL_TRIG 的相关位。

要禁止一个特定的 GPIO 中断:

(1) 写逻辑 1 到 CLR_RIS_TRIG 的相关位;

(2) 写逻辑 1 到 CLR_FAL_TRIG 的相关位。

注意,当 GPIO 信号被配置为输出时,软件可以改变 GPIO 信号状态,然后生成一个中断。这对于调试中断信号连通性非常有用。

4) GPIO 中断状态

GPIO 中断事件的状态可以通过读取 GPIO 中断状态寄存器(INTSTAT)来监控。在相关比特位上用逻辑 1 表示等待 GPIO 中断,不被等待的中断用逻辑 0 表示。对于直接到 DSP 子系统的独立 GPIO 中断,中断状态可以通过相关的 CPU 中断标志读取。对于 GPIO 组中断,INTSTAT 可以用于确定是哪个 GPIO 中断发生。等待 GPIO 中断标志位清除是通过写逻辑 1 到 INTSTAT 中相关的比特位。

**2. EDMA 事件产生**

GPIO 外设可以向 EDMA 提供同步事件,GPIO 同步 EDMA 事件如表 7-2 所示。

**表 7-2 GPIO 同步事件到 EDMA**

| 事 件 源 | 事 件 名 | EDMA 同步事件号 |
|---|---|---|
| GP[0]中断 | GPINT0 | 32 |
| GP[1]中断 | GPINT1 | 33 |
| GP[2]中断 | GPINT2 | 34 |
| GP[3]中断 | GPINT3 | 35 |
| GP[4]中断 | GPINT4 | 36 |
| GP[5]中断 | GPINT5 | 37 |
| GP[6]中断 | GPINT6 | 38 |
| GP[7]中断 | GPINT7 | 39 |
| GPIO Bank 0 中断 | GPBNKINT0 | 40 |
| GPIO Bank 1 中断 | GPBNKINT1 | 41 |
| GPIO Bank 2 中断 | GPBNKINT2 | 42 |
| GPIO Bank 3 中断 | GPBNKINT3 | 43 |
| GPIO Bank 4 中断 | GPBNKINT4 | 44 |
| GPIO Bank 5 中断 | GPBNKINT5 | 45 |
| GPIO Bank 6 中断 | GPBNKINT6 | 46 |

### 7.1.4 GPIO寄存器

TMS320DM6437有7组GPIO信号，这些GPIO信号通过与其相关的多个寄存器来控制。在这些寄存器中，对于每个GPIO信号有多个控制域。对每个GPIO信号组，GPIO控制寄存器被组织为1个32位寄存器，这些控制寄存器进一步被分组，每组又含有一系列控制寄存器。

每组控制寄存器的寄存器名均定义为*register_nameXY*形式，其中*X*和*Y*是两组GPIO控制位，例如01、23、45等。与每个GPIO相关的寄存器域均定义为*field_nameN*形式，其中，*N*是GPIO信号的数目，例如GP[0]位于第0组的GPIO，控制寄存器名为*register_name*01，与GP[0]相关的寄存器域为*field_name*0，GP[0]的控制位位于寄存器的位0。与之相比，GP[110]位于第6组的GPIO，控制寄存器名为*register_name*6，与GP[110]相关的寄存器域为*field_name*110，GP[110]的控制位位于寄存器的位14。表7-3显示了与GPIO引脚相关的寄存器组及控制位信息，其可用于定位寄存器控制位。

**表7-3 寄存器组及控制位**

| GPIO信号 | 组数 | 控制寄存器 | 寄存器域 | 位数 |
|---|---|---|---|---|
| GP[0]～GP[15] | 0 | *register_name*01 | *field_name*0～*field_name*15 | Bit0～Bit15 |
| GP[16]～GP[31] | 1 | *register_name*01 | *field_name*16～*field_name*31 | Bit16～Bit31 |
| GP[32]～GP[47] | 2 | *register_name*23 | *field_name*32～*field_name*47 | Bit0～Bit15 |
| GP[48]～GP[63] | 3 | *register_name*23 | *field_name*48～*field_name*63 | Bit16～Bit31 |
| GP[64]～GP[79] | 4 | *register_name*45 | *field_name*64～*field_name*79 | Bit0～Bit15 |
| GP[80]～GP[95] | 5 | *register_name*45 | *field_name*80～*field_name*95 | Bit16～Bit31 |
| GP[96]～GP[110] | 6 | *register_name*6 | *field_name*96～*field_name*110 | Bit0～Bit14 |

由于有奇数组的GPIO，最后一组GPIO寄存器的第16位缺省，没有作用。对于中断配置，与GPIO相关的不支持中断的寄存器也缺省。GPIO寄存器映射如表7-4所示。

**表7-4 GPIO寄存器**

| HEX地址范围 | 缩写 | 寄存器名 |
|---|---|---|
| 0x01C6 7000 | PID | 外设识别寄存器 Peripheral Identification Register |
| 0x01C6 7004 | PCR | 外部控制寄存器 |
| 0x01C6 7008 | BINTEN | 中断使能 GPIO Interrupt Per-bank Enable |
| 第0、1组GPIO | | |
| 0x01C6 700C | — | 预留 |
| 0x01C6 7010 | DIR01 | 0组和1组GPIO方向寄存器(GP[0:31]) |
| 0x01C6 7014 | OUT_DATA01 | 0组和1组GPIO输出数据寄存器(GP[0:31]) |
| 0x01C6 7018 | SET_DATA01 | 0组和1组GPIO设置数据寄存器(GP[0:31]) |
| 0x01C6 701C | CLR_DATA01 | 0组和1组GPIO清除数据(GP[0:31]) |
| 0x01C6 7020 | IN_DATA01 | 0组和1组GPIO输入数据寄存器(GP[0:31]) |
| 0x01C6 7024 | SET_RIS_TRIG01 | 0组和1组GPIO设置上升沿中断寄存器(GP[0:31]) |
| 0x01C6 7028 | CLR_RIS_TRIG01 | 0组和1组GPIO清除上升沿中断寄存器(GP[0:31]) |
| 0x01C6 702C | SET_FAL_TRIG01 | 0组和1组GPIO设置下降沿中断寄存器(GP[0:31]) |

续表

| HEX 地址范围 | 缩　写 | 寄存器名 |
|---|---|---|
| 0x01C6 7030 | CLR_FAL_TRIG01 | 0 组和 1 组 GPIO 清除下降沿中断寄存器(GP[0:31]) |
| 0x01C6 7034 | INSTAT01 | 0 组和 1 组 GPIO 中断状态寄存器(GP[0:31]) |
| 第 2、3 组 GPIO | | |
| 0x01C6 7038 | DIR23 | 2 组和 3 组 GPIO 方向寄存器(GP[32:63]) |
| 0x01C6 703C | OUT_DATA23 | 2 组和 3 组 GPIO 输出数据寄存器(GP[32:63]) |
| 0x01C6 7040 | SET_DATA23 | 2 组和 3 组 GPIO 设置数据寄存器(GP[32:63]) |
| 0x01C6 7044 | CLR_DATA23 | 2 组和 3 组 GPIO 清除数据(GP[32:63]) |
| 0x01C6 7048 | IN_DATA23 | 2 组和 3 组 GPIO 输入数据寄存器(GP[32:63]) |
| 0x01C6 704C | SET_RIS_TRIG23 | 2 组和 3 组 GPIO 设置上升沿中断寄存器(GP[32:63]) |
| 0x01C6 7050 | CLR_RIS_TRIG23 | 2 组和 3 组 GPIO 清除上升沿中断寄存器(GP[32:63]) |
| 0x01C6 7054 | SET_FAL_TRIG23 | 2 组和 3 组 GPIO 设置下降沿中断寄存器(GP[32:63]) |
| 0x01C6 7058 | CLR_FAL_TRIG23 | 2 组和 3 组 GPIO 清除下降沿中断寄存器(GP[32:63]) |
| 0x01C6 705C | INSTAT23 | 2 组和 3 组 GPIO 中断状态寄存器(GP[32:63]) |
| 第 4、5 组 GPIO | | |
| 0x01C6 7060 | DIR45 | 4 组和 5 组 GPIO 方向寄存器(GP[64:95]) |
| 0x01C6 7064 | OUT_DATA45 | 4 组和 5 组 GPIO 输出数据寄存器(GP[64:95]) |
| 0x01C6 7068 | SET_DATA45 | 4 组和 5 组 GPIO 设置数据寄存器(GP[64:95]) |
| 0x01C6 706C | CLR_DATA45 | 4 组和 5 组 GPIO 清除数据(GP[64:95]) |
| 0x01C6 7070 | IN_DATA45 | 4 组和 5 组 GPIO 输入数据寄存器(GP[64:95]) |
| 0x01C6 7074 | SET_RIS_TRIG45 | 4 组和 5 组 GPIO 设置上升沿中断寄存器(GP[64:95]) |
| 0x01C6 7078 | CLR_RIS_TRIG45 | 4 组和 5 组 GPIO 清除上升沿中断寄存器(GP[64:95]) |
| 0x01C6 707C | SET_FAL_TRIG45 | 4 组和 5 组 GPIO 设置下降沿中断寄存器(GP[64:95]) |
| 0x01C6 7080 | CLR_FAL_TRIG45 | 4 组和 5 组 GPIO 清除下降沿中断寄存器(GP[64:95]) |
| 0x01C6 7084 | INSTAT45 | 4 组和 5 组 GPIO 中断状态寄存器(GP[64:95]) |
| 第 6 组 GPIO | | |
| 0x01C6 7088 | DIR6 | 第 6 组 GPIO 方向寄存器(GP[64:95]) |
| 0x01C6 708C | OUT_DATA6 | 第 6 组 GPIO 输出数据寄存器(GP[64:95]) |
| 0x01C6 7090 | SET_DATA6 | 第 6 组 GPIO 设置数据寄存器(GP[64:95]) |
| 0x01C6 7094 | CLR_DATA6 | 第 6 组 GPIO 清除数据(GP[64:95]) |
| 0x01C6 7098 | IN_DATA6 | 第 6 组 GPIO 输入数据寄存器(GP[64:95]) |
| 0x01C6 709C | SET_RIS_TRIG6 | 第 6 组 GPIO 设置上升沿中断寄存器(GP[64:95]) |
| 0x01C6 70A0 | CLR_RIS_TRIG6 | 第 6 组 GPIO 清除上升沿中断寄存器(GP[64:95]) |
| 0x01C6 70A4 | SET_FAL_TRIG6 | 第 6 组 GPIO 设置下降沿中断寄存器(GP[64:95]) |
| 0x01C6 70A8 | CLR_FAL_TRIG6 | 第 6 组 GPIO 清除下降沿中断寄存器(GP[64:95]) |
| 0x01C6 70AC | INSTAT6 | 第 6 组 GPIO 中断状态寄存器(GP[64:95]) |
| 0x01C6 70B0～0x01C6 7FFF | — | 预留 |

下面详细介绍各 GPIO 寄存器的功能及设置方式。

**1. 外设识别寄存器(PID)**

外设识别寄存器(PID)包含外设的识别数据(类型、类和版本),如图 7-2 和表 7-5 所示。

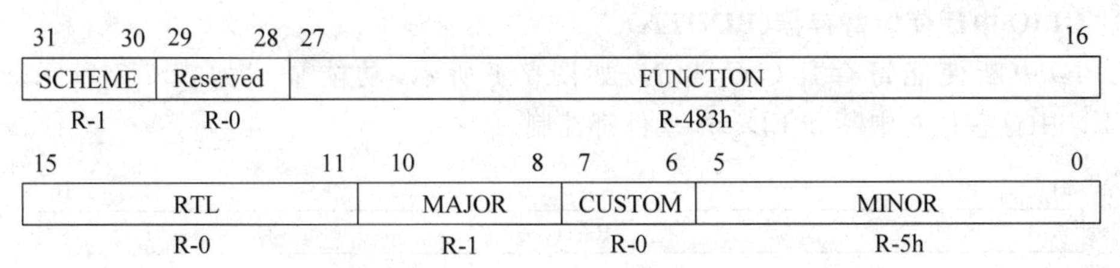


图 7-2 外设识别寄存器(PID)

**表 7-5 外部识别寄存器(PID)域描述**

| 位 | 域 | 值 | 描 述 |
|---|---|---|---|
| 31～30 | SCHEME | 1 | PID 编码方案，该域值固定为 01 |
| 29～28 | Reserved | 0 | 预留 |
| 27～16 | FUNCTION | 0～FFFh | 功能区，GPIO＝483h |
| 15～11 | RTL | 0～1Fh | RTL 识别，GPIO＝0 |
| 10～8 | MAJOR | 0～Fh | Major Revision，代码格式 MAJOR_REVISION. MINOR_REVISION<br>Major revision＝1h |
| 7～6 | CUSTOM | 0～3h | 自定义标识，GPIO＝0 |
| 5～0 | MINOR | 0～Fh | Minor Revision，代码格式 MAJOR_REVISION. MINOR_REVISION<br>Minor revision＝5h |

### 2. 外设控制寄存器(PCR)

外设控制寄存器(PCR)可确定仿真暂停模式，FREE 位固定为 1。因此，GPIO 忽略了仿真暂停请求信号，并像往常一样在仿真暂停模式中运行。PCR 描述如图 7-3 和表 7-6 所示。

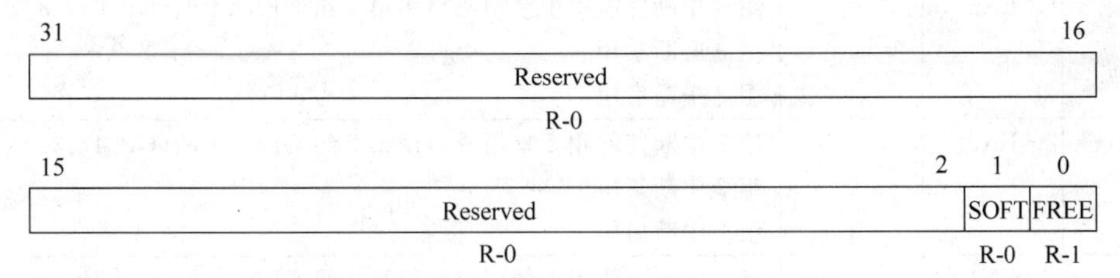


图 7-3 外设控制寄存器(PCR)

**表 7-6 外设控制寄存器(PCR)域描述**

| 位 | 域 | 值 | 描 述 |
|---|---|---|---|
| 31～2 | Reserved | 0 | 预留 |
| 1 | SOFT | 0 | 软件使能模式位。这个位与 FREE 位一起使用，以确定仿真暂停模式。FREE＝1，所以这个位没有影响 |
| 0 | FREE | 1 | 不同步使能模式位。自由位固定为 1，所以 GPIO 在仿真暂停模式中是不同步的 |

**3. GPIO 中断使能寄存器(BINTEN)**

GPIO 中断使能寄存器(BINTEN)如图 7-4 所示,功能描述如表 7-7 所示。注意 BINTEN 中这些位对中断和 EDMA 事件都控制。

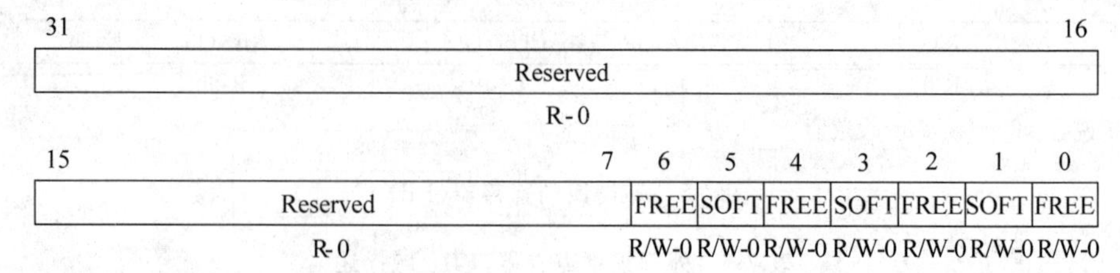


图 7-4　GPIO 中断使能寄存器(BINTEN)

**表 7-7　GPIO 中断使能寄存器(BINTEN)域描述**

| 位 | 域 | 值 | 描　述 |
|---|---|---|---|
| 31～7 | Reserved | 0 | 预留 |
| 6 | EN6 | | 组 6 中断使能用于禁用或启用第 6 组 GPIO 中断(GP[110:96]) |
| | | 0 | 组 6 中断禁用 |
| | | 1 | 组 6 中断启用 |
| 5 | EN5 | | 组 5 中断使能用于禁用或启用第 5 组 GPIO 中断(GP[95:80]) |
| | | 0 | 组 5 中断禁用 |
| | | 1 | 组 5 中断启用 |
| 4 | EN4 | | 组 4 中断使能用于禁用或启用第 4 组 GPIO 中断(GP[79:64]) |
| | | 0 | 组 4 中断禁用 |
| | | 1 | 组 4 中断启用 |
| 3 | EN3 | | 组 3 中断使能用于禁用或启用第 3 组 GPIO 中断(GP[63:48]) |
| | | 0 | 组 3 中断禁用 |
| | | 1 | 组 3 中断启用 |
| 2 | EN2 | | 组 2 中断使能用于禁用或启用第 2 组 GPIO 中断(GP[47:32]) |
| | | 0 | 组 2 中断禁用 |
| | | 1 | 组 2 中断启用 |
| 1 | EN1 | | 组 1 中断使能用于禁用或启用第 1 组 GPIO 中断(GP[31:16]) |
| | | 0 | 组 1 中断禁用 |
| | | 1 | 组 1 中断启用 |
| 0 | EN0 | | 组 0 中断使能用于禁用或启用第 0 组 GPIO 中断(GP[15:0]) |
| | | 0 | 组 0 中断禁用 |
| | | 1 | 组 0 中断启用 |

**4. GPIO 方向寄存器(DIRn)**

GPIO 方向寄存器(DIRn)决定了 GPIO 第 $l$ 组(Bank)中的第 $n$ 个引脚是否为输入或输出,每组 GPIO 有多达 16 个 GPIO 引脚。默认方式下,所有的 GPIO 引脚均被配置为输入(位值=1)。GPIO 方向寄存器 DIR01、DIR23、DIR45 和 DIR6 如图 7-5 所示,功能描述如表 7-8 所示。

| 31 | 30 | 29 | 28 | 27 | 26 | 25 | 24 | 23 | 22 | 21 | 20 | 19 | 18 | 17 | 16 |
|---|---|---|---|---|---|---|---|---|---|---|---|---|---|---|---|
| DIR31 | DIR30 | DIR29 | DIR28 | DIR27 | DIR26 | DIR25 | DIR24 | DIR23 | DIR22 | DIR21 | DIR20 | DIR19 | DIR18 | DIR17 | DIR16 |

R/W-1

| 15 | 14 | 13 | 12 | 11 | 10 | 9 | 8 | 7 | 6 | 5 | 4 | 3 | 2 | 1 | 0 |
|---|---|---|---|---|---|---|---|---|---|---|---|---|---|---|---|
| DIR15 | DIR14 | DIR13 | DIR12 | DIR11 | DIR10 | DIR9 | DIR8 | DIR7 | DIR6 | DIR5 | DIR4 | DIR3 | DIR2 | DIR1 | DIR0 |

R/W-1

(a) DIR01

| 31 | 30 | 29 | 28 | 27 | 26 | 25 | 24 | 23 | 22 | 21 | 20 | 19 | 18 | 17 | 16 |
|---|---|---|---|---|---|---|---|---|---|---|---|---|---|---|---|
| DIR63 | DIR62 | DIR61 | DIR60 | DIR59 | DIR58 | DIR57 | DIR56 | DIR55 | DIR54 | DIR53 | DIR52 | DIR51 | DIR50 | DIR49 | DIR48 |

R/W-1

| 15 | 14 | 13 | 12 | 11 | 10 | 9 | 8 | 7 | 6 | 5 | 4 | 3 | 2 | 1 | 0 |
|---|---|---|---|---|---|---|---|---|---|---|---|---|---|---|---|
| DIR47 | DIR46 | DIR45 | DIR44 | DIR43 | DIR42 | DIR41 | DIR40 | DIR39 | DIR38 | DIR37 | DIR36 | DIR35 | DIR34 | DIR33 | DIR32 |

R/W-1

(b) DIR23

| 31 | 30 | 29 | 28 | 27 | 26 | 25 | 24 | 23 | 22 | 21 | 20 | 19 | 18 | 17 | 16 |
|---|---|---|---|---|---|---|---|---|---|---|---|---|---|---|---|
| DIR95 | DIR94 | DIR93 | DIR92 | DIR91 | DIR90 | DIR89 | DIR88 | DIR87 | DIR86 | DIR85 | DIR84 | DIR83 | DIR82 | DIR81 | DIR80 |

R/W-1

| 15 | 14 | 13 | 12 | 11 | 10 | 9 | 8 | 7 | 6 | 5 | 4 | 3 | 2 | 1 | 0 |
|---|---|---|---|---|---|---|---|---|---|---|---|---|---|---|---|
| DIR79 | DIR78 | DIR77 | DIR76 | DIR75 | DIR74 | DIR73 | DIR72 | DIR71 | DIR70 | DIR69 | DIR68 | DIR67 | DIR66 | DIR65 | DIR64 |

R/W-1

(c) DIR45

| 31 | 16 |
|---|---|
| Reserved | |

R-0

| 15 | 14 | 13 | 12 | 11 | 10 | 9 | 8 | 7 | 6 | 5 | 4 | 3 | 2 | 1 | 0 |
|---|---|---|---|---|---|---|---|---|---|---|---|---|---|---|---|
| RSVD | DIR110 | DIR109 | DIR108 | DIR107 | DIR106 | DIR105 | DIR104 | DIR103 | DIR102 | DIR101 | DIR100 | DIR99 | DIR98 | DIR97 | DIR96 |

R/W-1

(d) DIR6

说明：R/W=读/写，R=只读，-n=设置值。

图 7-5 方向寄存器 DIR01、DIR23、DIR45 和 DIR6

**表 7-8 GPIO 方向寄存器(DIRn)域描述**

| 位 | 域 | 值 | 描 述 |
|---|---|---|---|
| 31～16 | DIRn | | DIRn 位用来控制第 $2l+1$ 组中引脚 $n$ 的方向(输出=0,输入=1),其位域用来配置第 1、3、5 组的 GPIO 引脚 |
| | | 0 | GPIO 引脚 $n$ 为输出 |
| | | 1 | GPIO 引脚 $n$ 为输入 |
| 15～0 | DIRn | | DIRn 位用来控制第 $2l$ 组中引脚 $n$ 的方向(输出=0,输入=1),其位域用来配置第 0、2、4、6 组的 GPIO 引脚 |
| | | 0 | GPIO 引脚 $n$ 为输出 |
| | | 1 | GPIO 引脚 $n$ 为输入 |

**5. GPIO 输出数据寄存器(OUT_DATAn)**

如果引脚被配置为输出(DIRn = 0),GPIO 输出数据寄存器(OUT_DATAn)决定了在相应的第 $l$ 组 GPIO 引脚 $n$ 上驱动的值,此时写入不会影响未配置为 GPIO 输出的引脚。OUT_DATAn 中的位通过直接写入此寄存器来设置或清除。读 OUT_DATAn 返回的寄存器值不是引脚的值(其可能被配置为输入)。GPIO 输出数据寄存器(OUT_DATAn)如图 7-6 所示,功能描述如表 7-9 所示。

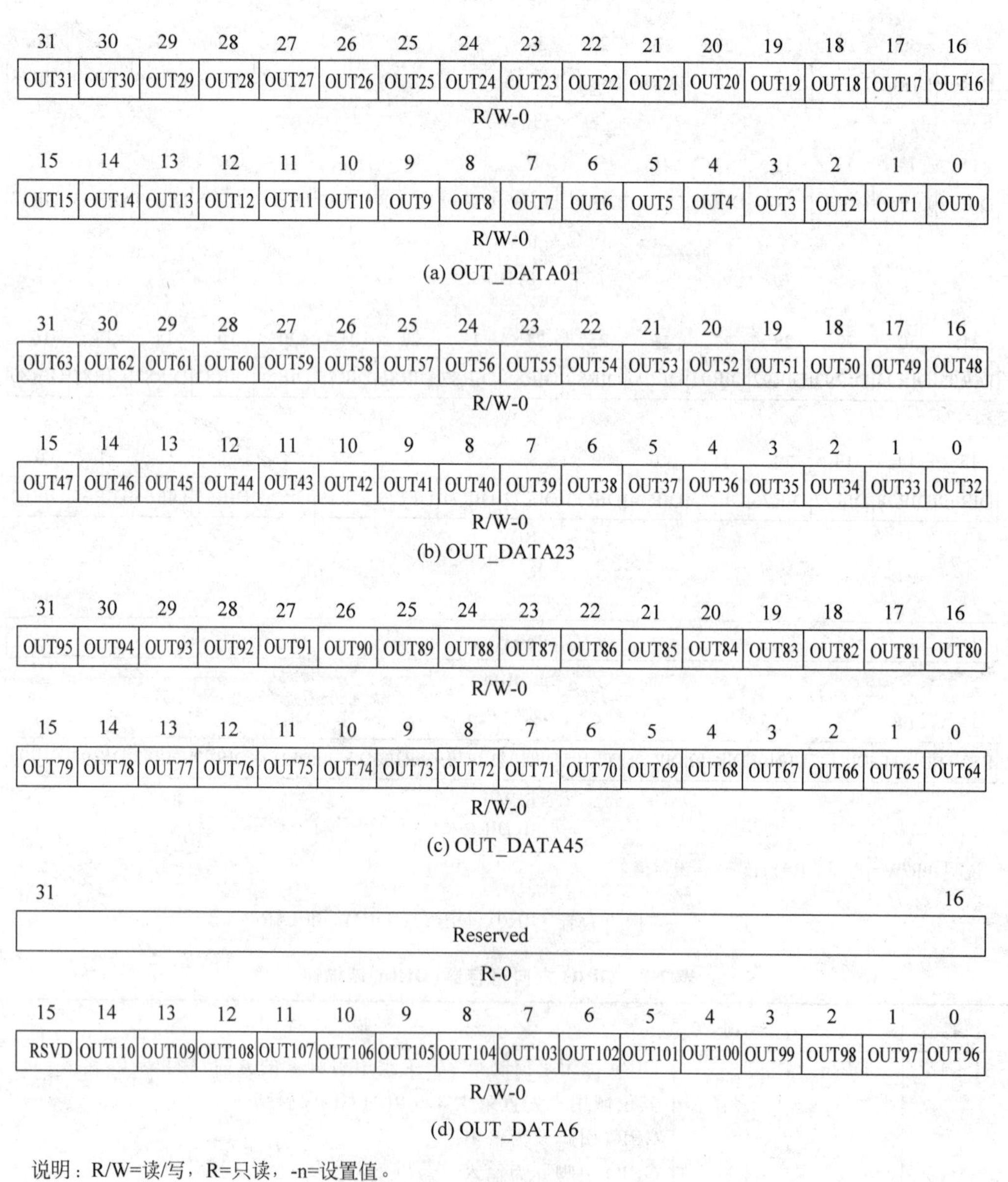


图 7-6 GPIO 输出数据寄存器(OUT_DATAn)

**表 7-9 GPIO 输出数据寄存器(OUT_DATAn)域描述**

| 位 | 域 | 值 | 描 述 |
|---|---|---|---|
| 31～16 | OUTn | | 当 GPIO 引脚 $n$ 配置为输出(DIRn＝0),OUTn 位用来驱动第 $2l+1$ 组中引脚 $n$ 的输出(low＝0,high＝1);当 GPIO 引脚 $n$ 配置为输入,忽略 OUTn 位。该位域用来配置第 1、3、5 组的 GPIO 引脚 |
| | | 0 | GPIO 引脚 $n$ 驱动为低 |
| | | 1 | GPIO 引脚 $n$ 驱动为高 |
| 15～0 | OUTn | | 当 GPIO 引脚 $n$ 配置为输出(DIRn＝0),OUTn 位用来驱动第 $2l$ 组中引脚 $n$ 的输出(low＝0,high＝1);当 GPIO 引脚 $n$ 配置为输入,忽略 OUTn 位。该位域用来配置第 0、2、4、6 组的 GPIO 引脚 |
| | | 0 | GPIO 引脚 $n$ 驱动为低 |
| | | 1 | GPIO 引脚 $n$ 驱动为高 |

### 6. GPIO 设置数据寄存器(SET_DATAn)

如果引脚被配置为输出(DIRn＝0),GPIO 设置数据寄存器(SET_DATAn)控制相应的第 $l$ 组 GPIO 引脚 $n$ 上的值驱动为高,此时写入不会影响未配置为 GPIO 输出的引脚。SET_DATAn 中的位通过直接写入此寄存器来设置或清除。读 SETn 位返回相应的 GPIO 引脚 $n$ 的输出驱动状态。GPIO 设置数据寄存器(SET_DATAn)如图 7-7 所示,功能描述如表 7-10 所示。

| 31 | 30 | 29 | 28 | 27 | 26 | 25 | 24 | 23 | 22 | 21 | 20 | 19 | 18 | 17 | 16 |
|---|---|---|---|---|---|---|---|---|---|---|---|---|---|---|---|
| SET31 | SET30 | SET29 | SET28 | SET27 | SET26 | SET25 | SET24 | SET23 | SET22 | SET21 | SET20 | SET19 | SET18 | SET17 | SET16 |

R/W-0

| 15 | 14 | 13 | 12 | 11 | 10 | 9 | 8 | 7 | 6 | 5 | 4 | 3 | 2 | 1 | 0 |
|---|---|---|---|---|---|---|---|---|---|---|---|---|---|---|---|
| SET15 | SET14 | SET13 | SET12 | SET11 | SET10 | SET9 | SET8 | SET7 | SET6 | SET5 | SET4 | SET3 | SET2 | SET1 | SET0 |

R/W-0

(a) SET_DATA01

| 31 | 30 | 29 | 28 | 27 | 26 | 25 | 24 | 23 | 22 | 21 | 20 | 19 | 18 | 17 | 16 |
|---|---|---|---|---|---|---|---|---|---|---|---|---|---|---|---|
| SET63 | SET62 | SET61 | SET60 | SET59 | SET58 | SET57 | SET56 | SET55 | SET54 | SET53 | SET52 | SET51 | SET50 | SET49 | SET48 |

R/W-0

| 15 | 14 | 13 | 12 | 11 | 10 | 9 | 8 | 7 | 6 | 5 | 4 | 3 | 2 | 1 | 0 |
|---|---|---|---|---|---|---|---|---|---|---|---|---|---|---|---|
| SET47 | SET46 | SET45 | SET44 | SET43 | SET42 | SET41 | SET40 | SET39 | SET38 | SET37 | SET36 | SET35 | SET34 | SET33 | SET32 |

R/W-0

(b) SET_DATA23

| 31 | 30 | 29 | 28 | 27 | 26 | 25 | 24 | 23 | 22 | 21 | 20 | 19 | 18 | 17 | 16 |
|---|---|---|---|---|---|---|---|---|---|---|---|---|---|---|---|
| SET95 | SET94 | SET93 | SET92 | SET91 | SET90 | SET89 | SET88 | SET87 | SET86 | SET85 | SET84 | SET83 | SET82 | SET81 | SET80 |

R/W-0

| 15 | 14 | 13 | 12 | 11 | 10 | 9 | 8 | 7 | 6 | 5 | 4 | 3 | 2 | 1 | 0 |
|---|---|---|---|---|---|---|---|---|---|---|---|---|---|---|---|
| SET79 | SET78 | SET77 | SET76 | SET75 | SET74 | SET73 | SET72 | SET71 | SET70 | SET69 | SET68 | SET67 | SET66 | SET65 | SET64 |

R/W-0

(c) SET_DATA45

图 7-7 GPIO 设置数据寄存器(SET_DATAn)

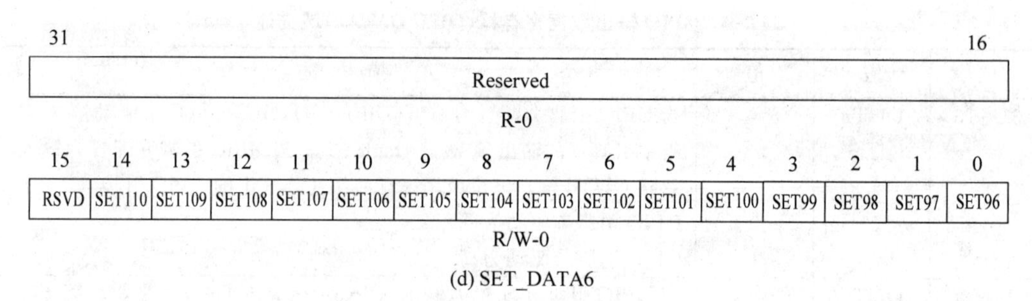


(d) SET_DATA6

说明：R/W=读/写，R=只读，-n=设置值。

图 7-7 （续）

**表 7-10 GPIO 设置数据寄存器(SET_DATAn)域描述**

| 位 | 域 | 值 | 描　述 |
|---|---|---|---|
| 31～16 | SETn | | 当 GPIO 引脚 $n$ 配置为输出(DIRn＝0)，SETn 位用来设置第 $2l+1$ 组中引脚 $n$ 的输出；当 GPIO 引脚 $n$ 配置为输入，忽略 SETn 位。将 1 写入 SETn 位设置相应的 GPIO 引脚 $n$ 的输出驱动状态；读取 SETn 位会返回相应的 GPIO 引脚 $n$ 的输出驱动器状态。该位域用来配置第 1、3、5 组的 GPIO 引脚 |
| | | 0 | 无影响 |
| | | 1 | 设置 GPIO 引脚 $n$ 输出 1 |
| 15～0 | SETn | | 当 GPIO 引脚 $n$ 配置为输出(DIRn＝0)，SETn 位用来设置第 $2l$ 组中引脚 $n$ 的输出；当 GPIO 引脚 $n$ 配置为输入，忽略 SETn 位。将 1 写入 SETn 位设置相应的 GPIO 引脚 $n$ 的输出驱动状态；读取 SETn 位会返回相应的 GPIO 引脚 $n$ 的输出驱动器状态。该位域用来配置第 0、2、4、6 组的 GPIO 引脚 |
| | | 0 | 无影响 |
| | | 1 | 设置 GPIO 引脚 $n$ 输出 1 |

**7. GPIO 清除数据寄存器(CLR_DATAn)**

如果引脚被配置为输出(DIRn＝0)，GPIO 清除数据寄存器(CLR_DATAn)控制相应的第 $l$ 组 GPIO 引脚 $n$ 上的值驱动为低，此时写入不会影响未配置为 GPIO 输出的引脚。CLR_DATAn 中的位通过直接写入此寄存器来设置或清除。读 CLRn 位返回相应的 GPIO 引脚 $n$ 的输出驱动状态。GPIO 清除数据寄存器(CLR_DATAn)如图 7-8 所示，功能描述如表 7-11 所示。

| 31 | 30 | 29 | 28 | 27 | 26 | 25 | 24 | 23 | 22 | 21 | 20 | 19 | 18 | 17 | 16 |
|---|---|---|---|---|---|---|---|---|---|---|---|---|---|---|---|
| CLR31 | CLR30 | CLR29 | CLR28 | CLR27 | CLR26 | CLR25 | CLR24 | CLR23 | CLR22 | CLR21 | CLR20 | CLR19 | CLR18 | CLR17 | CLR16 |

R/W-0

| 15 | 14 | 13 | 12 | 11 | 10 | 9 | 8 | 7 | 6 | 5 | 4 | 3 | 2 | 1 | 0 |
|---|---|---|---|---|---|---|---|---|---|---|---|---|---|---|---|
| CLR15 | CLR14 | CLR13 | CLR12 | CLR11 | CLR10 | CLR9 | CLR8 | CLR7 | CLR6 | CLR5 | CLR4 | CLR3 | CLR2 | CLR1 | CLR0 |

R/W-0

(a) CLR_DATA01

图 7-8 GPIO 清除数据寄存器(CLR_DATAn)

| 31 | 30 | 29 | 28 | 27 | 26 | 25 | 24 | 23 | 22 | 21 | 20 | 19 | 18 | 17 | 16 |
|---|---|---|---|---|---|---|---|---|---|---|---|---|---|---|---|
| CLR63 | CLR62 | CLR61 | CLR60 | CLR59 | CLR58 | CLR57 | CLR56 | CLR55 | CLR54 | CLR53 | CLR52 | CLR51 | CLR50 | CLR49 | CLR48 |

R/W-0

| 15 | 14 | 13 | 12 | 11 | 10 | 9 | 8 | 7 | 6 | 5 | 4 | 3 | 2 | 1 | 0 |
|---|---|---|---|---|---|---|---|---|---|---|---|---|---|---|---|
| CLR47 | CLR46 | CLR45 | CLR44 | CLR43 | CLR42 | CLR41 | CLR40 | CLR39 | CLR38 | CLR37 | CLR36 | CLR35 | CLR34 | CLR33 | CLR32 |

R/W-0

(b) CLR_DATA23

| 31 | 30 | 29 | 28 | 27 | 26 | 25 | 24 | 23 | 22 | 21 | 20 | 19 | 18 | 17 | 16 |
|---|---|---|---|---|---|---|---|---|---|---|---|---|---|---|---|
| CLR95 | CLR94 | CLR93 | CLR92 | CLR91 | CLR90 | CLR89 | CLR88 | CLR87 | CLR86 | CLR85 | CLR84 | CLR83 | CLR82 | CLR81 | CLR80 |

R/W-0

| 15 | 14 | 13 | 12 | 11 | 10 | 9 | 8 | 7 | 6 | 5 | 4 | 3 | 2 | 1 | 0 |
|---|---|---|---|---|---|---|---|---|---|---|---|---|---|---|---|
| CLR79 | CLR78 | CLR77 | CLR76 | CLR75 | CLR74 | CLR73 | CLR72 | CLR71 | CLR70 | CLR69 | CLR68 | CLR67 | CLR66 | CLR65 | CLR64 |

R/W-0

(c) CLR_DATA45

| 31 | 16 |
|---|---|
| Reserved | |

R-0

| 15 | 14 | 13 | 12 | 11 | 10 | 9 | 8 | 7 | 6 | 5 | 4 | 3 | 2 | 1 | 0 |
|---|---|---|---|---|---|---|---|---|---|---|---|---|---|---|---|
| RSVD | CLR110 | CLR109 | CLR108 | CLR107 | CLR106 | CLR105 | CLR104 | CLR103 | CLR102 | CLR101 | CLR100 | CLR99 | CLR98 | CLR97 | CLR96 |

R/W-0

(d) CLR_DATA6

说明：R/W=读/写，R=只读，-n=设置值。

图 7-8 （续）

**表 7-11　GPIO 清除数据寄存器(CLR_DATAn)域描述**

| 位 | 域 | 值 | 描　述 |
|---|---|---|---|
| 31～16 | CLRn | | 当 GPIO 引脚 $n$ 配置为输出(DIRn=0),CLRn 位用来清除第 $2l+1$ 组中引脚 $n$ 的输出；当 GPIO 引脚 $n$ 配置为输入,忽略 CLRn 位。将 1 写入 CLRn 位,清除相应的 GPIO 引脚 $n$ 的输出驱动状态；读取 CLRn 位会返回相应的 GPIO 引脚 $n$ 的输出驱动器状态。该位域用来配置第 1、3、5 组的 GPIO 引脚 |
| | | 0 | 无影响 |
| | | 1 | 清除 GPIO 引脚 $n$ 输出为 0 |
| 15～0 | CLRn | | 当 GPIO 引脚 $n$ 配置为输出(DIRn=0),CLRn 位用来清除第 $2l$ 组中引脚 $n$ 的输出；当 GPIO 引脚 $n$ 配置为输入,忽略 CLRn 位。将 1 写入 CLRn 位,清除相应的 GPIO 引脚 $n$ 的输出驱动状态；读取 CLRn 位会返回相应的 GPIO 引脚 $n$ 的输出驱动器状态。该位域用来配置第 0、2、4、6 组的 GPIO 引脚 |
| | | 0 | 无影响 |
| | | 1 | 清除 GPIO 引脚 $n$ 输出为 0 |

**8. GPIO输入数据寄存器(IN_DATAn)**

通过使用GPIO输入数据寄存器(IN_DATAn)读取GPIO信号的当前状态。对于配置为输入的GPIO信号,读取IN_DATAn返回与GPIO外设时钟同步的输入信号状态。对于配置为输出的GPIO信号,读取IN_DATAn将返回设备驱动的输出值。GPIO输入数据寄存器(IN_DATAn)如图7-9所示,功能描述如表7-12所示。

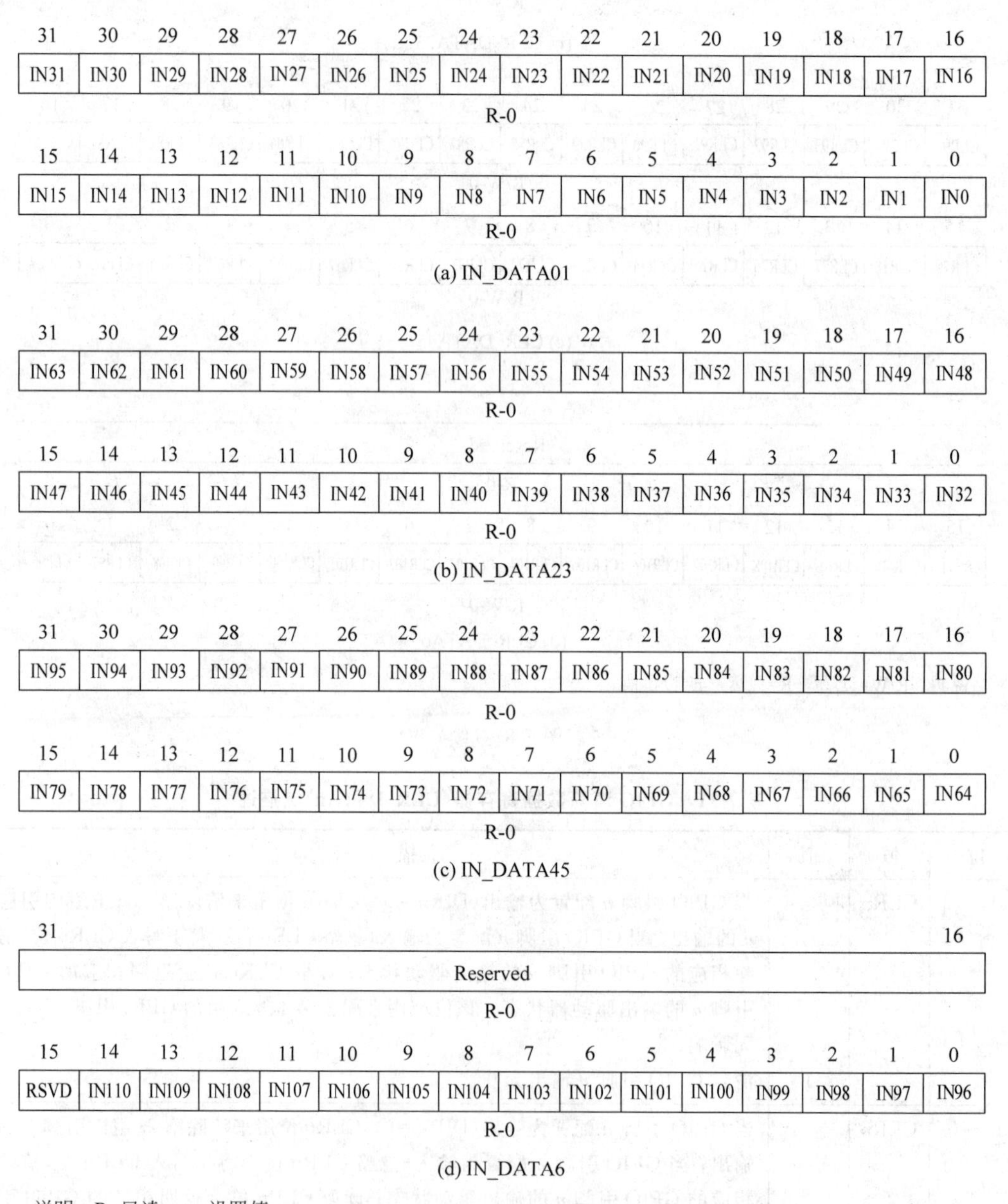

| 31 | 30 | 29 | 28 | 27 | 26 | 25 | 24 | 23 | 22 | 21 | 20 | 19 | 18 | 17 | 16 |
|---|---|---|---|---|---|---|---|---|---|---|---|---|---|---|---|
| IN31 | IN30 | IN29 | IN28 | IN27 | IN26 | IN25 | IN24 | IN23 | IN22 | IN21 | IN20 | IN19 | IN18 | IN17 | IN16 |

R-0

| 15 | 14 | 13 | 12 | 11 | 10 | 9 | 8 | 7 | 6 | 5 | 4 | 3 | 2 | 1 | 0 |
|---|---|---|---|---|---|---|---|---|---|---|---|---|---|---|---|
| IN15 | IN14 | IN13 | IN12 | IN11 | IN10 | IN9 | IN8 | IN7 | IN6 | IN5 | IN4 | IN3 | IN2 | IN1 | IN0 |

R-0

(a) IN_DATA01

| 31 | 30 | 29 | 28 | 27 | 26 | 25 | 24 | 23 | 22 | 21 | 20 | 19 | 18 | 17 | 16 |
|---|---|---|---|---|---|---|---|---|---|---|---|---|---|---|---|
| IN63 | IN62 | IN61 | IN60 | IN59 | IN58 | IN57 | IN56 | IN55 | IN54 | IN53 | IN52 | IN51 | IN50 | IN49 | IN48 |

R-0

| 15 | 14 | 13 | 12 | 11 | 10 | 9 | 8 | 7 | 6 | 5 | 4 | 3 | 2 | 1 | 0 |
|---|---|---|---|---|---|---|---|---|---|---|---|---|---|---|---|
| IN47 | IN46 | IN45 | IN44 | IN43 | IN42 | IN41 | IN40 | IN39 | IN38 | IN37 | IN36 | IN35 | IN34 | IN33 | IN32 |

R-0

(b) IN_DATA23

| 31 | 30 | 29 | 28 | 27 | 26 | 25 | 24 | 23 | 22 | 21 | 20 | 19 | 18 | 17 | 16 |
|---|---|---|---|---|---|---|---|---|---|---|---|---|---|---|---|
| IN95 | IN94 | IN93 | IN92 | IN91 | IN90 | IN89 | IN88 | IN87 | IN86 | IN85 | IN84 | IN83 | IN82 | IN81 | IN80 |

R-0

| 15 | 14 | 13 | 12 | 11 | 10 | 9 | 8 | 7 | 6 | 5 | 4 | 3 | 2 | 1 | 0 |
|---|---|---|---|---|---|---|---|---|---|---|---|---|---|---|---|
| IN79 | IN78 | IN77 | IN76 | IN75 | IN74 | IN73 | IN72 | IN71 | IN70 | IN69 | IN68 | IN67 | IN66 | IN65 | IN64 |

R-0

(c) IN_DATA45

| 31～16 |
|---|
| Reserved |

R-0

| 15 | 14 | 13 | 12 | 11 | 10 | 9 | 8 | 7 | 6 | 5 | 4 | 3 | 2 | 1 | 0 |
|---|---|---|---|---|---|---|---|---|---|---|---|---|---|---|---|
| RSVD | IN110 | IN109 | IN108 | IN107 | IN106 | IN105 | IN104 | IN103 | IN102 | IN101 | IN100 | IN99 | IN98 | IN97 | IN96 |

R-0

(d) IN_DATA6

说明：R=只读，-n=设置值。

图7-9 GPIO输入数据寄存器(IN_DATAn)

表 7-12　GPIO 输入数据寄存器(IN_DATAn)功能描述

| 位 | 域 | 值 | 描　述 |
|---|---|---|---|
| 31～16 | INn | | 读 INn 位返回第 $2l+1$ 组 GPIO 中引脚 $n$ 的状态。该位域用来配置第 1、3、5 组的 GPIO 引脚 |
| | | 0 | GPIO 引脚 $n$ 为逻辑低 |
| | | 1 | GPIO 引脚 $n$ 为逻辑高 |
| 15～0 | INn | | 读 INn 位返回第 $2l$ 组 GPIO 中引脚 $n$ 的状态。该位域用来配置第 0、2、4、6 组的 GPIO 引脚 |
| | | 0 | GPIO 引脚 $n$ 为逻辑低 |
| | | 1 | GPIO 引脚 $n$ 为逻辑高 |

**9. GPIO 设置上升沿中断寄存器(SET_RIS_TRIGn)**

GPIO 设置上升沿中断寄存器(SET_RIS_TRIGn)使能 GPIO 引脚上升沿生成一个 GPIO 中断。GPIO 设置上升沿中断寄存器(SET_RIS_TRIGn)如图 7-10 所示，功能描述如表 7-13 所示。

| 31 | 30 | 29 | 28 | 27 | 26 | 25 | 24 | 23 | 22 | 21 | 20 | 19 | 18 | 17 | 16 |
|---|---|---|---|---|---|---|---|---|---|---|---|---|---|---|---|
| SETRIS 31 | SETRIS 30 | SETRIS 29 | SETRIS 28 | SETRIS 27 | SETRIS 26 | SETRIS 25 | SETRIS 24 | SETRIS 23 | SETRIS 22 | SETRIS 21 | SETRIS 20 | SETRIS 19 | SETRIS 18 | SETRIS 17 | SETRIS 16 |

R/W-0

| 15 | 14 | 13 | 12 | 11 | 10 | 9 | 8 | 7 | 6 | 5 | 4 | 3 | 2 | 1 | 0 |
|---|---|---|---|---|---|---|---|---|---|---|---|---|---|---|---|
| SETRIS 15 | SETRIS 14 | SETRIS 13 | SETRIS 12 | SETRIS 11 | SETRIS 10 | SETRIS 9 | SETRIS 8 | SETRIS 7 | SETRIS 6 | SETRIS 5 | SETRIS 4 | SETRIS 3 | SETRIS 2 | SETRIS 1 | SETRIS 0 |

R/W-0

(a) SET_RIS_TRIG01

| 31 | 30 | 29 | 28 | 27 | 26 | 25 | 24 | 23 | 22 | 21 | 20 | 19 | 18 | 17 | 16 |
|---|---|---|---|---|---|---|---|---|---|---|---|---|---|---|---|
| SETRIS 63 | SETRIS 62 | SETRIS 61 | SETRIS 60 | SETRIS 59 | SETRIS 58 | SETRIS 57 | SETRIS 56 | SETRIS 55 | SETRIS 54 | SETRIS 53 | SETRIS 52 | SETRIS 51 | SETRIS 50 | SETRIS 49 | SETRIS 48 |

R/W-0

| 15 | 14 | 13 | 12 | 11 | 10 | 9 | 8 | 7 | 6 | 5 | 4 | 3 | 2 | 1 | 0 |
|---|---|---|---|---|---|---|---|---|---|---|---|---|---|---|---|
| SETRIS 47 | SETRIS 46 | SETRIS 45 | SETRIS 44 | SETRIS 43 | SETRIS 42 | SETRIS 41 | SETRIS 40 | SETRIS 39 | SETRIS 38 | SETRIS 37 | SETRIS 36 | SETRIS 35 | SETRIS 34 | SETRIS 33 | SETRIS 32 |

R/W-0

(b) SET_RIS_TRIG23

| 31 | 30 | 29 | 28 | 27 | 26 | 25 | 24 | 23 | 22 | 21 | 20 | 19 | 18 | 17 | 16 |
|---|---|---|---|---|---|---|---|---|---|---|---|---|---|---|---|
| SETRIS 95 | SETRIS 94 | SETRIS 93 | SETRIS 92 | SETRIS 91 | SETRIS 90 | SETRIS 89 | SETRIS 88 | SETRIS 87 | SETRIS 86 | SETRIS 85 | SETRIS 84 | SETRIS 83 | SETRIS 82 | SETRIS 81 | SETRIS 80 |

R/W-0

| 15 | 14 | 13 | 12 | 11 | 10 | 9 | 8 | 7 | 6 | 5 | 4 | 3 | 2 | 1 | 0 |
|---|---|---|---|---|---|---|---|---|---|---|---|---|---|---|---|
| SETRIS 79 | SETRIS 78 | SETRIS 77 | SETRIS 76 | SETRIS 75 | SETRIS 74 | SETRIS 73 | SETRIS 72 | SETRIS 71 | SETRIS 70 | SETRIS 69 | SETRIS 68 | SETRIS 67 | SETRIS 66 | SETRIS 65 | SETRIS 64 |

R/W-0

(c) SET_RIS_TRIG45

图 7-10　GPIO 设置上升沿中断寄存器(SET_RIS_TRIGn)

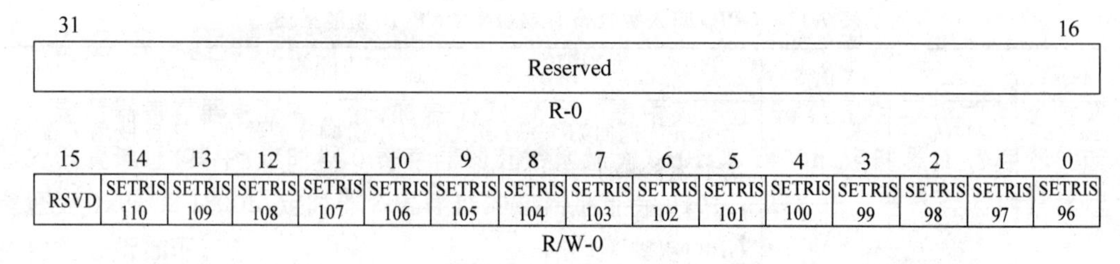


(d) SET_RIS_TRIG6

说明：R/W=读/写，R=只读，-n=设置值。

图 7-10 （续）

**表 7-13 GPIO 设置上升沿中断寄存器(SET_RIS_TRIGn)功能描述**

| 位 | 域 | 值 | 描 述 |
|---|---|---|---|
| 31～16 | SETRISn | | 读取 SETRISn 位返回一个指示，显示是否第 $2l+1$ 组中引脚 $n$ 的上升沿中断生成函数被启用。因此，如果中断函数启用，SET_RIS_TRIGn 和 CLR_RIS_TRIGn 寄存器中的该位为 1；如果中断函数禁用，则这两个寄存器中该位都为零。该位域用来配置第 1、3、5 组的 GPIO 引脚 |
| | | 0 | 无影响 |
| | | 1 | GPIO 引脚 $n$ 由低到高的电位变化将触发中断 |
| 15～0 | SETRISn | | 读取 SETRISn 位返回一个指示，显示是否第 $2l$ 组中引脚 $n$ 的上升沿中断生成函数被启用。因此，如果中断函数启用，SET_RIS_TRIGn 和 CLR_RIS_TRIGn 寄存器中的该位为 1；如果中断函数禁用，则这两个寄存器中该位都为零。该位域用来配置第 0、2、4、6 组的 GPIO 引脚 |
| | | 0 | 无影响 |
| | | 1 | GPIO 引脚 $n$ 由低到高的电位变化将触发中断 |

## 10. GPIO 清除上升沿中断寄存器(CLR_RIS_TRIGn)

GPIO 清除上升沿中断寄存器(CLR_RIS_TRIGn)禁用 GPIO 引脚上升沿生成一个 GPIO 中断。GPIO 清除上升沿中断寄存器(CLR_RIS_TRIGn)如图 7-11 所示，功能描述如表 7-14 所示。

| 31 | 30 | 29 | 28 | 27 | 26 | 25 | 24 | 23 | 22 | 21 | 20 | 19 | 18 | 17 | 16 |
|---|---|---|---|---|---|---|---|---|---|---|---|---|---|---|---|
| CLRRIS 31 | CLRRIS 30 | CLRRIS 29 | CLRRIS 28 | CLRRIS 27 | CLRRIS 26 | CLRRIS 25 | CLRRIS 24 | CLRRIS 23 | CLRRIS 22 | CLRRIS 21 | CLRRIS 20 | CLRRIS 19 | CLRRIS 18 | CLRRIS 17 | CLRRIS 16 |

R/W-0

| 15 | 14 | 13 | 12 | 11 | 10 | 9 | 8 | 7 | 6 | 5 | 4 | 3 | 2 | 1 | 0 |
|---|---|---|---|---|---|---|---|---|---|---|---|---|---|---|---|
| CLRRIS 15 | CLRRIS 14 | CLRRIS 13 | CLRRIS 12 | CLRRIS 11 | CLRRIS 10 | CLRRIS 9 | CLRRIS 8 | CLRRIS 7 | CLRRIS 6 | CLRRIS 5 | CLRRIS 4 | CLRRIS 3 | CLRRIS 2 | CLRRIS 1 | CLRRIS 0 |

R/W-0

(a) CLR_RIS_TRIG01

| 31 | 30 | 29 | 28 | 27 | 26 | 25 | 24 | 23 | 22 | 21 | 20 | 19 | 18 | 17 | 16 |
|---|---|---|---|---|---|---|---|---|---|---|---|---|---|---|---|
| CLRRIS 63 | CLRRIS 62 | CLRRIS 61 | CLRRIS 60 | CLRRIS 59 | CLRRIS 58 | CLRRIS 57 | CLRRIS 56 | CLRRIS 55 | CLRRIS 54 | CLRRIS 53 | CLRRIS 52 | CLRRIS 51 | CLRRIS 50 | CLRRIS 49 | CLRRIS 48 |

R/W-0

| 15 | 14 | 13 | 12 | 11 | 10 | 9 | 8 | 7 | 6 | 5 | 4 | 3 | 2 | 1 | 0 |
|---|---|---|---|---|---|---|---|---|---|---|---|---|---|---|---|
| CLRRIS 47 | CLRRIS 46 | CLRRIS 45 | CLRRIS 44 | CLRRIS 43 | CLRRIS 42 | CLRRIS 41 | CLRRIS 40 | CLRRIS 39 | CLRRIS 38 | CLRRIS 37 | CLRRIS 36 | CLRRIS 35 | CLRRIS 34 | CLRRIS 33 | CLRRIS 32 |

R/W-0

(b) CLR_RIS_TRIG23

图 7-11 GPIO 清除上升沿中断寄存器(CLR_RIS_TRIGn)

| 31 | 30 | 29 | 28 | 27 | 26 | 25 | 24 | 23 | 22 | 21 | 20 | 19 | 18 | 17 | 16 |
|---|---|---|---|---|---|---|---|---|---|---|---|---|---|---|---|
| CLRRIS 95 | CLRRIS 94 | CLRRIS 93 | CLRRIS 92 | CLRRIS 91 | CLRRIS 90 | CLRRIS 89 | CLRRIS 88 | CLRRIS 87 | CLRRIS 86 | CLRRIS 85 | CLRRIS 84 | CLRRIS 83 | CLRRIS 82 | CLRRIS 81 | CLRRIS 80 |

R/W-0

| 15 | 14 | 13 | 12 | 11 | 10 | 9 | 8 | 7 | 6 | 5 | 4 | 3 | 2 | 1 | 0 |
|---|---|---|---|---|---|---|---|---|---|---|---|---|---|---|---|
| CLRRIS 79 | CLRRIS 78 | CLRRIS 77 | CLRRIS 76 | CLRRIS 75 | CLRRIS 74 | CLRRIS 73 | CLRRIS 72 | CLRRIS 71 | CLRRIS 70 | CLRRIS 69 | CLRRIS 68 | CLRRIS 67 | CLRRIS 66 | CLRRIS 65 | CLRRIS 64 |

R/W-0

(c) CLR_RIS_TRIG45

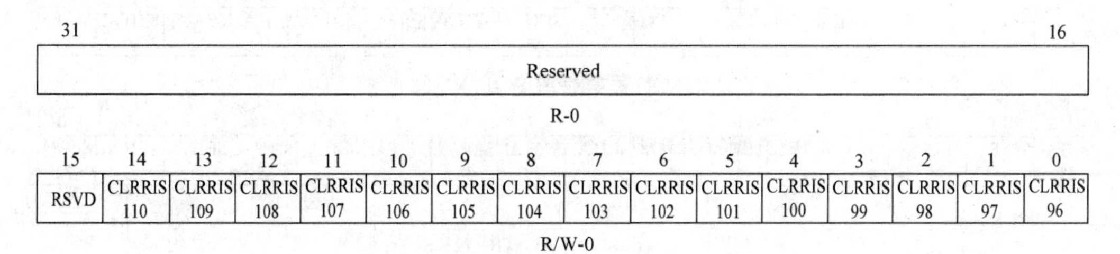


(d) CLR_RIS_TRIG6

说明：R/W=读/写，R=只读，-n=设置值。

图 7-11 （续）

**表 7-14 GPIO 清除上升沿中断寄存器(CLR_RIS_TRIGn)功能描述**

| 位 | 域 | 值 | 描 述 |
|---|---|---|---|
| 31～16 | CLRRISn | | 读取 CLRRISn 位返回一个指示，显示是否第 $2l+1$ 组中引脚 $n$ 的上升沿中断生成函数被启用。因此，如果中断函数启用，SET_RIS_TRIGn 和 CLR_RIS_TRIGn 寄存器中的该位为 1；如果中断函数禁用，则这两个寄存器中该位都为零。该位域用来配置第 1、3、5 组的 GPIO 引脚 |
| | | 0 | 无影响 |
| | | 1 | GPIO 引脚 $n$ 由低到高的电位变化不触发中断 |
| 15～0 | CLRRISn | | 读取 SETRISn 位返回一个指示，显示是否第 $2l$ 组中引脚 $n$ 的上升沿中断生成函数被启用。因此，如果中断函数启用，SET_RIS_TRIGn 和 CLR_RIS_TRIGn 寄存器中的该位为 1；如果中断函数禁用，则这两个寄存器中该位都为零。该位域用来配置第 0、2、4、6 组的 GPIO 引脚 |
| | | 0 | 无影响 |
| | | 1 | GPIO 引脚 $n$ 由低到高的电位变化不触发中断 |

### 11. GPIO 设置下降沿中断寄存器(SET_FAL_TRIGn)

GPIO 设置下降沿中断寄存器(SET_FAL_TRIGn)使能 GPIO 引脚下降沿生成一个 GPIO 中断。GPIO 设置下降沿中断寄存器(SET_FAL_TRIGn)如图 7-12 所示，功能描述如表 7-15 所示。

| 31 | 30 | 29 | 28 | 27 | 26 | 25 | 24 | 23 | 22 | 21 | 20 | 19 | 18 | 17 | 16 |
|---|---|---|---|---|---|---|---|---|---|---|---|---|---|---|---|
| SETFAL 31 | SETFAL 30 | SETFAL 29 | SETFAL 28 | SETFAL 27 | SETFAL 26 | SETFAL 25 | SETFAL 24 | SETFAL 23 | SETFAL 22 | SETFAL 21 | SETFAL 20 | SETFAL 19 | SETFAL 18 | SETFAL 17 | SETFAL 16 |

R/W-0

| 15 | 14 | 13 | 12 | 11 | 10 | 9 | 8 | 7 | 6 | 5 | 4 | 3 | 2 | 1 | 0 |
|---|---|---|---|---|---|---|---|---|---|---|---|---|---|---|---|
| SETFAL 15 | SETFAL 14 | SETFAL 13 | SETFAL 12 | SETFAL 11 | SETFAL 10 | SETFAL 9 | SETFAL 8 | SETFAL 7 | SETFAL 6 | SETFAL 5 | SETFAL 4 | SETFAL 3 | SETFAL 2 | SETFAL 1 | SETFAL 0 |

R/W-0

(a) SET_FAL_TRIG01

| 31 | 30 | 29 | 28 | 27 | 26 | 25 | 24 | 23 | 22 | 21 | 20 | 19 | 18 | 17 | 16 |
|---|---|---|---|---|---|---|---|---|---|---|---|---|---|---|---|
| SETFAL 63 | SETFAL 62 | SETFAL 61 | SETFAL 60 | SETFAL 59 | SETFAL 58 | SETFAL 57 | SETFAL 56 | SETFAL 55 | SETFAL 54 | SETFAL 53 | SETFAL 52 | SETFAL 51 | SETFAL 50 | SETFAL 49 | SETFAL 48 |

R/W-0

| 15 | 14 | 13 | 12 | 11 | 10 | 9 | 8 | 7 | 6 | 5 | 4 | 3 | 2 | 1 | 0 |
|---|---|---|---|---|---|---|---|---|---|---|---|---|---|---|---|
| SETFAL 47 | SETFAL 46 | SETFAL 45 | SETFAL 44 | SETFAL 43 | SETFAL 42 | SETFAL 41 | SETFAL 40 | SETFAL 39 | SETFAL 38 | SETFAL 37 | SETFAL 36 | SETFAL 35 | SETFAL 34 | SETFAL 33 | SETFAL 32 |

R/W-0

(b) SET_FAL_TRIG23

| 31 | 30 | 29 | 28 | 27 | 26 | 25 | 24 | 23 | 22 | 21 | 20 | 19 | 18 | 17 | 16 |
|---|---|---|---|---|---|---|---|---|---|---|---|---|---|---|---|
| SETFAL 95 | SETFAL 94 | SETFAL 93 | SETFAL 92 | SETFAL 91 | SETFAL 90 | SETFAL 89 | SETFAL 88 | SETFAL 87 | SETFAL 86 | SETFAL 85 | SETFAL 84 | SETFAL 83 | SETFAL 82 | SETFAL 81 | SETFAL 80 |

R/W-0

| 15 | 14 | 13 | 12 | 11 | 10 | 9 | 8 | 7 | 6 | 5 | 4 | 3 | 2 | 1 | 0 |
|---|---|---|---|---|---|---|---|---|---|---|---|---|---|---|---|
| SETFAL 79 | SETFAL 78 | SETFAL 77 | SETFAL 76 | SETFAL 75 | SETFAL 74 | SETFAL 73 | SETFAL 72 | SETFAL 71 | SETFAL 70 | SETFAL 69 | SETFAL 68 | SETFAL 67 | SETFAL 66 | SETFAL 65 | SETFAL 64 |

R/W-0

(c) SET_FAL_TRIG45

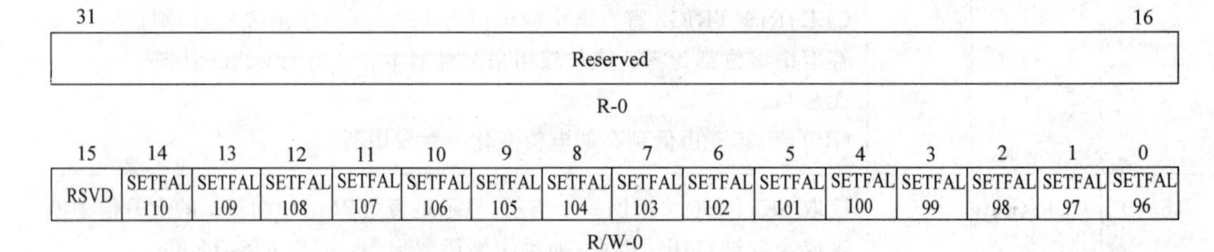

| 31 | 16 |
|---|---|
| Reserved | |

R-0

| 15 | 14 | 13 | 12 | 11 | 10 | 9 | 8 | 7 | 6 | 5 | 4 | 3 | 2 | 1 | 0 |
|---|---|---|---|---|---|---|---|---|---|---|---|---|---|---|---|
| RSVD | SETFAL 110 | SETFAL 109 | SETFAL 108 | SETFAL 107 | SETFAL 106 | SETFAL 105 | SETFAL 104 | SETFAL 103 | SETFAL 102 | SETFAL 101 | SETFAL 100 | SETFAL 99 | SETFAL 98 | SETFAL 97 | SETFAL 96 |

R/W-0

(d) SET_FAL_TRIG6

说明：R/W=读/写，R=只读，-n=设置值。

图 7-12　GPIO 设置下降沿中断寄存器(SET_FAL_TRIGn)

**表 7-15　GPIO 设置下降沿中断寄存器(SET_FAL_TRIGn)功能描述**

| 位 | 域 | 值 | 描　述 |
|---|---|---|---|
| 31～16 | SETFALn | | 读取 SETFALn 位返回一个指示，显示是否第 $2l+1$ 组中引脚 $n$ 的下降沿中断生成函数被启用。因此，如果中断函数启用，SET_FAL_TRIGn 和 CLR_FAL_TRIGn 寄存器中的该位为 1；如果中断函数禁用，则这两个寄存器中该位都为零。该位域用来配置第 1、3、5 组的 GPIO 引脚 |
| | | 0 | 无影响 |
| | | 1 | GPIO 引脚 $n$ 由高到低的电位变化将触发中断 |

续表

| 位 | 域 | 值 | 描　述 |
| --- | --- | --- | --- |
| 15～0 | SETFALn | | 读取 SETFALn 位返回一个指示，显示是否第 2*l* 组中引脚 *n* 的下降沿中断生成函数被启用。因此，如果中断函数启用，SET_FAL_TRIGn 和 CLR_FAL_TRIGn 寄存器中的该位为 1；如果中断函数禁用，则这两个寄存器中该位都为零。该位域用来配置第 0、2、4、6 组的 GPIO 引脚 |
| | | 0 | 无影响 |
| | | 1 | GPIO 引脚 *n* 由高到低的电位变化将触发中断 |

## 12. GPIO 清除下降沿中断寄存器(CLR_FAL_TRIGn)

GPIO 清除下降沿中断寄存器(CLR_FAL_TRIGn)禁用 GPIO 引脚下降沿生成一个 GPIO 中断。GPIO 清除下降沿中断寄存器(CLR_FAL_TRIGn)如图 7-13 所示，功能描述如表 7-16 所示。

| 31 | 30 | 29 | 28 | 27 | 26 | 25 | 24 | 23 | 22 | 21 | 20 | 19 | 18 | 17 | 16 |
| --- | --- | --- | --- | --- | --- | --- | --- | --- | --- | --- | --- | --- | --- | --- | --- |
| CLRFAL 31 | CLRFAL 30 | CLRFAL 29 | CLRFAL 28 | CLRFAL 27 | CLRFAL 26 | CLRFAL 25 | CLRFAL 24 | CLRFAL 23 | CLRFAL 22 | CLRFAL 21 | CLRFAL 20 | CLRFAL 19 | CLRFAL 18 | CLRFAL 17 | CLRFAL 16 |

R/W-0

| 15 | 14 | 13 | 12 | 11 | 10 | 9 | 8 | 7 | 6 | 5 | 4 | 3 | 2 | 1 | 0 |
| --- | --- | --- | --- | --- | --- | --- | --- | --- | --- | --- | --- | --- | --- | --- | --- |
| CLRFAL 15 | CLRFAL 14 | CLRFAL 13 | CLRFAL 12 | CLRFAL 11 | CLRFAL 10 | CLRFAL 9 | CLRFAL 8 | CLRFAL 7 | CLRFAL 6 | CLRFAL 5 | CLRFAL 4 | CLRFAL 3 | CLRFAL 2 | CLRFAL 1 | CLRFAL 0 |

R/W-0

(a) CLR_FAL_TRIG01

| 31 | 30 | 29 | 28 | 27 | 26 | 25 | 24 | 23 | 22 | 21 | 20 | 19 | 18 | 17 | 16 |
| --- | --- | --- | --- | --- | --- | --- | --- | --- | --- | --- | --- | --- | --- | --- | --- |
| CLRFAL 63 | CLRFAL 62 | CLRFAL 61 | CLRFAL 60 | CLRFAL 59 | CLRFAL 58 | CLRFAL 57 | CLRFAL 56 | CLRFAL 55 | CLRFAL 54 | CLRFAL 53 | CLRFAL 52 | CLRFAL 51 | CLRFAL 50 | CLRFAL 49 | CLRFAL 48 |

R/W-0

| 15 | 14 | 13 | 12 | 11 | 10 | 9 | 8 | 7 | 6 | 5 | 4 | 3 | 2 | 1 | 0 |
| --- | --- | --- | --- | --- | --- | --- | --- | --- | --- | --- | --- | --- | --- | --- | --- |
| CLRFAL 47 | CLRFAL 46 | CLRFAL 45 | CLRFAL 44 | CLRFAL 43 | CLRFAL 42 | CLRFAL 41 | CLRFAL 40 | CLRFAL 39 | CLRFAL 38 | CLRFAL 37 | CLRFAL 36 | CLRFAL 35 | CLRFAL 34 | CLRFAL 33 | CLRFAL 32 |

R/W-0

(b) CLR_FAL_TRIG23

| 31 | 30 | 29 | 28 | 27 | 26 | 25 | 24 | 23 | 22 | 21 | 20 | 19 | 18 | 17 | 16 |
| --- | --- | --- | --- | --- | --- | --- | --- | --- | --- | --- | --- | --- | --- | --- | --- |
| CLRFAL 95 | CLRFAL 94 | CLRFAL 93 | CLRFAL 92 | CLRFAL 91 | CLRFAL 90 | CLRFAL 89 | CLRFAL 88 | CLRFAL 87 | CLRFAL 86 | CLRFAL 85 | CLRFAL 84 | CLRFAL 83 | CLRFAL 82 | CLRFAL 81 | CLRFAL 80 |

R/W-0

| 15 | 14 | 13 | 12 | 11 | 10 | 9 | 8 | 7 | 6 | 5 | 4 | 3 | 2 | 1 | 0 |
| --- | --- | --- | --- | --- | --- | --- | --- | --- | --- | --- | --- | --- | --- | --- | --- |
| CLRFAL 79 | CLRFAL 78 | CLRFAL 77 | CLRFAL 76 | CLRFAL 75 | CLRFAL 74 | CLRFAL 73 | CLRFAL 72 | CLRFAL 71 | CLRFAL 70 | CLRFAL 69 | CLRFAL 68 | CLRFAL 67 | CLRFAL 66 | CLRFAL 65 | CLRFAL 64 |

R/W-0

(c) CLR_FAL_TRIG45

| 31～16 |
| --- |
| Reserved |

R-0

| 15 | 14 | 13 | 12 | 11 | 10 | 9 | 8 | 7 | 6 | 5 | 4 | 3 | 2 | 1 | 0 |
| --- | --- | --- | --- | --- | --- | --- | --- | --- | --- | --- | --- | --- | --- | --- | --- |
| RSVD | CLRFAL 110 | CLRFAL 109 | CLRFAL 108 | CLRFAL 107 | CLRFAL 106 | CLRFAL 105 | CLRFAL 104 | CLRFAL 103 | CLRFAL 102 | CLRFAL 101 | CLRFAL 100 | CLRFAL 99 | CLRFAL 98 | CLRFAL 97 | CLRFAL 96 |

R/W-0

(d) CLR_FAL_TRIG6

说明：R/W=读/写，R=只读，-n=设置值。

图 7-13　GPIO 清除下降沿中断寄存器(CLR_FAL_TRIGn)

表 7-16 GPIO 清除下降沿中断寄存器(CLR_FAL_TRIGn)功能描述

| 位 | 域 | 值 | 描述 |
|---|---|---|---|
| 31～16 | CLRFALn | | 读取 CLRFALn 位返回一个指示,显示是否第 $2l+1$ 组中引脚 $n$ 的下降沿中断生成函数被启用。因此,如果中断函数启用,SET_FAL_TRIGn 和 CLR_FAL_TRIGn 寄存器中的该位为 1;如果中断函数禁用,则这两个寄存器中该位都为零。该位域用来配置第 1、3、5 组的 GPIO 引脚 |
| | | 0 | 无影响 |
| | | 1 | GPIO 引脚 $n$ 由高到低的电位变化不触发中断 |
| 15～0 | CLRFALn | | 读取 CLRFALn 位返回一个指示,显示是否第 $2l$ 组中引脚 $n$ 的下降沿中断生成函数被启用。因此,如果中断函数启用,SET_FAL_TRIGn 和 CLR_FAL_TRIGn 寄存器中的该位为 1;如果中断函数禁用,则这两个寄存器中该位都为零。该位域用来配置第 0、2、4、6 组的 GPIO 引脚 |
| | | 0 | 无影响 |
| | | 1 | GPIO 引脚 $n$ 由高到低的电位变化不触发中断 |

**13. GPIO 中断状态寄存器(INSTATn)**

GPIO 中断事件的状态可以通过读取 GPIO 中断状态寄存器(INSTATn)来监控。在相关比特位上,在 GPIO 中断挂起用逻辑 1 表示,而 GPIO 中断未挂起用逻辑 0 表示。GPIO 中断状态寄存器(INSTATn)如图 7-14 所示,功能描述如表 7-17 所示。

| 31 | 30 | 29 | 28 | 27 | 26 | 25 | 24 | 23 | 22 | 21 | 20 | 19 | 18 | 17 | 16 |
|---|---|---|---|---|---|---|---|---|---|---|---|---|---|---|---|
| STAT31 | STAT30 | STAT29 | STAT28 | STAT27 | STAT26 | STAT25 | STAT24 | STAT23 | STAT22 | STAT21 | STAT20 | STAT19 | STAT18 | STAT17 | STAT16 |

R/W1C-0

| 15 | 14 | 13 | 12 | 11 | 10 | 9 | 8 | 7 | 6 | 5 | 4 | 3 | 2 | 1 | 0 |
|---|---|---|---|---|---|---|---|---|---|---|---|---|---|---|---|
| STAT15 | STAT14 | STAT13 | STAT12 | STAT11 | STAT10 | STAT9 | STAT8 | STAT7 | STAT6 | STAT5 | STAT4 | STAT3 | STAT2 | STAT1 | STAT0 |

R/W1C-0

(a) INTSTAT01

| 31 | 30 | 29 | 28 | 27 | 26 | 25 | 24 | 23 | 22 | 21 | 20 | 19 | 18 | 17 | 16 |
|---|---|---|---|---|---|---|---|---|---|---|---|---|---|---|---|
| STAT63 | STAT62 | STAT61 | STAT60 | STAT59 | STAT58 | STAT57 | STAT56 | STAT55 | STAT54 | STAT53 | STAT52 | STAT51 | STAT50 | STAT49 | STAT48 |

R/W1C-0

| 15 | 14 | 13 | 12 | 11 | 10 | 9 | 8 | 7 | 6 | 5 | 4 | 3 | 2 | 1 | 0 |
|---|---|---|---|---|---|---|---|---|---|---|---|---|---|---|---|
| STAT47 | STAT46 | STAT45 | STAT44 | STAT43 | STAT42 | STAT41 | STAT40 | STAT39 | STAT38 | STAT37 | STAT36 | STAT35 | STAT34 | STAT33 | STAT32 |

R/W1C-0

(b) INTSTAT23

| 31 | 30 | 29 | 28 | 27 | 26 | 25 | 24 | 23 | 22 | 21 | 20 | 19 | 18 | 17 | 16 |
|---|---|---|---|---|---|---|---|---|---|---|---|---|---|---|---|
| STAT95 | STAT94 | STAT93 | STAT92 | STAT91 | STAT90 | STAT89 | STAT88 | STAT87 | STAT86 | STAT85 | STAT84 | STAT83 | STAT82 | STAT81 | STAT80 |

R/W1C-0

| 15 | 14 | 13 | 12 | 11 | 10 | 9 | 8 | 7 | 6 | 5 | 4 | 3 | 2 | 1 | 0 |
|---|---|---|---|---|---|---|---|---|---|---|---|---|---|---|---|
| STAT79 | STAT78 | STAT77 | STAT76 | STAT75 | STAT74 | STAT73 | STAT72 | STAT71 | STAT70 | STAT69 | STAT68 | STAT67 | STAT66 | STAT65 | STAT64 |

R/W1C-0

(c) INTSTAT45

图 7-14 GPIO 中断状态寄存器(INSTATn)

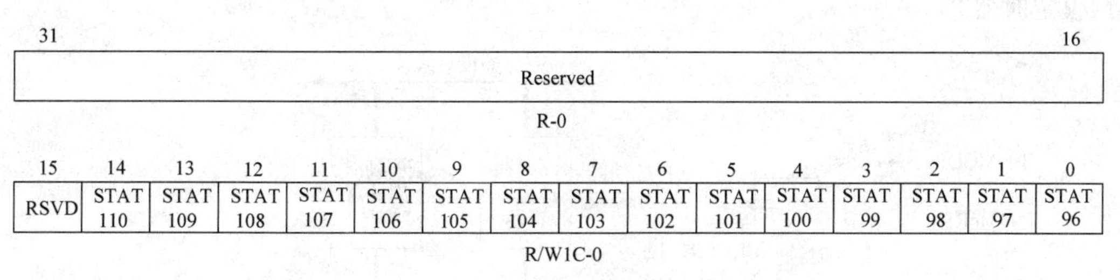

(d) INTSTAT6

说明：R/W=读/写，W1C=写1到清除位(写0无影响)，-n=设置值。

图 7-14 （续）

**表 7-17　GPIO 中断状态寄存器(INSTATn)功能描述**

| 位 | 域 | 值 | 描　述 |
|---|---|---|---|
| 31～16 | STATn | | STATn 位用于监视第 $2l+1$ 组中引脚 $n$ 的 GPIO 中断是否被挂起。该位域返回第 1、3、5 组的 GPIO 引脚状态。写 1 到 STATn 位，来清除 STATn 位，写 0 没有影响 |
| | | 0 | GPIO 引脚 $n$ 无中断挂起 |
| | | 1 | GPIO 引脚 $n$ 中断挂起 |
| 15～0 | STATn | | STATn 位用于监视第 $2l$ 组中引脚 $n$ 的 GPIO 中断是否被挂起。该位域返回第 0、2、4、6 组的 GPIO 引脚状态。写 1 到 STATn 位，来清除 STATn 位，写 0 没有影响 |
| | | 0 | GPIO 引脚 $n$ 无中断挂起 |
| | | 1 | GPIO 引脚 $n$ 中断挂起 |

## 7.2　定时器

### 7.2.1　定时器结构

TMS320DM6437 有 3 个 64 位软件可编程通用定时器，分别是定时器 0(Timer 0)、定时器 1(Timer 1)和定时器 2(Timer 2)。定时器 0 和定时器 1 可在 64 位模式、双 32 位非链接模式(独立操作)和双 32 位链接模式(相互配合操作)下编程，定时器 2 用作看门狗定时器(Watchdog Timer)。定时器结构框图如图 7-15 所示，其特性如下。

(1) 64 位加法计数器。

(2) 4 种定时器模式。

(3) 2 个时钟源：内部时钟和通过定时器输入引脚 TINPL 输入外部时钟(仅定时器 0 和1)。

(4) 2 种输出模式：脉冲模式和时钟模式。

(5) 2 种操作模式：一次操作(定时器运行一个周期停止)和连续操作(定时器运行一个周期后自动重置)。

(6) 通用定时器模式可用来生成周期中断、EDMA 同步事件或外部时钟输出。

(7) 看门狗定时器用于在故障情况下为设备提供恢复机制，其超时会导致设备全局重置(仅定时器 2)。

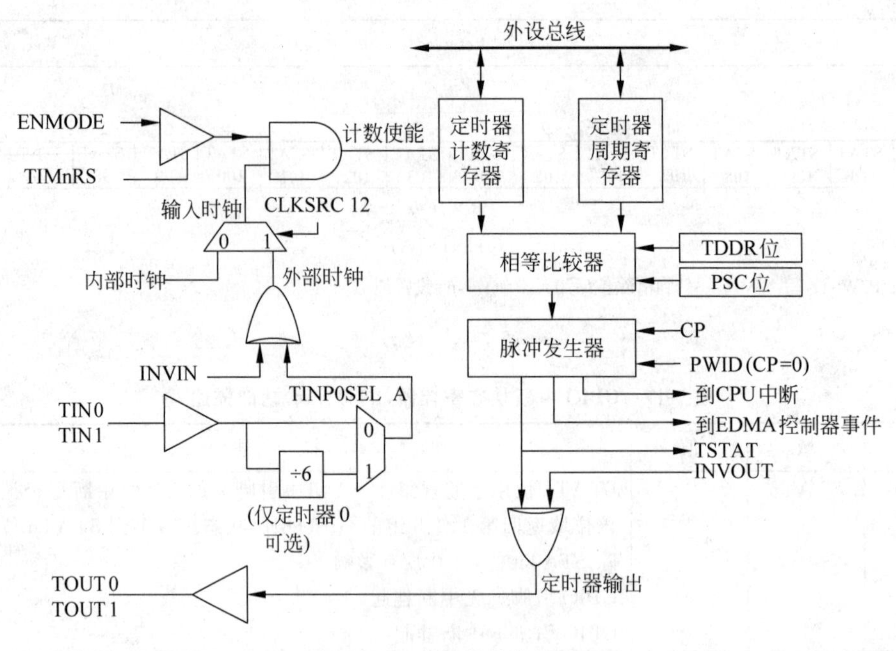


图 7-15 定时器结构框图

**1. 时钟控制**

定时器 0 和定时器 1 可使用内部或外部时钟源来作为计数周期,下面介绍如何选择时钟源。表 7-18 显示了时钟源及对应支持的定时器。

**表 7-18 定时器支持的时钟源**

| 时 钟 源 | 定 时 器 0 | 定 时 器 1 | 定 时 器 2 |
|---|---|---|---|
| 内部时钟源 | √ | √ | √ |
| 外部时钟输入(TIN0 和 TIN1) | √ | √ | — |

如图 7-16 所示,使用定时器控制寄存器(TCR)中的时钟源 CLKSRC12 位选择定时器时钟源,两种时钟源均可驱动定时器时钟。在重置时,时钟源为内部时钟。

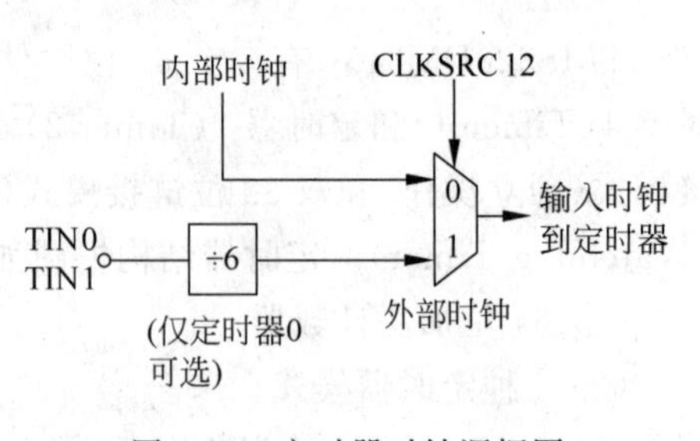


图 7-16 定时器时钟源框图

(1) 内部时钟,设置 CLKSRC12=0。

(2) 定时器 0 和定时器 1 的外部时钟输入(TIN0 和 TIN1),设置 CLKSRC12=1。

有关每个时钟源的配置选项详细分析如下:

1) 使用内部时钟源

内部时钟源是一个固定的片上 27MHz 时钟。由于定时器计数上限基于时钟源的每个周期,因此,该时钟源决定了定时器的速度。在确定定时器的周期和预分频器设置时,根据 27MHz 时钟的周期数来选择所需的周期。

定时器控制寄存器中的 CLKSRC12 位控制内部或外部时钟用作定时器的时钟源。如果定时器配置在64位模式或32位链接模式下,则CLKSRC12位控制整个定时器的时钟源。如果定时器配置为双32位非链接模式(定时器全局控制寄存器TGCR中TIMMODE=1),CLKSRC12位控制Timer 1:2,Timer 3:4必须使用内部时钟源。要选择内部时钟作为定时器的时钟源,CLKSRC12位必须清除为0。

2) 使用外部时钟源(仅定时器0和1)

可以提供一个外部时钟源,通过TIN0和TIN1引脚对定时器计时。定时器控制寄存器(TCR)中的CLKSRC12位控制内部或外部时钟用作定时器的时钟源。如果定时器配置在64位模式或32位链接模式下,则CLKSRC12位控制整个定时器的时钟源。如果定时器配置为双32位链接模式(TGCR中的TIMMODE=1),则CLKSRC12位控制Timer 1:2,Timer 3:4必须使用外部时钟。为了选择外部时钟作为定时器的时钟源,CLKSRC12位必须设置为1。

**2. 信号描述**

输入信号可用于定时器0和定时器1。定时器0输入(TIN0)和定时器1输入(TIN1)连接到输入时钟电路以允许定时器同步。对于音频应用程序,定时器0提供了一个"÷6"分频器,确保音频时钟满足小于CLK/4的定时器模块要求,此时CLK等于27MHz定时器外设时钟。定时器0的"÷6"分频器可以通过设置定时器0输入选择位(TINP0SEL)为1来启用,TINP0SEL位位于系统模块内的定时器控制寄存器(TIMERCTL)。当TINP0SEL=1时,使能"÷6"选项,并且定时器控制寄存器(TCR)中的定时器输入反相控制(INVINP)选项设置为1,那么"÷6"信号的结果被反相。如果TINP0SEL位被清除为0,并且设置INVINP选项,那么输入信号将直接来自于定时器0的输入引脚(TINP0L),而INVINP选项转换为输入源信号。

定时器0和定时器1提供了外部时钟输出,输出模式包括脉冲模式和时钟模式。定时器输出模式通过使用TCR中的时钟/脉冲模式位(Clock/Pulse,CP)来选择。在脉冲模式(CP=0)下,脉冲宽度位(PWID)可以配置为1、2、3或4个定时器时钟周期。定时器状态(TSTAT)变为闲置前,脉冲宽度设置决定了定时器时钟周期的数量。通过设置位于TCR中的定时器输出反相控制位(INVOUT)为1,可以反转脉冲。在时钟模式(CP=1)下,定时器输出引脚上的信号有50%的占空比,每次信号触发(从高到低或从低到高)定时器计数器达到零,输出引脚的值位于TCR中的TSTAT位。

## 7.2.2 定时器的工作模式控制

**1. 通用定时器模式(定时器0和定时器1)**

1) 64位定时器模式

通过清除定时器全局控制寄存器(TGCR)中的TIMMODE位为0,通用定时器0和定时器1均可配置为64位定时器(如图7-17所示)。在重置时,TIMMODE位的默认设置为64位定时器。在这种模式下,定时器作为一个64位加法计数器运行。计数寄存器(TIM12和TIM34)形成64位定时器计数寄存器,周期寄存器(PRD12和PRD34)形成64位定时器周期寄存器。当启用定时器时,定时计数器在每个输入时钟周期内开始以1递增。当定时器计数器与定时器周期相匹配时,生成一个可屏蔽的定时器中断(TINTLn)、一个定时器EDMA同步事件(TEVTLn)和一个输出信号(TOUT)。当定时器配置为连续模式,定时计数器达到定时周期后，定时计数器重置为0。通过使用TGCR中的控制位来停止、重启、重置或禁用定时器，如表7-19所示。

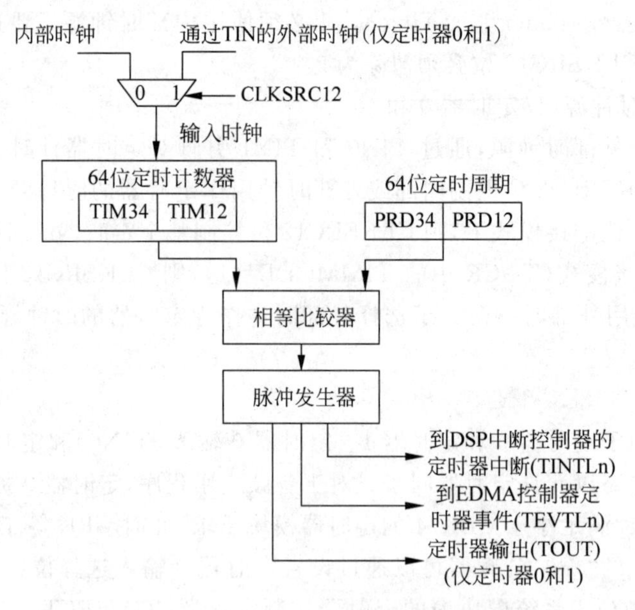


图7-17 64位定时器模式结构框图

**表7-19 64位定时器模式下TGCR中位的配置**

| 64位定时器配置 | TGCR位 | | TCR位 |
|---|---|---|---|
| | TIM12RS | TIM34RS | ENAMODE12 |
| 64位定时器重置 | 0 | 0 | 0 |
| 64位定时器禁用 | 1h | 1h | 0 |
| 启动64位定时器一次操作 | 1h | 1h | 1h |
| 启动64位定时器连续操作 | 1h | 1h | 2h |

在TGCR中，TIM12RS和TIM34RS位可控制定时器处于复位或运行状态。当定时器为64位定时模式时，TIM12RS和TIM34RS位必须设置为1。

定时器控制寄存器(TCR)中的ENAMODE12位控制定时器的禁用、一次操作和连续操作；ENAMODE34位对64位定时器模式无影响。当定时器禁用(ENAMODE12=0)时，定时器禁用并保持其当前计数值。当启用定时器执行一次操作(ENAMODE12=1)时，其达到计数上限(计数值等于周期值)后停止。当启用定时器执行连续操作(ENAMODE12=2h)时，计数器计数到周期值后重置为0并再次开始计数。

一旦定时器停止，如果定时器使用外部时钟，定时器必须至少在一个外部时钟周期内保持禁用，或定时器将不再开始计数。当使用外部时钟时，计数值应同步到内部时钟。注意，当定时计数器和定时周期被清0时，可以启用定时器，但定时计数器不会增加，因为定时周期为0。

当在64位定时器模式下读取定时器计数时，CPU必须首先读TIM12，然后读TIM34。当读取TIM12后，定时器将TIM34复制到一个影子寄存器(Shadow Register)中。当读

TIM34时，硬件逻辑强制从影子寄存器中读取数据。由于当寄存器被读取时，定时器可能继续运行，这保证了从寄存器读取的值不被影响。当读32位模式下的定时器时，TIM12和TIM34可以以任意顺序读取。

64位定时器模式配置过程如下：

(1) 进行必要器件引脚的多路复用设置；

(2) 对VDD3P3V_PWDN寄存器编程实现定时器0和定时器1的IO引脚上电；

(3) 选择时钟源(设置TCR中的CLKSRC位)；

(4) 选择输出模式(设置TCR中的CP位)；

(5) 选择脉冲宽度模式(设置TCR中的PWID位)；

(6) 考虑"÷6"需求设置(设置系统模块TIMERCTL中的TINP0SEL位)；

(7) 考虑反相器需求设置(设置TCR中的INVINP和INVOUTP位)；

(8) 选择64位模式(设置TGCR中的TIMMODE位)；

(9) 从RESET中移除定时器(设置TGCR中的TIM12RS和TIM34RS位)；

(10) 选择需要的定时周期(设置PRD12和PRD34位)；

(11) 启用定时器(设置TCR中的ENAMODE12位)。

2) 双32位定时器模式(定时器0和定时器1)

通过配置定时器全局控制寄存器(TGCR)，可以将每个通用定时器配置为双32位定时器模式。在双32位定时器模式中，两个32位定时器可以独立操作(非链接模式)或与其他定时器配合操作(链接模式)。

(1) 链接模式。

通过设置TGCR中的TIMMODE位为3h，通用定时器可以配置为一个双32位链接模式定时器，如图7-18所示。在链式模式中，一个32位定时器(Timer 3:4)用作32位预分频器，另一个32位定时器(Timer 1:2)用作32位定时。32位预分频器被用来记录32位定时。32位预分频器使用计数寄存器(TIM34)来形成一个32位的预分频计数寄存器，使用一个周期寄存器(PRD34)来形成一个32位的预分频周期寄存器。

当启用定时器时，预分频计数器开始在每个定时器输入时钟周期内递增1。在预分频计数器匹配预分频一个周期后，生成一个时钟信号，并将预分频计数寄存器重置为0，如图7-19所示。

32位定时器(Timer 1:2)使用计数寄存器(TIM12)来形成一个32位定时计数寄存器，周期寄存器(PRD12)形成一个32位的定时器周期寄存器。该定时器通过预分频器的输出时钟来计时，在每个预分频器输出时钟周期内，定时计数器增加1。当定时计数器匹配定时周期时，可屏蔽的定时器中断(TINTLn)、定时器EDMA事件(TEVTLn)以及输出信号(TOUT)被生成。当定时器配置为连续模式时，在定时计数器达到定时周期后，定时计数器重置为0。通过使用TGCR中的TIM12RS和TIM34RS位可以停止、重新启动、重置或禁用定时器。在链接模式下，不使用定时器控制寄存器(TCR)的高16位。

32位定时器链接模式启用和配置可参考64位定时器模式，在TGCR中，TIM12RS和TIM34RS位控制定时器处于复位或运行状态。TIM12RS位控制定时器Timer 1:2的重置，TIM34RS位控制定时器Timer 3:4的重置。对于运行定时器而言，TIM12RS和TIM34RS位必须设置为1。

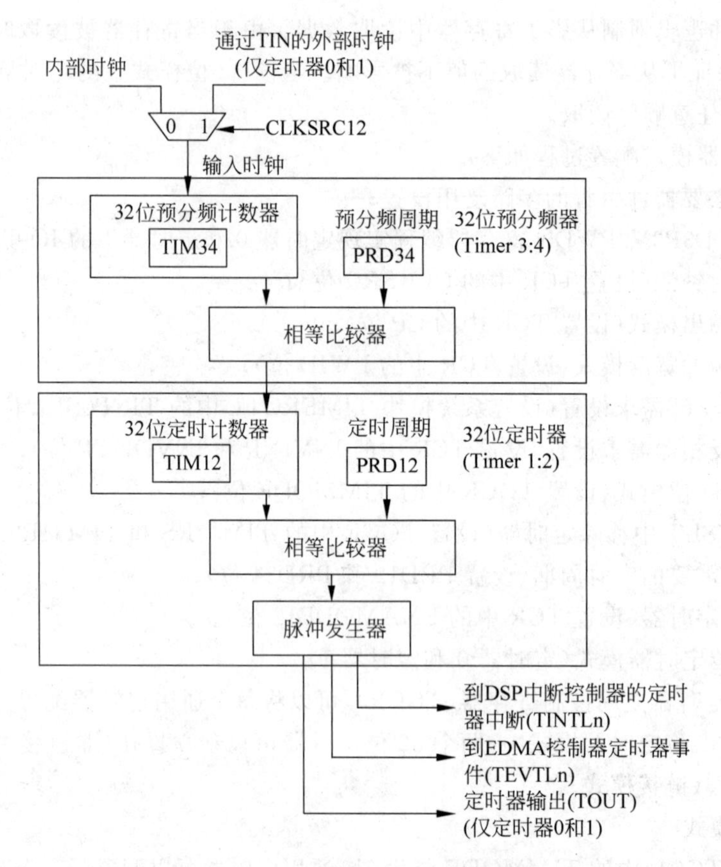


图 7-18 双 32 位定时器链接模式框图

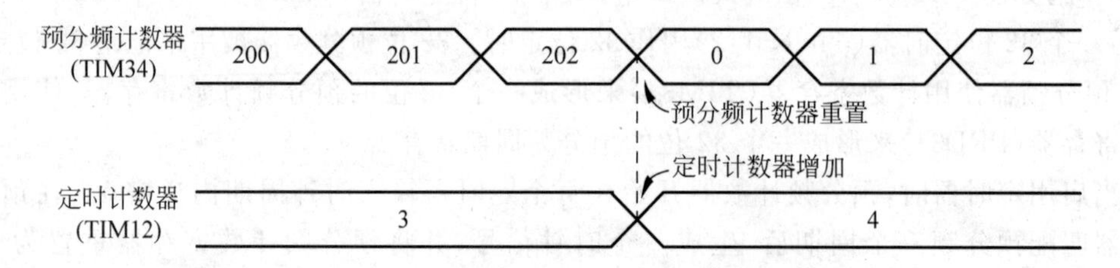


图 7-19 双 32 位定时器链接模式示例

定时器控制寄存器(TCR)中的 ENAMODE12 位域控制定时器的禁用、一次操作和连续操作；ENAMODE34 位域对于 32 位定时器模式无影响。当定时器禁用(ENAMODE12＝0)时，定时器保持其当前计数值。当启用定时器执行一次操作(ENAMODE12＝1)时，其达到计数上限(计数值等于周期值)后停止。当启用定时器执行连续操作(ENAMODE12＝2h)时，计数器计数到周期值，然后重置为 0 并再次开始计数。

(2) 非链接模式。

通过设置 TGCR 中的 TIMMODE 位为 1，通用定时器可以配置为一个双 32 位非链接模式，如图 7-20 所示。在非链接模式中，定时器可作为 2 个独立的 32 位定时器操作。一个是结合 4 位预分频的 32 位定时器(Timer 3:4);另一个是 32 位定时器(Timer 1:2)。

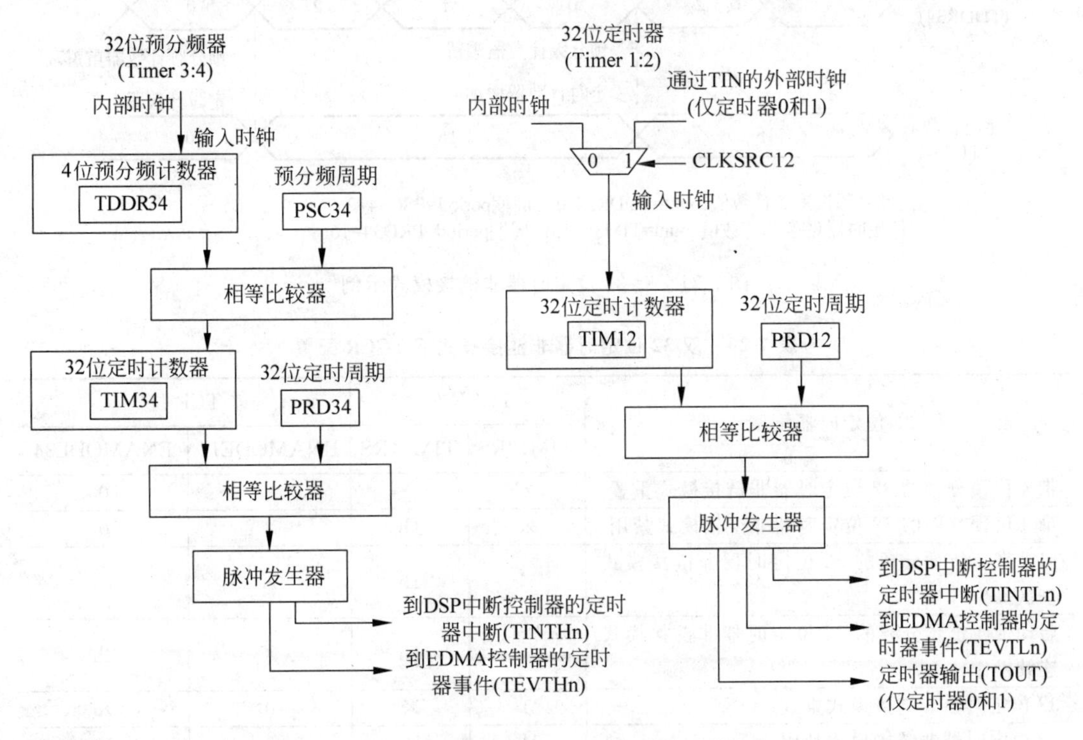


图 7-20 双 32 位定时器非链接模式框图

在非链接模式下,4 位预分频器必须被内部时钟控制,外部时钟源不能用于 Timer 3:4。在 TGCR 中,4 位预分频器使用定时器分频比(TDDR34)位形成一个 4 位的预分频计数寄存器,预分频计数器(PSC34)位形成一个 4 位的预分频周期寄存器。当启用定时器时,预分频计数器开始在每个定时器输入时钟周期内递增 1。在预分频计数器匹配一个预分频周期后,32 位定时器生成一个时钟信号。

32 位定时器使用 TIM34 作为 32 位定时计数寄存器,使用 PRD34 作为 32 位定时周期寄存器。32 位定时器通过来自 4 位预分频器的输出时钟来计时,如图 7-21 所示。定时计数器在每个预分频输出时钟周期内增加 1。当定时计数器匹配定时周期时,可屏蔽的定时器中断(TINTHn)、定时器 EDMA 同步事件(TEVTHn)以及输出信号(TOUT)被生成。当定时器配置为连续模式时,在定时计数器达到定时周期后,定时计数器重置为 0。通过使用 TGCR 中的 TIM34RS 位可以停止、重新启动、重置或禁用定时器。对于 Timer 3:4,不使用定时器控制寄存器(TCR)的低 16 位。

32 位定时器(Timer 1:2)使用计数寄存器(TIM12)来形成一个 32 位计数寄存器,周期寄存器(PRD12)形成一个 32 位的定时器周期寄存器。当启用定时器后,在每个输入时钟周期内,定时计数器增加 1。当定时计数器匹配定时周期时,可屏蔽的定时器中断(TINTLn)、定时器 EDMA 事件(TEVTLn)以及输出信号(TOUT)被生成。当定时器配置为连续模式时,在定时计数器达到定时周期后,定时计数器重置为 0。通过使用 TGCR 中的 TIM12RS 位可以停止、重新启动、重置或禁用定时器,如表 7-20 所示。对于 Timer 1:2,不使用定时器控制寄存器(TCR)的高 16 位。双 32 位定时器非链接模式启用和配置可参考 64 位定时器模式。

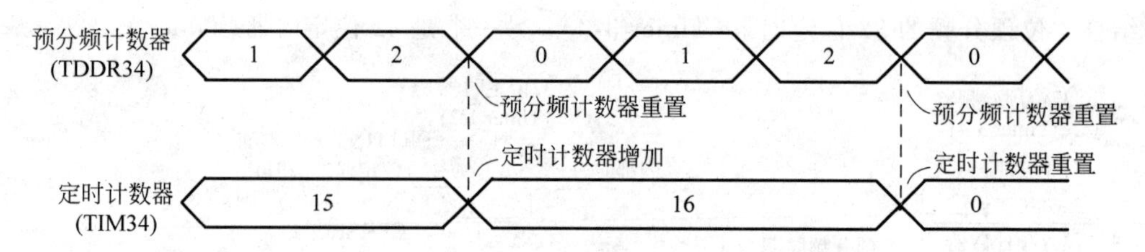


4位预分频设置：计数值count=TDDR34=1，周期period=PSC34=2
32位定时器设置：计数值count=TIM34=15，周期period=PRD34=16

图 7-21 双 32 位定时器非链接模式示例

**表 7-20 双 32 位定时器非链接模式下 TGCR 配置**

| 32 位定时器配置 | TGCR 位 | | TCR 位 | |
|---|---|---|---|---|
| | TIM12RS | TIM34RS | ENAMODE12 | ENAMODE34 |
| 带 4 位预分频的 32 位定时器非链接模式重置 | × | 0 | × | 0 |
| 带 4 位预分频的 32 位定时器非链接模式禁用 | × | 1h | × | 0 |
| 启动带 4 位预分频的 32 位定时器非链接模式一次操作 | × | 1h | × | 1h |
| 启动带 4 位预分频的 32 位定时器非链接模式连续操作 | × | 1h | × | 2h |
| 32 位定时器非链接模式重置 | 0 | × | 0 | × |
| 32 位定时器非链接模式禁用 | 1h | × | 0 | × |
| 32 位定时器非链接模式一次操作 | 1h | × | 1h | × |
| 32 位定时器非链接模式连续操作 | 1h | × | 2h | × |

下面介绍双 32 位定时器非链接模式配置过程。

1）Timer 1:2 部分

(1) 进行必要器件引脚的多路复用设置；

(2) 对 VDD3P3V_PWDN 寄存器编程实现定时器 0 和定时器 1 的 IO 引脚上电；

(3) 选择输出模式(设置 TCR 中的 CP 位)；

(4) 选择脉冲宽度模式(设置 TCR 中的 PWID 位)；

(5) 考虑"÷6"需求设置(设置系统模块 TIMERCTL 中的 TINP0SEL 位)；

(6) 考虑反相器需求设置(设置 TCR 中的 INVINP 和 INVOUTP 位)；

(7) 选择 32 位非链接模式(设置 TGCR 中的 TIMMODE 位)；

(8) 从 RESET 中移除定时器 Timer 1:2(设置 TGCR 中的 TIM12RS)；

(9) 为 Timer 1:2 选择需要的定时周期(设置 PRD12 位)；

(10) 为 Timer 1:2 选择需要的时钟源(设置 TCR 中的 CLKSRC12 位)；

(11) 启用定时器 Timer 1:2(设置 TCR 中的 ENAMODE12 位)。

2）Timer 3:4 部分

(1) 选择 32 位非链接模式(设置 TGCR 中的 TIMMODE 位)；

(2) 从 RESET 中移除定时器 Timer 3:4(设置 TGCR 中的 TIM34RS)；

(3) 为 Timer 3:4 选择需要的定时周期(设置 PRD34 位)；

(4) 为 Timer 3:4 选择需要的预分频值(设置 TGCR 中的 PSC34 位);

(5) 启用定时器 Timer 3:4(设置 TCR 中的 ENAMODE34 位)。

表 7-21 总结了在通用定时器模式下,涉及的计数寄存器(TIMn)和周期寄存器(PRDn)。

**表 7-21 通用定时器模式下使用的计数和周期寄存器**

| 定时器模式 | 计数寄存器 | 周期寄存器 |
|---|---|---|
| 64 位通用模式 | TIM34:TIM12 | PRD34:PRD12 |
| 双 32 位链接模式 | | |
| 预分频器(Timer 3:4) | TIM34 | PRD34 |
| 定时器(Timer 1:2) | TIM12 | PRD12 |
| 双 32 位非链接模式 | | |
| 定时器(Timer 1:2) | TIM12 | PRD12 |
| 带预分频定时器(Timer 3:4) | TDDR34 | PSC34 |

当定时计数寄存器设定值大于定时器周期寄存器中的值时,定时计数器发生溢出,此时,计数值达到最大值(FFFF FFFFh 或 FFFF FFFF FFFF FFFFh),并翻转为 0,继续计数,直到达到计数器周期,如图 7-22 所示。

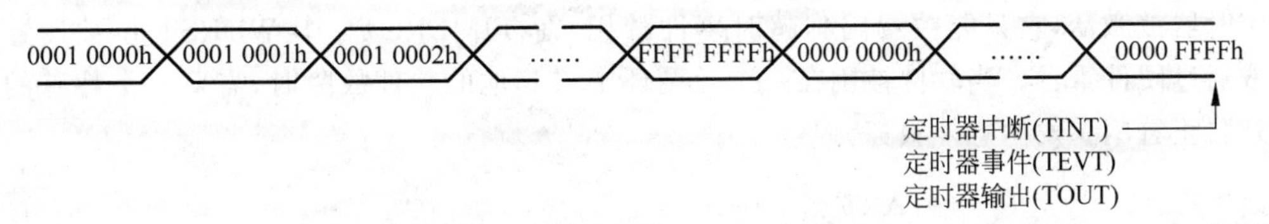


图 7-22 32 位定时计数器溢出示例

**2. 看门狗定时器模式(定时器 2)**

定时器 2 只能配置为 64 位看门狗(Watchdog)定时器模式。作为一个看门狗定时器,其可用于使失控的程序摆脱"死循环"。

硬件复位后,看门狗定时器禁用。然后使用定时器全局控制寄存器(TGCR)中的定时器模式(TIMMODE)位和看门狗定时器控制寄存器(WDTCR)中的定时器启用(WDEN)位,将定时器配置为看门狗定时器。看门狗定时器需要定期执行特殊的服务序列。没有这种定期服务,定时计数器不断累加,直到其与定时周期匹配,并导致看门狗事件发生。

当超时事件发生时,看门狗定时器依赖定时器控制寄存器(TIMERCTL)中的看门狗重置(WDRST)位,通过系统模块编程可以重置整个处理器。如果将 WDRST 位设置为 1,则看门狗定时器事件会导致设备重置。如果 WDRST 位被清除为 0,则看门狗定时器事件不会导致设备重置。

看门狗定时器没有外部时钟源和一次使能操作。当 TGCR 中的 TIMMODE=2h, WDTCR 中的 WDEN=1 时,选择并启动看门狗定时器模式。图 7-23 显示了看门狗定时器的结构框图。计数寄存器(TIM12 和 TIM34)形成 64 位定时计数寄存器,周期寄存器(PRD12 和 PRD34)形成 64 位周期寄存器。当定时计数器匹配定时周期时,定时器生成中断信号(WDINT)和看门狗中断事件。如果系统模块的 TIMERCTL 寄存器中的 WDRST 位被设置,则看门狗定时器可以重置整个处理器。

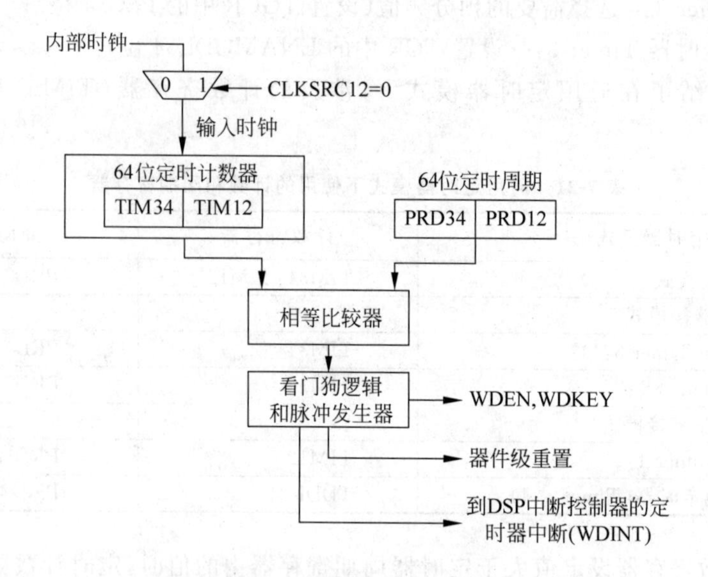


图 7-23 看门狗定时器结构框图

为了激活看门狗定时器，必须遵循一定的事件顺序，状态图如图 7-24 所示。一旦看门狗定时器被激活，它只能被看门狗超时事件禁用，在 TIMERCTL 中 WDRST 位被设置为 1，或通过硬件重置。当软件被困在一个死循环中或其他的软件故障时，需要一个特殊的键序列防止看门狗发生意外服务。

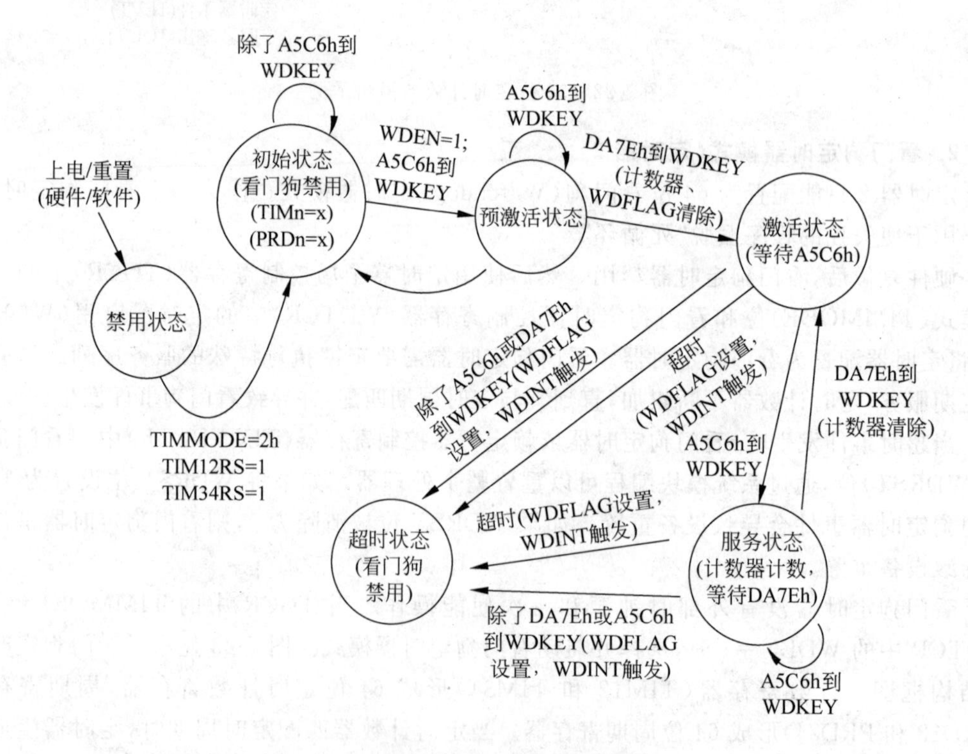


图 7-24 看门狗定时器操作状态图

为了防止发生看门狗超时事件，定时器必须在完成计数前，通过在 A5C6h 后写入 DA7Eh 到看门狗定时器 WDTCR 的服务位(WDKEY)中。A5C6h 和 DA7Eh 都被允许写入 WDKEY 位，但只有通过 A5C6h 后跟着 DA7Eh 正确的序列写入到 WDKEY 位来服务看门狗定时器。其他的序列写到 WDKEY 位将立即触发看门狗超时事件。

当看门狗定时器处于超时状态时，定时器将被禁用，而 WDEN 位则被清 0，定时器被重置。进入超时状态后，除非发生硬件重置，否则看门狗定时器不能再次启用。

硬件复位后，看门狗定时器被禁用，然而，允许读或写看门狗定时寄存器。一旦设置了 WDEN 位(启用看门狗定时器)，并写入 A5C6h 到 WDKEY 位，看门狗定时器进入到预激活(Pre-active)状态。在预激活状态：

(1) 只有当写入正确键(A5C6h 或 DA7Eh)值到 WDKEY 位时，才允许写入 WDTCR；

(2) 当 WDEN 位被设置为 1 时，将 DA7Eh 写入 WDKEY 位来重置计数器并激活看门狗定时器。

看门狗定时器必须在进入活动状态之前被配置。在预激活状态中，将 DA7Eh 写入 WDKEY 位之前，WDEN 位必须设置为 1。每次看门狗定时器通过正确的 WDKEY 序列服务时，看门狗定时计数器自动复位。

**3. 定时器中断**

每个定时器都可发送两个独立的中断事件(TINTn)给 DSP，其取决于定时器的操作模式。当定时计数器中的计数值达到周期寄存器中指定的值时，会产生定时器中断。表 7-22 显示了各种定时器模式下产生的中断示例。

**表 7-22 定时器中断生成**

| 定时器模式 | 定时器 0 | 定时器 1 | 定时器 2 |
|---|---|---|---|
| 64 位模式 | TINTL0 | TINTL1 | — |
| 32 位链接模式 | TINTL0 | TINTL1 | — |
| 不带预分频的 32 位非链接模式(Timer 1:2) | TINTL0 | TINTL1 | — |
| 带预分频的 32 位非链接模式(Timer 3:4) | TINTH0 | TINTH1 | — |
| 看门狗模式 | — | — | WDINT |

**4. EDMA 事件**

定时器 0 和定时器 1 可以将两个独立的定时器事件(TEVTn)中的一个发送给 EDMA，其取决于定时器操作模式。当计数器中的计数值达到周期寄存器中指定的值时，生成定时器事件。表 7-23 显示了各种定时器模式下产生的 EDMA 事件。

**表 7-23 定时器 EDMA 事件生成**

| 定时器模式 | 定时器 0 | 定时器 1 | 定时器 2 |
|---|---|---|---|
| 64 位模式 | TEVTL0 | TEVTL1 | — |
| 32 位链接模式 | TEVTL0 | TEVTL1 | — |
| 不带预分频的 32 位非链接模式(Timer 1:2) | TEVTL0 | TEVTL1 | — |
| 带预分频的 32 位非链接模式(Timer 3:4) | TEVTH0 | TEVTH1 | — |
| 看门狗模式 | — | — | — |

## 7.2.3 定时器寄存器

定时器寄存器主要有 9 个，如表 7-24 所示。表中列出了 64 位定时器模式下定时寄存器的偏置地址，其中，定时器 0 寄存器的起始地址为 0x01C2 1400h，定时器 1 寄存器的起始地址为 0x01C2 1800h，定时器 2 寄存器的起始地址为 0x01C2 1C00h。各寄存器的结构组成和功能分析如下。

**表 7-24 64 位定时器寄存器**

| 偏置地址 | 缩写 | 寄存器描述 |
|---|---|---|
| 00h | PID12 | 外设识别寄存器 12 |
| 04h | EMUMGT | 仿真管理寄存器 |
| 10h | TIM12 | 计数寄存器 12 |
| 14h | TIM34 | 定时计数寄存器 34 |
| 18h | PRD12 | 定时周期寄存器 12 |
| 1Ch | PRD34 | 定时周期寄存器 34 |
| 20h | TCR | 定时控制寄存器 |
| 24h | TGCR | 定时全局控制寄存器 |
| 28h | WDTCR | 看门狗定时器控制寄存器 |

下面详细介绍各定时器寄存器的功能及设置方式。

**1. 外设识别寄存器 12(PID12)**

外设识别寄存器 12(PID12)包含外围设备的识别数据(类型、类和版本)等，其结构组成如图 7-25 所示，功能描述如表 7-25 所示。

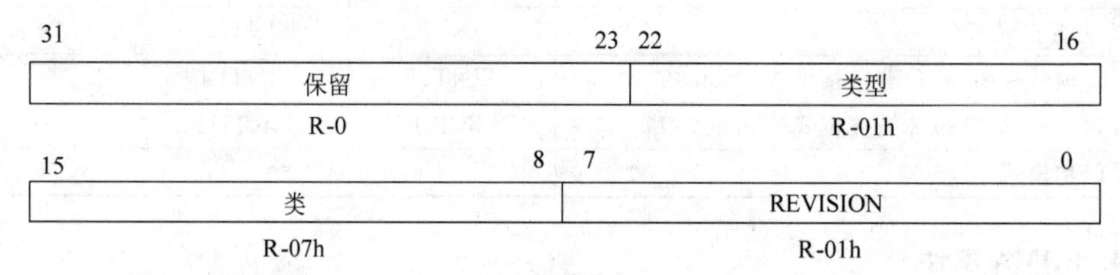


说明：R=只读，-n=设置值。

图 7-25 外设识别寄存器 12(PID12)

**表 7-25 外设识别寄存器 12(PID12)域描述**

| 位 | 域 | 值 | 描述 |
|---|---|---|---|
| 31～23 | 保留 | 0 | 保留 |
| 22～16 | 类型 | <br>01h | 识别外设类型<br>定时器 |
| 15～8 | 类 | <br>07h | 识别外设类型<br>定时器 |
| 7～0 | 版本 | <br>01h | 识别外设版本<br>当前外设版本 |

### 2. 仿真管理寄存器(EMUMGT)

仿真管理寄存器(EMUMGT)结构组成如图 7-26 所示,功能描述如表 7-26 所示。

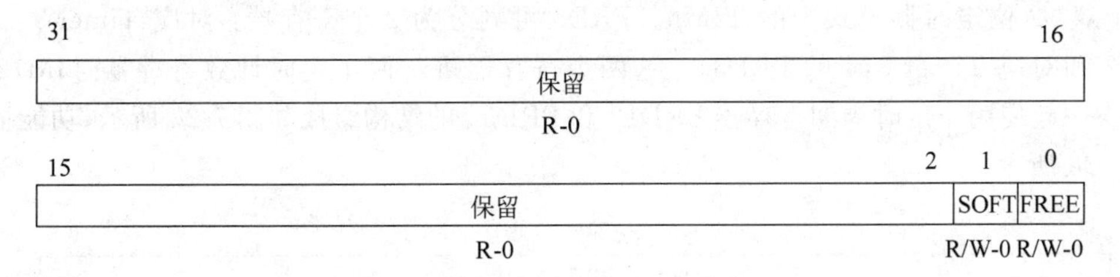


说明：R/W=读/写，R=只读，-n=设置值。

图 7-26 仿真管理寄存器(EMUMGT)

**表 7-26 仿真管理寄存器(EMUMGT)域描述**

| 位 | 域 | 值 | 描 述 |
|---|---|---|---|
| 31～2 | 保留 | 0 | 保留 |
| 1 | SOFT | | 确定定时器的仿真模式功能。当 FREE 位被清 0 时,SOFT 位选择定时器模式 |
| | | 0 | 定时器立即停止 |
| | | 1 | 当计数器增加到定时周期寄存器(PRDn)中的值时,定时器停止 |
| 0 | FREE | | 确定定时器的仿真模式功能。当 FREE 位被清 0 时,SOFT 位选择定时器模式 |
| | | 0 | SOFT 位选择定时器模式 |
| | | 1 | 定时器可忽略 SOFT 位自由运行 |

### 3. 定时计数寄存器(TIM12 和 TIM34)

定时计数寄存器是一个 64 位寄存器,其被划分为两个 32 位寄存器：TIM12 和 TIM34。在双 32 位定时器模式中,64 位寄存器被划分为一个 32 位计数器 TIM12 和一个 32 位计数器 TIM34。这两个寄存器可配置为链接或非链接模式。定时计数寄存器 TIM12 和 TIM34 的结构组成如图 7-27 所示,功能描述如表 7-27 所示。

| 31 ... 0 |
|---|
| TIM 12 |
| R/W-0 |

| 31 ... 0 |
|---|
| TIM 34 |
| R/W-0 |

说明：R/W=读/写，-n=设置值。

图 7-27 定时计数寄存器(TIM12 和 TIM34)

**表 7-27 定时计数寄存器(TIM12 和 TIM34)域描述**

| 位 | 域 | 值 | 描 述 |
|---|---|---|---|
| 31～0 | TIM12 | 0～FFFF FFFFh | TIM12 计数位,该 32 位值是主计数器的当前计数 |
| 31～0 | TIM34 | 0～FFFF FFFFh | TIM34 计数位,该 32 位值是主计数器的当前计数 |

**4. 定时周期寄存器(PRD12 和 PRD34)**

定时周期寄存器是一个 64 位寄存器,其被划分为两个 32 位寄存器 PRD12 和 PRD34。类似于双 32 位定时器模式中的 TIMn。PRDn 可划分为 2 个寄存器：对应 Timer 1:2 的 PRD12 和对应 Timer 3:4 的 PRD34。这两个寄存器可与两个定时计数寄存器 TIM12 和 TIM34 一起使用。定时周期寄存器 PRD12 和 PRD34 的结构组成如图 7-28 所示,功能描述如表 7-28 所示。

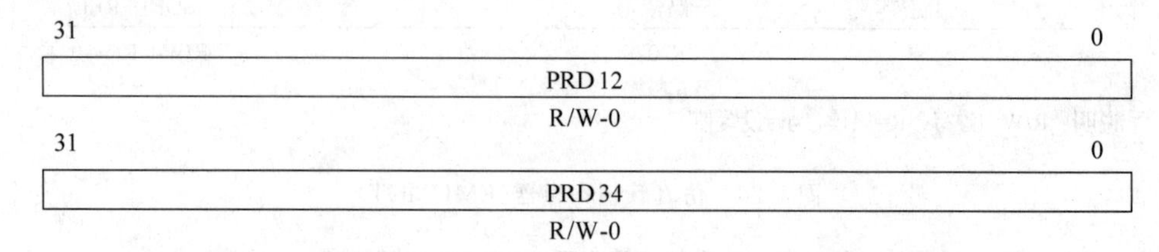


说明：R/W=读/写，-n=设置值。

图 7-28 定时周期寄存器(PRD12 和 PRD34)

**表 7-28 定时周期寄存器(PRD12 和 PRD34)域描述**

| 位 | 域 | 值 | 描 述 |
|---|---|---|---|
| 31～0 | PRD12 | 0～FFFF FFFFh | PRD12 周期位,该 32 位值是定时器输入时钟周期数 |
| 31～0 | PRD34 | 0～FFFF FFFFh | PRD34 周期位,该 32 位值是定时器输入时钟周期数 |

**5. 定时控制寄存器(TCR)**

定时控制寄存器(TCR)的结构组成如图 7-29 所示,功能描述如表 7-29 所示。

| 31～24 | 23～22 | 21～16 |
|---|---|---|
| 保留 | ENAMODE34 | 保留 |
| R-0 | R/W-0 | R-0 |

| 15～9 | 8 | 7～6 | 5～4 | 3 | 2 | 1 | 0 |
|---|---|---|---|---|---|---|---|
| 保留 | CLKSRC12 | ENAMODE12 | PWID | CP | INVINP | INVOUTP | TSTAT |
| R-0 | R/W-0 | R/W-0 | R/W-0 | R/W-0 | R/W-0 | R/W-0 | R-0 |

说明：R/W=读/写，R=只读，-n=设置值。

图 7-29 定时周期寄存器(PRD12 和 PRD34)

**表 7-29 定时周期寄存器(PRD12 和 PRD34)域描述**

| 位 | 域 | 值 | 描 述 |
|---|---|---|---|
| 31～24 | 保留 | 0 | 保留 |
| 23～22 | ENAMODE34 | 0～3h | 确定定时器的启动模式。注意,ENAMODE34 只可用于双 32 位非链接定时器模式(TGCR 中 TIMMODE＝1h) |
| | | 0 | 定时器禁用(不计数),保持当前值 |
| | | 1h | 定时器一次操作,计数值达到周期定时器停止 |
| | | 2h | 定时器连续操作,TIMn 累加,直到计数值达到周期,重置计数器为 0 并继续 |
| | | 3h | 保留 |

续表

| 位 | 域 | 值 | 描　述 |
|---|---|---|---|
| 21～9 | 保留 | 0 | 保留 |
| 8 | CLKSRC12 | | 确定定时器选择的时钟源 |
| | | 0 | 内部时钟 |
| | | 1 | 定时器输入引脚 |
| 7～6 | ENAMODE12 | 0～3h | 确定定时器的启动模式 |
| | | 0 | 定时器禁用(不计数),保持当前值 |
| | | 1h | 定时器一次操作,计数值达到周期定时器停止 |
| | | 2h | 定时器连续操作,TIMn 累加,直到计数值达到周期,重置计数器为 0 并继续 |
| | | 3h | 保留 |
| 5～4 | PWID | 0～3h | 脉冲宽度位,PWID 只用于脉冲模式(CP=0)。PWID 控制定时器的输出信号宽度。脉冲的极性由 INVOUT 位控制。定时器输出信号记录在 TSTAT 位上,可在定时器输出引脚上看到 |
| | | 0 | 脉冲宽度为 1 个定时时钟周期 |
| | | 1h | 脉冲宽度为 2 个定时时钟周期 |
| | | 2h | 脉冲宽度为 3 个定时时钟周期 |
| | | 3h | 脉冲宽度为 4 个定时时钟周期 |
| 3 | CP | | 用于定时器输出的时钟/脉冲模式位。在看门狗定时器模式中(TGCR 中的 TIMMODE=2h),自动选择脉冲模式,不考虑 CP 位 |
| | | 0 | 脉冲模式。当定时计数器达到定时周期时,定时器输出为一个脉冲,其宽度由 PWID 位定义,极性由 INVOUT 位定义 |
| | | 1 | 时钟模式。定时器输出信号有 50%的占空比。当定时计数器达到定时周期时,定时器输出信号电平切换(从高到低或从低到高) |
| 2 | INVINP | | 定时器输入反相器控制。只有当 CLKSRC12=1 时才影响操作。这种模式受到"÷6"影响(在系统模块 TIMERCTL 中 TINP0SEL=1),这会导致结果反相 |
| | | 0 | 非反相定时器输入驱动定时器 |
| | | 1 | 反相定时器输入驱动定时器 |
| 1 | INVOUTP | | 定时器输出反相器控制 |
| | | 0 | 定时器输出非反相 |
| | | 1 | 定时器输出反相 |
| 0 | TSTAT | | 定时器状态位。这是一个只读位,其显示了定时器输出值。TSTAT 驱动定时器输出引脚,可以通过设置 INVOUTP=1 来反相 |
| | | 0 | 定时器输出低电平 |
| | | 1 | 定时器输出高电平 |

**6. 定时全局控制寄存器(TGCR)**

定时全局控制寄存器(TGCR)的结构组成如图 7-30 所示,功能描述如表 7-30 所示。

| 31–16 |
|---|
| 保留 |
| R-0 |

| 15–12 | 11–8 | 7–4 | 3–2 | 1 | 0 |
|---|---|---|---|---|---|
| TDDR34 | PSC34 | 保留 | TIMMODE | TIM34RS | TIM12RS |
| R/W-0 | R/W-0 | R-0 | R/W-0 | R/W-0 | R/W-0 |

说明：R/W=读/写，R=只读，-n=设置值。

图 7-30　定时全局控制寄存器(TGCR)

**表 7-30　定时全局控制寄存器(TGCR)域描述**

| 位 | 域 | 值 | 描　述 |
|---|---|---|---|
| 31～16 | 保留 | 0 | 保留 |
| 15～12 | TDDR34 | 0～Fh | 定时器线性分度比为 Timer 3:4 指定定时器分度比。当定时器启用，TDDR34 在每个定时器时钟累加，当 TDDR34 匹配 PSC34 后，TIM34 在每个时钟周期累加，TDDR34 重置为 0 并继续。如果 Timer 3:4 启用一次操作，当 TIM34 匹配 PRD34 时，Timer 3:4 停止；如果 Timer 3:4 启用连续操作，TIM34 匹配 PRD34 后，TIM34 重置为 0，Timer 3:4 继续 |
| 11～8 | PSC34 | 0～Fh | TIM34 预分频计数器为 Timer 3:4 指定计数 |
| 7～4 | 保留 | 0 | 保留 |
| 3～2 | TIMMODE | 0～3h | 确定定时器模式 |
| | | 0 | 64 位通用定时器模式 |
| | | 1h | 双 32 位非链接定时器模式 |
| | | 2h | 64 位看门狗定时器模式 |
| | | 3h | 双 32 位链接定时器模式 |
| 1 | TIM34RS | | Timer 3:4 重置 |
| | | 0 | Timer 3:4 重置 |
| | | 1 | Timer 3:4 不重置。Timer 3:4 可用作 32 位定时器。注意，在 64 位定时器模式下，必须将 TIM34RS 和 TIM12RS 都设置为 1。如果定时器处于看门狗活动状态，改变这一位不会影响定时器 |
| 0 | TIM12RS | | Timer 1:2 重置 |
| | | 0 | Timer 1:2 重置 |
| | | 1 | Timer 1:2 不重置。Timer 1:2 可用作 32 位定时器。注意，在 64 位定时器模式下，必须将 TIM34RS 和 TIM12RS 都设置为 1。如果定时器处于看门狗活动状态，改变这一位不会影响定时器 |

**7. 看门狗定时器控制寄存器(WDTCR)**

看门狗定时器控制寄存器(WDTCR)的结构组成如图 7-31 所示，功能描述如表 7-31 所示。

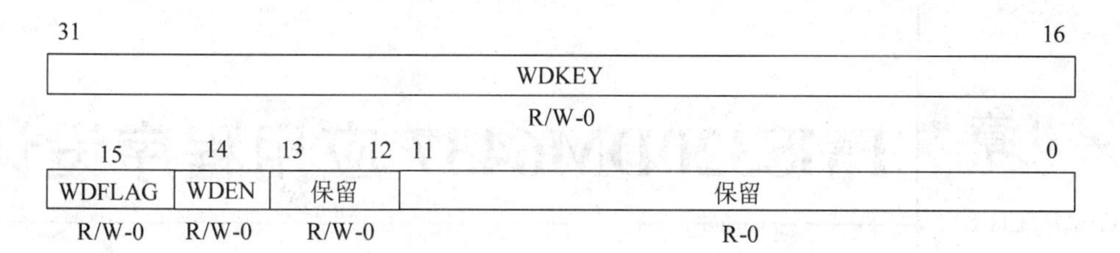


图 7-31　看门狗定时器控制寄存器(WDTCR)

**表 7-31　看门狗定时器控制寄存器(WDTCR)域描述**

| 位 | 域 | 值 | 描　述 |
|---|---|---|---|
| 31～16 | WDKEY | 0～FFFFh | 16 位看门狗定时器服务键。只有 A5C6h 紧跟 DA7Eh 序列服务看门狗定时器。不适用于通用定时器模式 |
| 15 | WDFLAG | | 看门狗标志位。通过启用看门狗定时器、重置或写入 1 来清除 WDFLAG。通过看门狗超时置位 WDFLAG |
| | | 0 | 无看门狗超时发生 |
| | | 1 | 看门狗超时发生 |
| 14 | WDEN | | 看门狗定时器使能位 |
| | | 0 | 看门狗定时器禁用 |
| | | 1 | 看门狗定时器启用 |
| 17～12 | 保留 | 0～3h | 保留，该位必须写入 00b |
| 11～0 | 保留 | 0 | 保留 |

## 本章小结

本章详细介绍了 TMS320DM6437 通用输入/输出和定时器的基本结构和功能使用，包括 GPIO 接口功能、中断和事件产生、控制寄存器、定时器结构、64 位和双 32 位定时器工作模式及定时器寄存器等。

## 思考与练习题

1. GPIO 信号引脚个数及分组数是多少？
2. 说明 GPIO 中断和事件产生的过程。
3. 说明 GPIO 控制寄存器设置方式。
4. 说明定时器的结构组成。
5. 说明定时器有哪几种工作模式及对应的设置方式。
6. 说明定时器控制寄存器的结构组成及设置方式。

# 第 8 章 TMS320DM6437 应用程序设计

CHAPTER 8

除了 DSP 的硬件系统，DSP 软件算法也至关重要。当选定 DSP 芯片型号后，DSP 软件算法决定着整个数字信号处理功能实现的准确性和高效性。本章将着重介绍一系列基于 TMS320DM6437 的算法实例及其实现过程，包括数字信号处理的基本算法——有限冲激响应（FIR）数字滤波器设计、无限冲激响应（IIR）数字滤波器设计、快速傅里叶变换（FFT）算法、卷积算法和自适应滤波算法；语音信号采集与分析算法——回声、和声实验；图像处理算法——点处理、几何变换、图像增强、图像边缘检测等。上述算法实例是基于 CCS 开发环境和北京艾睿合众科技 SEED-DTK6437 实验箱实现的。

## 8.1 DSP 基本算法

### 8.1.1 有限冲激响应（FIR）数字滤波器设计

数字滤波器是数字信号处理中常用的信号处理单元，其通过一定的运算规则来改变输入信号所含频率成分的相对比例或滤除某些频率成分，且其输入输出均为数字信号。数字滤波器从实现的网络结构或单位脉冲响应分类，可分为有限脉冲响应（FIR）滤波器和无限脉冲响应（IIR）滤波器。FIR 滤波器是一种非递归系统，网络结构中没有反馈支路，其冲激响应 $h(n)$ 是有限长序列。对于 $N$ 阶 FIR 滤波器，其差分方程表达式为

$$y(n)=\sum_{i=0}^{N-1}h(i)x(n-i) \tag{8-1}$$

在数字信号处理应用中往往需要设计线性相位的滤波器，FIR 滤波器在保证幅度特性满足技术要求的同时，很容易做到严格的线性相位特性。为了使滤波器满足线性相位条件，要求其单位脉冲响应 $h(n)$ 为实序列，且满足偶对称或奇对称条件，即 $h(n)=h(N-1-n)$ 或 $h(n)=-h(N-1-n)$。这样，当 $N$ 为偶数时，偶对称线性相位 FIR 滤波器的差分方程表达式为

$$y(n)=\sum_{i=0}^{N/2-1}h(i)(x(n-i)+x(N-1-n-i)) \tag{8-2}$$

由上可见，FIR 滤波器不断地对输入样本 $x(n)$ 延时后，再做乘法累加运算，将滤波器结果 $y(n)$ 输出。因此，FIR 实际上是一种乘法累加运算。而对于线性相位 FIR 而言，利用线性相位 FIR 滤波器系数的对称特性，可以采用结构精简的 FIR 将乘法器数目减少一半。

本实例中，FIR 的算法公式为

$$y[j]=\sum_{k=0}^{nh}h[k]x[j-k],\quad 0\leqslant j\leqslant nx \tag{8-3}$$

其设计的重点是选择有限长度的 $h(n)$，使传输函数满足滤波要求。例如，可以选取阶数为52，具有对称特性的脉冲响应 $h(n)=\{-4050,2630,2046,1689,1471,1354,1306,1298,1321,1359,1413,1472,1537,1600,1663,1721,1779,1831,1880,1921,1958,1988,2013,2030,2041,2044,2041,2030,2013,1988,1958,1921,1880,1831,1779,1721,1663,1600,1537,1472,1413,1359,1321,1298,1306,1354,1471,1689,2046,2630,-4050,-4050\}$来设计 FIR 滤波器。通过对带有噪声的输入信号(如正弦波)进行 FIR 滤波，可得到滤除噪声后的波形。

在给出 FIR 算法实例源程序前，先简要说明一下基于 CCS 开发环境建立 DSP 工程涉及的一些文件，包括库文件.lib、DSP 系统配置程序 linker.cmd 和系统初始化程序 DEC6437.gel(详见附录 A)。这些文件是 CCS 编译和调试所必须的，即在 CCS 中新建 DSP 工程文件.pjt 及编辑源程序.c/.asm 后，需要加载.lib、linker.cmd 和 DEC6437.gel 文件，才能编译、汇编和连接，生成可执行文件.out。本章其他算法实例的 DSP 工程文件建立、运行过程类似，不再赘述。

下面给出 FIR 滤波的 DSP 实现源程序 FIR_Filter，定义输入信号为 x[]，输出信号为 y[]，滤波器的系数为 h[]，滤波器长度为 n=52，输入信号 x[]的长度为 m，生成整型使用的移位数 s=16，则实现 FIR 滤波的主要程序段如下：

```
for(j = 0;j <(m >> 1);j++)
    {
        for(i = 0; i <(n >> 1); i++)
        {
            y0 += _mpy(x[i + j],h[i]);          //_mpy:x 和 h 低 16 位有符号数乘法
            y0 += _mpyh(x[i + j],h[i]);         //_mpyh: x 和 h 高 16 位有符号数乘法
            y1 += _mpyhl(x[i + j],h[i]);        //_mpyhl: x 高 16 位和 h 低 16 位有符号数乘法
            y1 += _mpylh(x[i + j + 1],h[i]);    //_mpylh: x 低 16 位和 h 高 16 位有符号数乘法
        }
        * y++ = (short)(y0 >> s);
        * y++ = (short)(y1 >> s);
    }
```

通过编译、连接生成 FIR_Filter.out 文件，装载 FIR_Filter.out 运行，可观察到滤波前后的信号波形的变化结果如图 8-1 所示。

### 8.1.2 无限冲激响应(IIR)数字滤波器设计

与 FIR 滤波器相比，IIR 滤波器是一种递归系统，网络结构中含有反馈支路，其冲激响应是无限长序列，其输入 $x(n)$和输出 $y(n)$间的关系可用如下常系数线性差分方程描述：

$$y(n)=\sum_{i=0}^{M}b_i x(n-i)+\sum_{i=1}^{N}a_i y(n-i) \tag{8-4}$$

其系统转移函数为

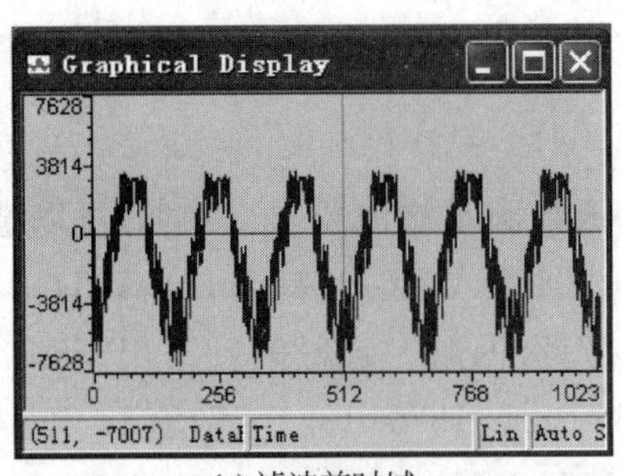


(a) 滤波前时域

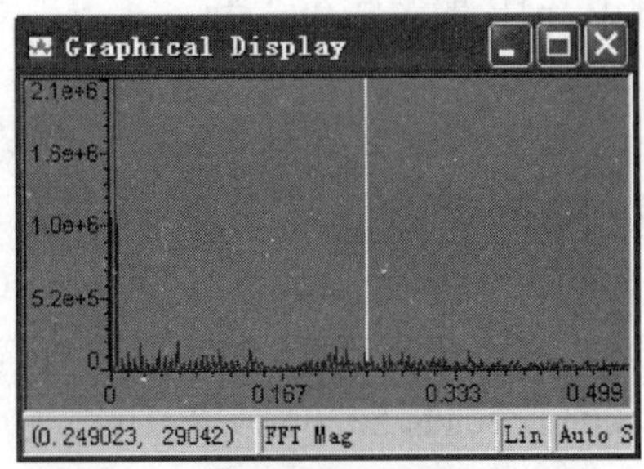


(b) 滤波前频域

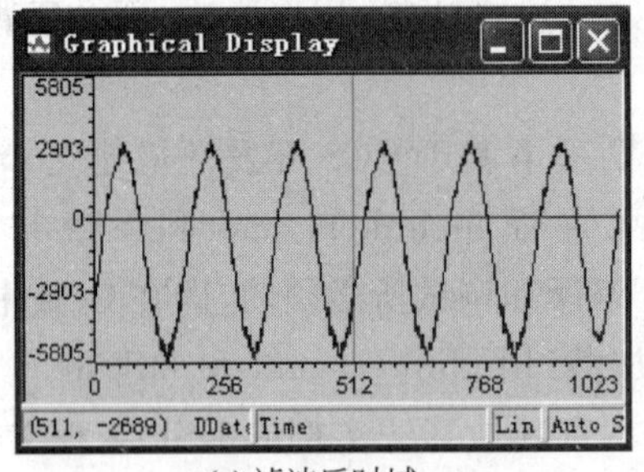


(c) 滤波后时域

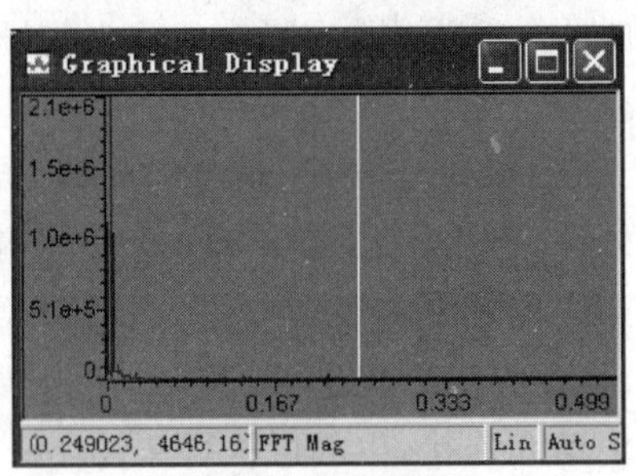


(d) 滤波后频域

图 8-1 带噪正弦波 FIR 滤波前后波形结果

$$H(z)=\frac{Y(z)}{X(z)}=\frac{\sum_{i=0}^{M}b_iz^{-i}}{1-\sum_{i=1}^{N}a_iz^{-i}} \tag{8-5}$$

设 $N=M$,则系统转移函数变为

$$H(z)=\frac{b_0+b_1z^{-1}+\cdots+b_Nz^{-N}}{1+a_1z^{-1}+\cdots+a_Nz^{-N}}=C\prod_{j=1}^{N}\frac{z-z_j}{z-p_j} \tag{8-6}$$

它具有 $N$ 个零点和 $N$ 个极点,如果任一个极点在 Z 平面单位圆外,则系统不稳定。如果 $a_j$ 全部为 0,滤波器成为非递归的 FIR 滤波器,此时系统没有极点。因此,FIR 滤波器总是稳定的,对于 IIR 滤波器有系数量化敏感的缺点。

不同于 FIR 滤波器的设计,IIR 滤波器设计方法有两类:一类是借助于模拟滤波器成熟的设计方法,先设计模拟滤波器得到传输函数 $H_a(s)$,然后将 $H_a(s)$转换成数字滤波器的系统函数 $H(z)$;另一类是直接在频域或时域中进行设计,由于要解联立方程,需要计算机作辅助设计。本章中的 IIR 滤波器设计实例是在时域中直接进行的。

假设希望设计的 IIR 数字滤波器的单位脉冲响应为 $h_d(n)$,要求设计一个单位脉冲响应 $h(n)$充分逼近 $h_d(n)$,设滤波器是因果性的,系统函数为

$$H(z)=\frac{\sum_{i=0}^{M}b_iz^{-i}}{\sum_{i=0}^{N}a_iz^{-i}}=\sum_{k=0}^{\infty}h(k)z^{-k} \tag{8-7}$$

式中,$a_0=1$,未知系数 $a_i$ 和 $b_i$ 共有 $N+M+1$ 个,取 $h(n)$的一段,$0\leqslant n\leqslant p-1$,使其充分逼近 $h_d(n)$,用此原则求解 $N+M+1$ 个系数,上式改写为

$$\sum_{k=0}^{p-1} h(k)z^{-k} \sum_{i=0}^{N} a_i z^{-i} = \sum_{i=0}^{M} b_i z^{-i} \tag{8-8}$$

令 $p=N+M+1$，则

$$\sum_{k=0}^{N+M} h(k)z^{-k} \sum_{i=0}^{N} a_i z^{-i} = \sum_{i=0}^{M} b_i z^{-i} \tag{8-9}$$

令上式两边 $z$ 的同次幂项的系数相等，可得到如下 $N+M+1$ 个方程：

$$\begin{aligned} &h(0) = b_0 \\ &h(0)a_1 + h(1) = b_1 \\ &h(0)a_2 + h(1)a_1 + h(2) = b_2 \\ &\cdots \end{aligned} \tag{8-10}$$

上式表明 $h(n)$是系数 $a_i$、$b_i$ 的非线性函数，考虑到 $i>M$ 时，$b_i=0$，则

$$\begin{aligned} &\sum_{j=0}^{k} a_j h(k-j) = b_k, \quad 0 \leqslant k \leqslant M \\ &\sum_{j=0}^{k} a_j h(k-j) = 0, \quad M < k \leqslant M+N \end{aligned} \tag{8-11}$$

由于希望 $h(k)$充分逼近 $h_d(k)$，因此上面两式中的 $h(k)$用 $h_d(k)$代替，即令 $h(k)=h_d(k)$，$k=0,1,2,\cdots,M+N$，这样求解上式，得到 $N$ 个 $a_i$ 和 $M+1$ 个 $b_i$。

上面的分析表明，对于无限长脉冲响应 $h(n)$，这种方法只取前 $N+M+1$ 项，令其等于所要求的 $h_d(n)$，而 $N+M+1$ 以后的项不考虑。设 $x(n)$为给定输入信号，$y_d(n)$为相应希望输出的信号，$x(n)$和 $y_d(n)$长度分别为 $M$ 和 $N$，实际滤波器输出为 $y(n)$，通过 $y(n)$和 $y_d(n)$的最小均方误差可求解滤波器系数的最佳解，设均方误差用 $E$ 表示，则

$$E = \sum_{n=0}^{N-1} [y(n) - y_d(n)]^2 = \sum_{n=0}^{N-1} \left[ \sum_{m=0}^{n} h(m)x(n-m) - y_d(n) \right]^2 \tag{8-12}$$

式中，$x(n)$，$0 \leqslant n \leqslant M-1$；$y_d(n)$，$0 \leqslant n \leqslant N-1$。

为选择 $h(n)$使 $E$ 最小，令

$$\frac{\partial E}{\partial h(i)} = 0, \quad i = 0,1,2,\cdots,N-1 \tag{8-13}$$

从而可得

$$\sum_{n=0}^{N-1} 2\left[ \sum_{m=0}^{n} h(m)x(n-m) - y_d(n) \right] x(n-i) = 0 \tag{8-14}$$

$$\sum_{n=0}^{N-1} \sum_{m=0}^{n} h(m)x(n-m)x(n-i) = \sum_{n=0}^{N-1} y_d(n)x(n-i) \tag{8-15}$$

将上式写成矩阵形式，可计算得到 $N$ 个系数 $h(n)$，从而可求出 $H(z)$的 $N$ 个 $a_i$ 系数和 $M+1$ 个 $b_i$ 系数。

设 $N=M=2$，其算法公式如下：

$$\begin{aligned} d(n) &= x(n) - a_1 \cdot d(n-1) - a_2 \cdot d(n-2) \\ y(n) &= b_0 \cdot d(n) + b_1 \cdot d(n-1) + b_2 \cdot d(n-2) \end{aligned} \tag{8-16}$$

运用上述计算方法可得 2 个 $a_i$ 系数和 3 个 $b_i$ 系数，构成 IIR 滤波器的系数数组 sos，通过对带有噪声的正弦信号进行 IIR 滤波，可观察滤除噪声后的波形。

下面给出 IIR 滤波的 DSP 实现源程序 IIR_Filter，定义输入信号为 x[]，输出信号为

y[],滤波器的系数为 sos[],滤波器增益系数为 g[],滤波器阶数为 ORDER_IIR=3,输入信号 x[]的长度为 m,则实现 IIR 滤波的主要程序段如下:

```
for(i = 0;i < ORDER_IIR;i++)
    {
        d1[i] = 0;
        d2[i] = 0;
        d3[i] = 0;
        ym[i] = 0;
    }
for(i = 0;i < m;i++)
    {
        for(j = 0;j < ORDER_IIR;j++)
        {
            if(!j)                                         //第 1 级输入为 x[i]
                xx = (int)x[i];
            else
                xx = ym[j - 1];                            //其他级的输入为 ym[j - 1]
        k = j * 6 + 4;
            dd = (long)xx - (long)sos[k] * (long)d2[j];   //FIR 滤波器部分
            dd -= (long)sos[k + 1] * (long)d3[j];
            dd >> = 10;
            d1[j] = (int)dd;
            yy = (long)sos[k - 4] * (long)d1[j];
            yy += (long)sos[k - 3] * (long)d2[j];
            yy += (long)sos[k - 2] * (long)d3[j];
            yy = (long)yy * (long)g[j];
            yy >> = 16;
            ym[j] = (int)yy;
            d3[j] = d2[j];
            d2[j] = d1[j];
            if(j == ORDER_IIR - 1)                         //输出最后一级
                y[i] = (short)yy;
        }
    }
```

通过编译、连接生成 IIR_Filter. out 文件,装载 IIR_Filter. out,运行程序,可以观察到带噪正弦波经过 IIR 滤波前后的波形结果,如图 8-2 所示。

### 8.1.3 快速傅里叶变换(FFT)算法

傅里叶变换是一种将信号从时域变换到频域的方法,是信号处理领域中的一种重要的分析工具。离散傅里叶变换(DFT)是连续傅里叶变换在离散系统中的表现形式,由于 DFT 的计算量很大,在很长时间内它的应用都受到限制。

快速傅里叶变换(FFT)是离散傅里叶变换的一种高效运算方法。FFT 使 DFT 的运算极大简化,运算时间一般可以缩短 1~2 个数量级,FFT 的出现极大地提高了 DFT 的运算速度,从而使 DFT 在数字信号实时处理中得到了广泛的应用。

对于有限长离散数字信号$\{x[n]\}$,$0\leqslant n\leqslant N-1$,其离散谱$\{x[k]\}$可由离散傅里叶变换

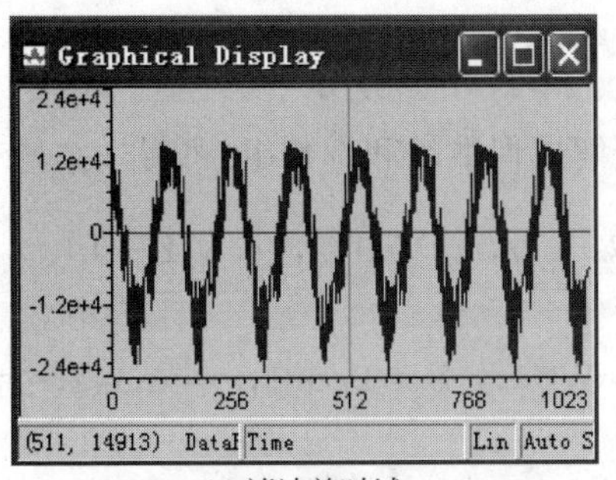


(a) 滤波前时域

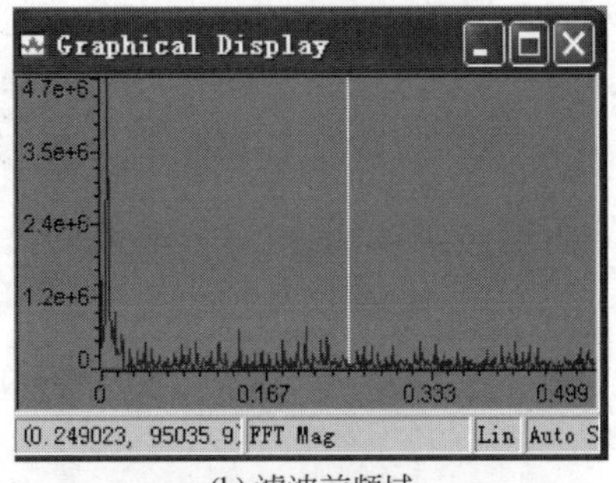


(b) 滤波前频域

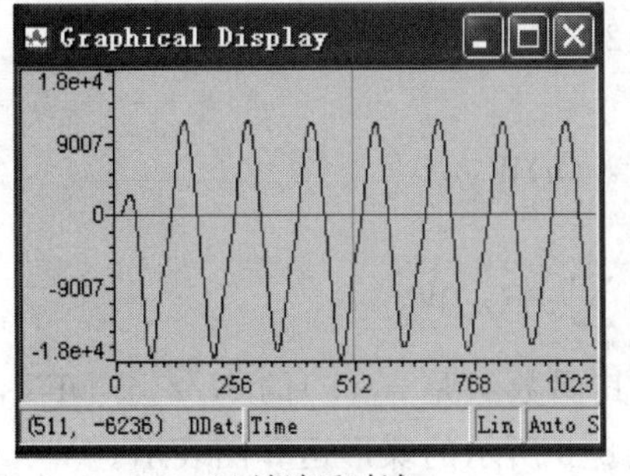


(c) 滤波后时域

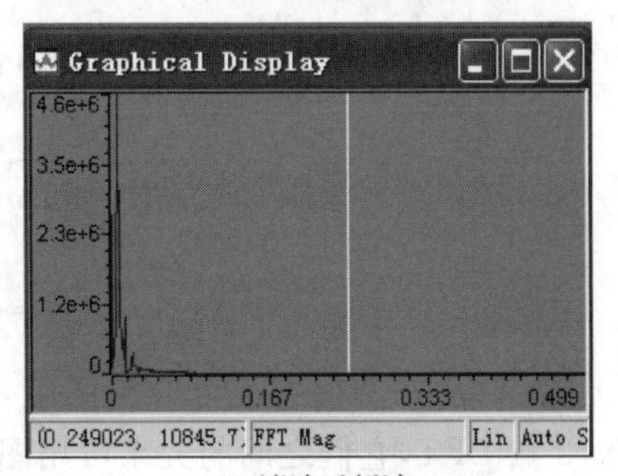


(d) 滤波后频域

图 8-2　带噪正弦波 IIR 滤波前后波形结果

DFT 求得，DFT 定义为

$$x(k)=\sum_{n=0}^{N-1}x[n]\mathrm{e}^{-\mathrm{j}\left(\frac{2\pi}{N}\right)nk}=\sum_{n=0}^{N-1}x[n]W_N^{nk},\quad k=0,1,\cdots,N-1 \tag{8-17}$$

式中，$W_N=\mathrm{e}^{-2\mathrm{j}\pi/N}$ 称为蝶形因子或旋转因子，且其有如下特性。

（1）对称性：$W_N^k=-W_N^{k+\frac{N}{2}}$；

（2）周期性：$W_N^k=W_N^{k+N}$。

FFT 就是通过把长序列的 DFT 分解成几个短序列的 DFT，并利用旋转因子的对称性和周期性来减少 DFT 的运算量。最常用的是基 2 FFT，即 $N=2^M$（$M$ 为自然数）的 FFT，$N$ 点的 DFT 先分解为两个 $N/2$ 点的 DFT，每个 $N/2$ 点的 DFT 又分解为两个 $N/4$ 点的 DFT，等等。

FFT 算法有时间抽取（DIT）FFT 和频域抽取（DIF）FFT 两大类，时间抽取 FFT（DIT-FFT）算法的特点是每一级处理都是在时域里把输入序列依次按奇/偶一分为二分解成较短的序列；频率抽取 FFT（DIF-FFT）算法的特点是在频域里把序列依次按奇/偶一分为二分解成较短的序列来计算。DIT-FFT 和 DIF-FFT 的区别主要是旋转因子 $W_N^k$ 出现的位置不同，DIT-FFT 中的旋转因子 $W_N^k$ 在输入端，DIF-FFT 中的旋转因子 $W_N^k$ 在输出端。

本章算法实例采用基 2 DIF-FFT，设序列 $x(n)$ 的长度为 $N=2^M$，首先将 $x(n)$ 对半分开进行 DFT 计算，公式如下：

$$\begin{aligned}X(k)&=\sum_{n=0}^{N-1}x(n)W_N^{kn}=\sum_{n=0}^{N/2-1}x(n)W_N^{kn}+\sum_{n=N/2}^{N-1}x(n)W_N^{kn}\\&=\sum_{n=0}^{N/2-1}x(n)W_N^{kn}+\sum_{n=0}^{N/2-1}x(n+N/2)W_N^{k(n+N/2)}\end{aligned}$$

$$= \sum_{n=0}^{N/2-1} [x(n) + W_N^{kN/2} x(n+N/2)] W_N^{kn} \tag{8-18}$$

式中，$W_N^{kN/2} = e^{-j\frac{2\pi}{N}\cdot\frac{kN}{2}} = (-1)^k$，然后将 $X(k)$ 分解成偶数组和奇数组，可得

$$\begin{cases} X(2r) = \sum_{n=0}^{N/2-1} [x(n) + x(n+N/2)] W_{N/2}^{rn}, & k = 2r, r = 0,1,2,\cdots,N/2-1 \\ X(2r+1) = \sum_{n=0}^{N/2-1} [x(n) - x(n+N/2)] W_N^n \cdot W_{N/2}^{rn}, & k = 2r+1, r = 0,1,2,\cdots,N/2-1 \end{cases} \tag{8-19}$$

令 $\begin{cases} x_1(n) = x(n) + x(n+N/2) \\ x_2(n) = [x(n) - x(n+N/2)] W_N^n \end{cases}$，$n = 0,1,2,\cdots,N/2-1$，可得

$$\begin{cases} X(2r) = \sum_{n=0}^{N/2-1} x_1(n) W_{N/2}^{rn} \\ X(2r+1) = \sum_{n=0}^{N/2-1} x_2(n) W_{N/2}^{rn} \end{cases} \tag{8-20}$$

根据上式，$X(k)$ 按奇偶 $k$ 值可分为两组，其偶数组是 $x_1(n)$ 的 $N/2$ 点 DFT，奇数组是 $x_2(n)$ 的 $N/2$ 点 DFT，它们之间的关系可用图 8-3 所示的蝶形运算图表示。

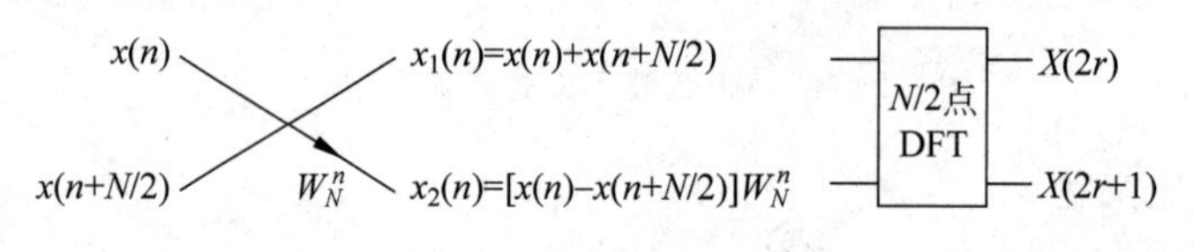


图 8-3 DIF-FFT 蝶形运算图

因此，经过一次分解，就能使 DFT 运算量减少近一半，从而可改善 DFT 的运算效率。本算法实例通过将振幅为 900，频率为 300 的标准正弦波信号输入音频处理芯片 AIC23(详见附录 C)进行采样等，然后作 DIF-FFT 变换，可观察其在频域内的特性。

下面给出 DIF-FFT 的 DSP 实现源程序 FFT，定义输入样点数组为 X，样点个数为 N，则实现 DIF-FFT 的主要程序段如下：

```
for(i = 0; i < (N/2); i++)                //对半分解
    {
        X[i].real = X[2 * i];
        X[i].imag = X[2 * i + 1];
    }
    int temp1R, temp1I, temp2R,temp2I;    //32 位临时存储的中间结果变量
    short tempR, tempI, c, s;             //16 位临时存储的中间变量
    int TwFStep,                          //蝶形因子步长
        TwFIndex,                         //蝶形因子序号
        BLStep,                           //序号增量步长
        BLdiff,                           //序号上下界的差值
        upperIdx, lowerIdx,               //蝶形因子上下界序号
        i, j, k;                          //循环控制变量
    BLdiff = N;
    TwFStep = 1;
    for(k = N;k > 1;k = (k >> 1))
```

```
{
BLStep = BLdiff;
BLdiff = BLdiff >> 1;
TwFIndex = 0;
for(j = 0;j < BLdiff;j++)
{
    c = w[TwFIndex].real;              //蝶形因子
    s = w[TwFIndex].imag;
    TwFIndex = TwFIndex + TwFStep;
    for(upperIdx = j; upperIdx < N; upperIdx += BLStep)
{
lowerIdx = upperIdx + BLdiff;
temp1R = (X[upperIdx].real - X[lowerIdx].real)>> 1;
temp2R = (X[upperIdx].real + X[lowerIdx].real)>> 1;
X[upperIdx].real = (short) temp2R;
temp1I = (X[upperIdx].imag - X[lowerIdx].imag)>> 1;
temp2I = (X[upperIdx].imag + X[lowerIdx].imag)>> 1;
X[upperIdx].imag = (short) temp2I;
temp2R = (c * temp1R - s * temp1I)>> 15;
X[lowerIdx].real = (short) temp2R;
temp2I = (c * temp1I + s * temp1R)>> 15;
X[lowerIdx].imag = (short) temp2I;
}
}
TwFStep = TwFStep << 1;
}
```

通过编译、连接生成 FFT.out 文件，装载 FFT.out 运行，可以观察到正弦波 FFT 变换前和变换后取模的结果，如图 8-4 所示。

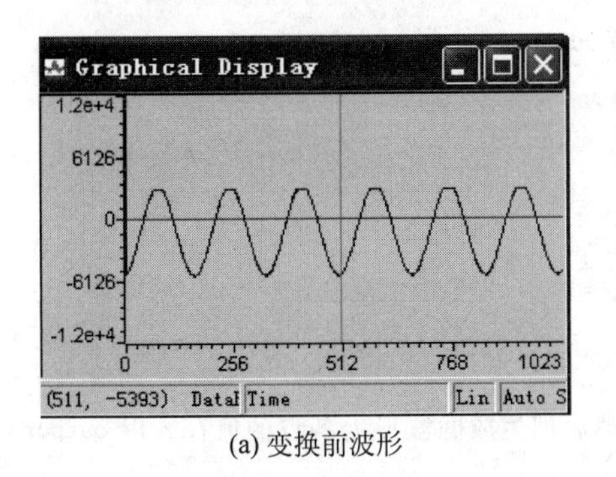


(a) 变换前波形

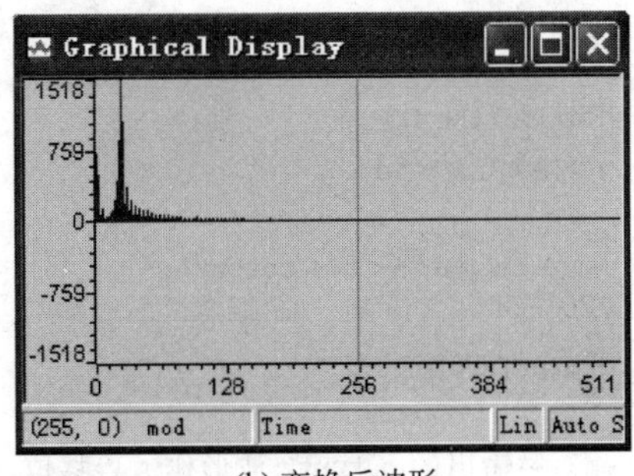


(b) 变换后波形

图 8-4 正弦波 FFT 变换

## 8.1.4 卷积算法

卷积是数字信号处理中常用的一种运算，对离散系统进行“卷积和”也是求线性时不变系统输出响应(零状态响应)的主要方法，其计算公式如下：

$$y(n) = \sum_{m=-\infty}^{\infty} x(m)h(n-m) = x(n) * h(n) \tag{8-21}$$

卷积和的运算过程可分为以下四步。

(1) 翻褶：先在亚变量坐标 $m$ 上作出 $x(m)$ 和 $h(m)$，将 $m=0$ 的垂直轴为轴翻褶成$h(-m)$。

(2) 移位：将 $h(-m)$移位 $n$，即得 $h(n-m)$。当 $n$ 为正整数时，右移 $n$ 位；当 $n$ 为负整数时，左移 $n$ 位。

(3) 相乘：再将 $h(n-m)$和 $x(m)$的相同 $m$ 值的对应点值相乘。

(4) 相加：把以上所有对应点的乘积叠加起来，即得 $y(n)$值。依上法，取 $n=\cdots,-2,-1,0,1,2,3,\cdots$各值，即可得全部 $y(n)$值。

下面给出卷积运算的DSP实现源程序Convolve，定义输入信号波形为input1和input2，信号采样点个数为size，缓冲数据大小为sk=64，则实现卷积运算的主要程序段如下：

```
/*step1:对输入的 input2 波形截取 m,然后把生成的波形上的各点的值存入以 output1 指针开始的
一段地址空间中*/
static short step1(short *input2, short *output1)
{
    short m = sk;
    for(;m>=0;m--)
    {
        *output1++ = *input2++;
    }
    for(; (size-m)>0; m++)
    {
        output1[m] = 0;
    }
    return(TRUE);
}
/*step2:对输入的 output1 波形进行截取 m 点,再以 Y 轴为对称轴进行翻褶,把生成的波形上的值存
入以 output2 指针开始的一段地址空间中*/
static short step2(short *output1, short *output2)
{
    short m = sk-1;
    for(;m>0;m--)
    {
        *output2++ = *output1++;
    }
    return(TRUE);
}
/*step3:对输出的 output2 波形作 n 点移位,然后把生成的波形上各点的值存入以 output3 指针开
始的一段地址空间中*/
static short step3(short *output2, short *output3)
{
    short n = 0;
    for(;(size-n)>0;n++)
    {
        *output3++ = output2[n];
    }
    return(TRUE);
}
/*step4:对输入的 output2 波形和输入的 input1 作卷积运算然后把生成的波形上的各点的值存入
```

```
以 output4 指针开始的一段地址空间中 * /
static short step4(short * input1, short * output3, short * output4)
{
    short m = sk;
    short y = 0;
    short z,x,w,i,f,g;
for(;(m - y)> 0;)
    {
        x = 0;
        z = 0;
        f = y;
for(i = y;i >= 0;i -- )
        {
            g = input1[z] * output3[f];
            x = x + g;
            z++;
            f -- ;
        }
        * output4++ = x;
y++;
    }
    y = sk - 1;
    w = m - 1;
    for(m = sk;m > 0;m -- )
    {
        y -- ;
        i = y;
        z = sk - 1;
        x = 0;
        f = sk - y;
        for(;i > 0;i -- ,z -- ,f++)
        {
           g = input1[z] * output3[f];
x = x + g;
        }
        out4_buffer[w] = x;
        w++;
    }
    return(TRUE);
}
```

通过编译、连接生成 Convolve.out 文件，装载 Convolve.out 运行，可观察对于 2 个正弦输入波形卷积后得到的输出波形，如图 8-5 所示。

### 8.1.5 自适应滤波算法

自适应滤波是仅需对当前观察的数据作处理的滤波算法，它能自动调节本身冲激响应的特性，即自动调节数字滤波器的系数，以适应信号变化，从而达到最佳滤波。由于自适应滤波不需要关于输入信号的先验知识，计算量小，特别适用于实时信号处理，近年来得到广泛应用，如用于脑电图和心电图测量、噪声抵消、扩频通信及数字电话等。

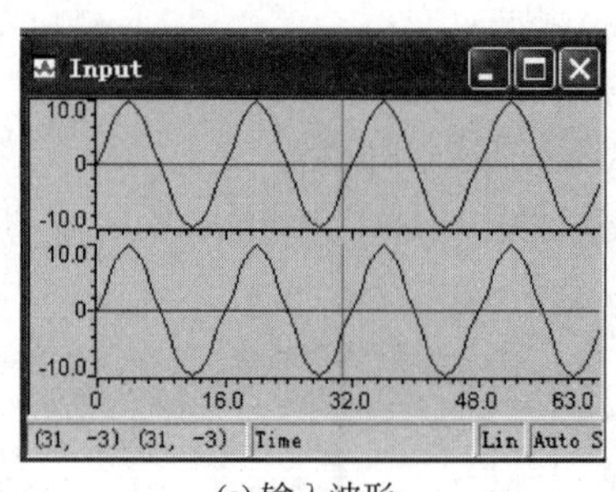

(a) 输入波形

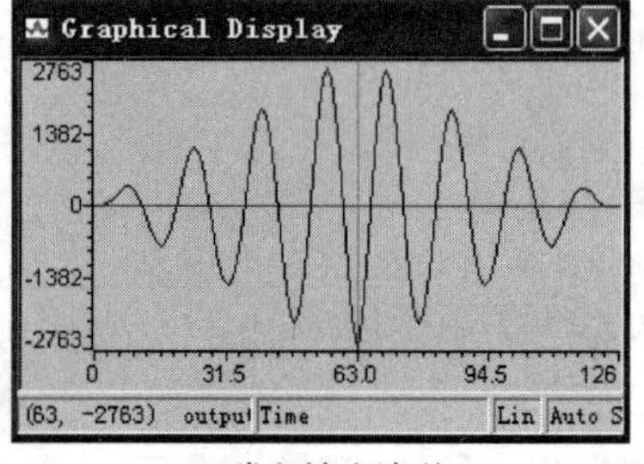

(b) 卷积输出波形

图 8-5　两个正弦输入波形及对应卷积输出波形的时域图

自适应滤波器主要由两部分组成：系数可调的数字滤波器和用来调节或修正滤波器系数的自适应算法，图 8-6 为自适应滤波器的原理框图。

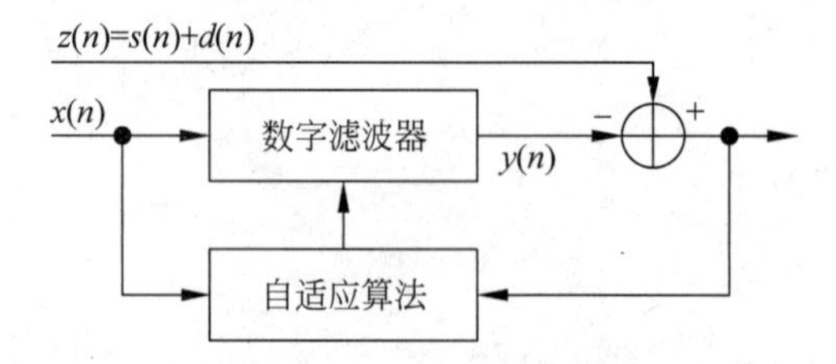


图 8-6　自适应滤波原理图

图 8-6 中，自适应滤波器有两个输入端，一个输入端的信号 $z(n)=s(n)+d(n)$，含有所要提取的信号 $s(n)$，被淹没在噪声 $d(n)$ 中，$s(n)$、$d(n)$ 两者不相关；另一输入端信号为 $x(n)$，它是 $z(n)$ 的一种度量，并以某种方式与噪声 $d(n)$ 有关。$x(n)$ 被数字滤波器所处理得到噪声 $d(n)$ 的估计值 $y(n)$，这样就可以从 $z(n)$ 中减去 $y(n)$，得到所要提取的信号 $s(n)$ 的估计值 $e(n)$，表示为 $e(n)=z(n)-y(n)=s(n)+d(n)-y(n)$。

显然，自适应滤波器就是一个噪声抵消器。如果得到对噪声的最佳估计，就能得到所要提取信号的最佳值。为了得到噪声的最佳估计 $y(n)$，可以经过适当的自适应算法，例如用 LMS（最小均方）算法来反馈调整数字滤波器的系数，使得 $e(n)$ 中的噪声最小。

当采用 FIR 型数字滤波器时，设其单位脉冲响应为 $h(0),h(1),\cdots,h(N-1)$，那么它在时刻 $n$ 的输出便可写成如下的卷积形式：

$$y(n)=\sum_{k=0}^{N-1}h(k)x(n-k) \tag{8-22}$$

式中，$h(k)$ 为权值。根据要求，输出 $y(n)$ 和目标信号 $d(n)$ 间应满足最小均方误差条件，即数字滤波器自适应算法

$$E[e^2(n)]=E\{[d(n)-y(n)]^2\} \tag{8-23}$$

有最小值，其中 $e(n)$ 表示误差，令

$$\frac{\partial E[e^2(n)]}{\partial h(k)}=0,\quad 0\leqslant k\leqslant N-1 \tag{8-24}$$

可得正交条件：

$$E[e(n)x(n-k)]=0,\quad 0\leqslant k\leqslant N-1 \tag{8-25}$$

如果令 $h=\begin{bmatrix} h(0) \\ h(1) \\ M \\ h(N-1) \end{bmatrix}$，$x(n)=\begin{bmatrix} x(n) \\ x(n-1) \\ M \\ x(n-N-1) \end{bmatrix}$，那么

$$y(n) = x^{\mathrm{T}}(n)h = h^{\mathrm{T}}x(n) \tag{8-26}$$

则正交条件变为 $E\{[d(n)-y(n)]x(n)\}=0$。

把式(8-26)代入该等式后，有

$$E[d(n)x(n)] = E[x(n)x^{\mathrm{T}}(n)]h \tag{8-27}$$

如果令 $r=E[d(n)x(n)]$，$\Phi_{xx}=E[x(n)x^{\mathrm{T}}(n)]$，那么最佳权向量

$$h^{*} = \Phi_{xx}^{-1}r \tag{8-28}$$

由于在应用中必须要知道所求信号和观测信号之间的相关矢量 $r$，在一般情况下，它很难从观测信号中估计出来，因此在应用上受到一定限制。为此，Widrow 提出一种非常巧妙的方法，即最小均方误差(LMS)自适应算法。假设给出和原始信号相关的参考信号 $d(n)$，首先对 FIR 滤波器的权任意设定一组初始值；然后根据滤波器的输出值与参考信号之间的误差 $e(n)$对权值进行调节，使下一次的输出误差能有所减少；这样重复下去，直到权收敛到最佳值。

首先考察当权向量 $h$ 取一组任意值时由式(8-23)所给出的均方误差特性。利用式(8-27)和式(8-28)，该均方误差 $\xi$ 可写为 $h$ 的函数，即

$$\begin{aligned} \xi &= E[e^2(n)] = E\{[d(n)-h^{\mathrm{T}}x(n)]^2\} \\ &= E[d^2(n)] - E[d(n)x^{\mathrm{T}}(n)]h + h^{\mathrm{T}}E[x(n)x^{\mathrm{T}}(n)]h \\ &= E[d^2(n)] - 2r^{T}h + h^{T}\Phi_{xx}h \end{aligned} \tag{8-29}$$

上式表明，均方误差 $\xi$ 是滤波器权向量的二次函数，因此它在 $N+1$ 维空间中形成一超抛物面。该超抛物面为下凸形，其最小值在权向量空间的投影即为最佳权向量 $h^{*}$。在利用估计误差对权值调节的过程中，权向量的值随时间变化而改变。设在第 $n$ 和第 $n+1$ 时刻向量 $h(n)$和 $h(n+1)$之间存在关系：$h(n+1)=h(n)+\Delta h$，其中 $\Delta h$ 表示对 $h(n)$的修正值。那么当 $\Delta h$ 充分小时，利用多变量函数的 Taylor 展开公式可知对应于第 $n$ 和第 $n+1$ 时刻均方误差值 $\xi(n)$和 $\xi(n+1)$有下述关系：

$$\xi(n+1) = \xi(n) + \Delta h^{\mathrm{T}}\ \nabla_n \tag{8-30}$$

其中

$$\nabla_n = \left\{\frac{\partial \xi}{\partial h(0)} \Lambda \frac{\partial \xi}{\partial h(n-1)}\right\}\Bigg|_{h=h(n)} \tag{8-31}$$

如果令

$$\Delta h = -\mu\,\nabla_n \tag{8-32}$$

可得

$$\xi(n+1) = \xi(n) - \mu\left\{\left[\frac{\partial \xi}{\partial h(0)}\right]^2 + \Lambda + \left[\frac{\partial \xi}{\partial h(N-1)}\right]^2\right\}\Bigg|_{h=h(n)} \tag{8-33}$$

这样，通过选择适当小的正常数因子 $\mu$ 的值，便可以使均方误差 $\xi(n+1)\leqslant\xi(n)$成立。

$$h(n+1) = h(n) - \mu\,\nabla_n \tag{8-34}$$

由于上式中的$\nabla_n$表示沿误差曲面梯度下降的方向，因此权向量修正的过程，也是使误

差沿着超抛物面最陡梯度不断向最小值逼近的过程，故该算法被称为“最陡梯度下降法”。最陡梯度下降法在使用时的不方便之处，就是在每次对权向量的值进行修正时，必须要求出梯度向量$\nabla_n$的值，这在实际使用中一般是难以做到的。对此加以简化，可以采用下述的近似算法。

$$\nabla_n = \left\{ \frac{\partial \xi}{\partial h(0)} \Lambda \frac{\partial \xi}{\partial h(n-1)} \right\} \bigg|_{h=h(n)} = \left\{ \frac{\partial E[e^2(n)]}{\partial h(0)} \Lambda \frac{\partial E[e^2(n)]}{\partial h(n-1)} \right\} \bigg|_{h=h(n)}$$

$$= 2E\left\{ e(n) \left[ \frac{\partial e(n)}{\partial h(0)} \Lambda \frac{\partial e(n)}{\partial h(n-1)} \right] \right\} \bigg|_{h=h(n)} \tag{8-35}$$

由于当$h=h(n)$时的输入向量为$x(n)$，故$e(n)=d(n)-h^{\mathrm{T}}(n)x(n)$，则可得

$$\nabla_n = -2E[e(n)x(n)] \tag{8-36}$$

在实际计算中，上式给出的梯度值可用下面的近似值代替，即$\hat{\nabla}_n = -2e(n)x(n)$，则

$$h(n+1) = h(n) + 2\mu e(n)x(n) \tag{8-37}$$

该式给出了一种非常简单的权向量的递推算法，即Widrow-Hoff LMS自适应算法。由于这种自适应滤波方法可以根据信号的变化自动调节权向量以获得最佳输出，因此它对非平稳信号的滤波也是实用的。

本节自适应滤波器采用FIR滤波器，其阶数Coeff＝16，采用相同的信号作为参考信号$d(n)$和输入信号$x(n)$，样点数num＝1024，并采用上一时刻的误差值来修正本时刻的滤波器系数，$2\mu$取值0.0005，对滤波器输出除128进行幅度限制，则实现自适应滤波算法的流程如图8-7所示，自适应滤波的主要程序FIRLMS如下：

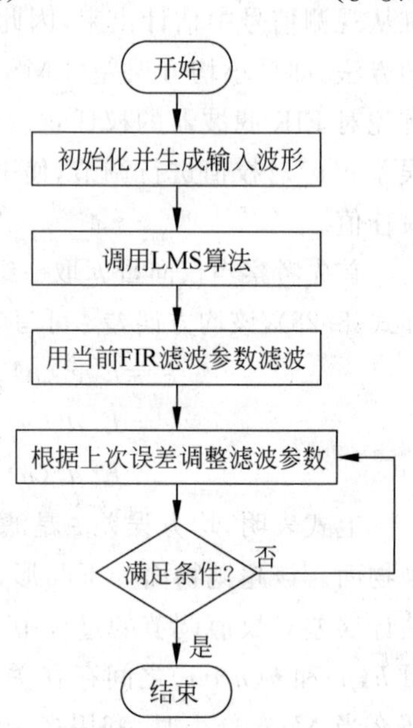


图8-7　自适应滤波算法流程图

```
void main()
{
    short i,out;
    out = 0;
    fU = 0.0005;
    for (i = 0; i < Coeff; i++)
    {
        h[i] = 0;
    }
    for (i = 0; i < num; i++)
    {
        x[i] = 256 * sin(i * 2 * PI/34);
        y[i] = z[i] = 0;
    }
    for (i = Coeff + 1; i < num; i++)
    {
        out = FIRLMS(x + i,h,out - x[i - 1],Coeff);   // break poshort
        y[i] = out;
        z[i] = y[i] - x[i];
    }
    exit(0);
}
```

```
/* 自适应滤波函数 */
short FIRLMS(short *nx, float *nh, short nError, short nCoeffNum)
{
    short i,r;
    float fWork;
    r = 0;
    for (i = 0;i < nCoeffNum;i++)
    {
        fWork = nx[i] * nError * fU;
        nh[i] += fWork;
        r += (nx[i - i] * nh[i]);
    }
    r /= 128;
    return r;
}
```

通过编译、连接生成 FIRLMS. out 文件，装载 FIRLMS. out 运行，可观察到输出波形 $y(n)$在自适应滤波器的调整中逐渐与输入波形 $x(n)$重合，误差逐渐减小，如图 8-8 所示。

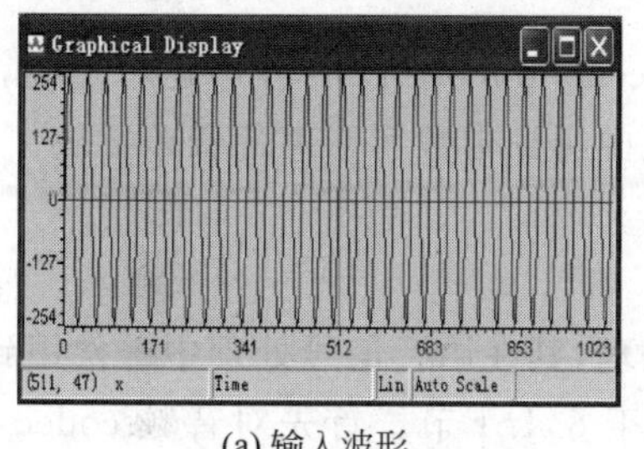


(a) 输入波形

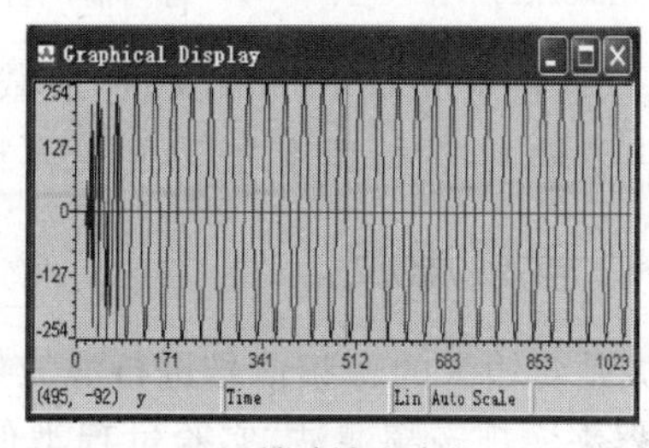


(b) 滤波输出波形

图 8-8 自适应滤波算法实验结果

# 8.2 语音信号采集与分析

## 8.2.1 回声实验

语音是人类获取信息的主要来源和利用信息的重要手段，当前，语音信号处理主要通过数字信号处理技术来实现，并得到了广泛的应用。在实际生活中，当声源遇到物体时，会发生反射，声音遇到较远的物体产生的反射会比遇到较近的物体的反射波晚些到达声源位置，回声和原声的延迟随反射物体的距离大小而改变。当反射的声波和声源声波一起传输时，听者会发现反射声波比声源声波慢一些。对于已知的数字声源，可以利用计算机的处理能力，来计算模拟回声效应，即可以在原声音流中叠加延迟一段时间后的声音流，实现回声效果。当然通过复杂运算，可以计算各种效应的混响效果。如此产生的回声，我们称之为数字回声。

本节回声算法实例采用一种音频 codec 器件 TLV320AIC23B(以下简称 AIC23，详见附录 C)实现单路立体声音频的输入/输出，通过 DSP 的 I2C 总线设置 AIC23 的工作参数，实现 AIC23 与 DSP 微处理器的接口控制，利用 DSP 的 McBSP1 与 AIC23 进行 A/D、D/A 数据的传输交换。回声实验的实现流程如图 8-9 所示。首先，对 AIC23 进行初始化配置；然后，AIC23通过其中的AD转换采集输入的声音信号，每采集完一个信号后，将数据发送到DSP的McBSP接口上，DSP可以读取到声音数据，每个数据为16位无符号整数，通过对当前声音进行延迟操作，并与当前声音混响，实现数字回声；最后，DSP可以将混响后的声音数据通过McBSP接口发送给AIC23，AIC23的DA器件将其变成模拟信号输出，其中，实现数字回声的程序echo如下：

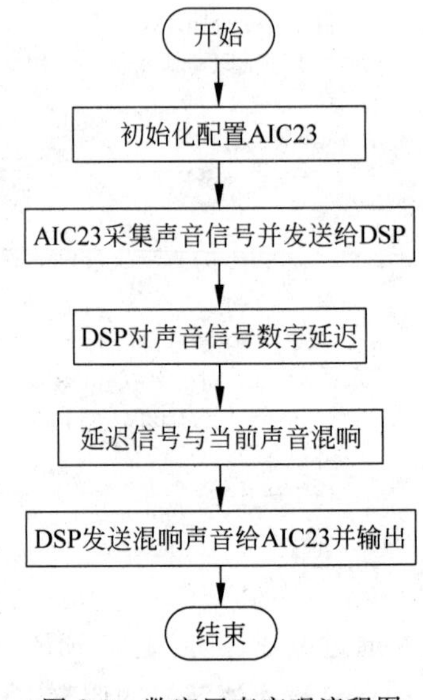


图8-9 数字回声实现流程图

```
/* 回声处理 */
Buffer[lpWork] = nWork;          // 保存到缓冲区
luWork1 = luWork - nLoop;
if (luWork1 < 0)
    luWork1 += 0x48000;
nWork1 = Buffer[luWork1];        // 取得保存的音频数据
nWork1 /= 512;
nWork1 *= uEffect;
nWork += nWork1;                 // 与当前声音混响
```

通过编译、连接生成echo.out文件，装载echo.out，在DSP程序运行之前，在PC上播放音乐作为声音输入，运行程序之后，可从耳机中听到带数字回声的音乐播放。

## 8.2.2 音频滤波

音频滤波是对输入的音频信号进行滤波处理，其在语音信号处理中经常用到，本实验通过FIR滤波器来实现音频滤波，实验过程类似于8.1.1节。首先对音频codec器件AIC23进行初始化配置，实现对音频信号的采集输入及预处理；然后设计FIR滤波器，对输入音频进行滤波，最后输出滤波后的音频信号，其中FIR滤波器设计可参考8.1.1节。本实验采用52阶FIR滤波器，处理音频信号长度为960，生成整型使用的移位数为16，则通过调用FIR滤波函数fir_filter，实现音频滤波的主要程序MP3FIR如下：

```
/* 读样本点 */
while (! (DAVINCIEVM_AIC33_read16(aic33handle, &sample_data)));
r = sample_data;
/* 采用ping、pong两级数据缓存模式进行滤波处理,提高滤波处理的效率 */
switch(a)
{
  case 0:
    sample1[p] = r;
    p++;
    if(p >= 960)
    {   a = 1;
        fir_filter((int *)sample1, (int *)h,(int *)out1, 52, 960, 16);   //FIR滤波处理
        if(n == 0)     b = 1;
        n = 1;
        p = 0; }
    break;
  case 1
    sample2[p] = r;
```

```
        p++;
        if(p>=960)
        {   a=0;
            fir_filter((int *)sample2, (int *)h,(int *)out2, 52,960, 16);    //FIR 滤波处理
        p=0; }
    break;
    }
```

通过编译、连接生成 MP3FIR. out 文件，装载 MP3FIR. out，并在 PC 上播放音乐作为 AIC23 的输入，运行程序，可观察到输入音频的时域波形和 FIR 滤波后的输出波形，如图 8-10 所示。

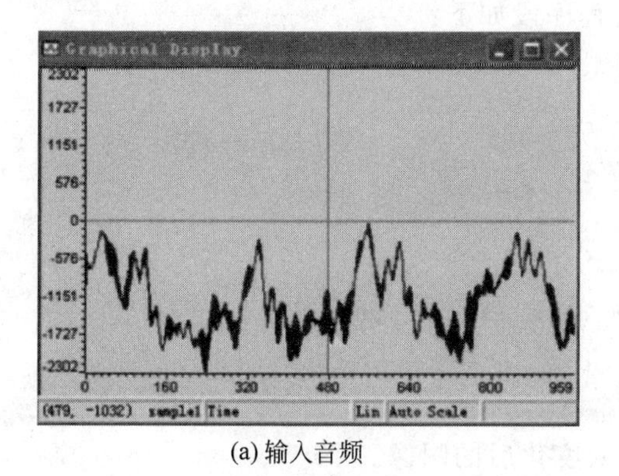

(a) 输入音频

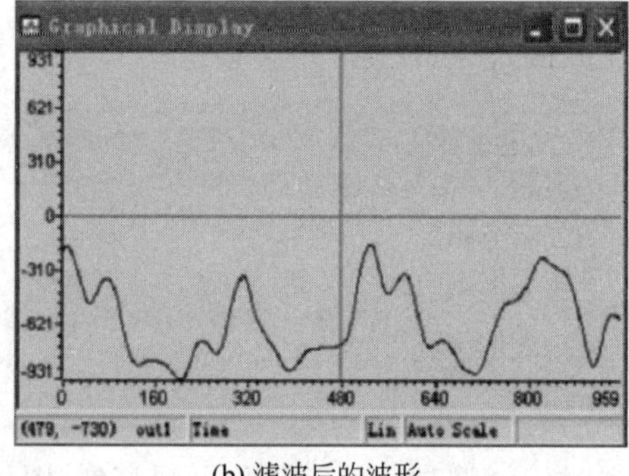

(b) 滤波后的波形

图 8-10 输入音频时域波形及其滤波后的时域波形

# 8.3 图像处理

## 8.3.1 图像点处理

图像点处理主要是针对输入图像的每个像素值进行处理，包括图像的灰度范围及分布的改变、对比度的增强、图像数字化及显示，其不改变图像内的空间关系。本章涉及到的图像点处理实验包括：图像反色、灰度变换、阈值分割、灰度图线性变换、灰度窗口变换、灰度拉伸、灰度直方图和灰度均衡，具体讲解如下。

**1. 图像反色**

图像反色是将图像像素进行求反，即与原图"黑白颠倒"，取得类似照相底片的效果。针对灰度图像，求反处理后，可以看清原始图中灰黑区域的情况。设 $D_A$ 表示输入图像的灰度，$D_B$ 表示输出图像的灰度，图像反色可表示为

$$D_B = f(D_A) = 255 - D_A \tag{8-38}$$

对于一张 M * N 的灰度图像 in_data，实现图像取反的主要程序段如下：

```
void ImageReverse(Uint8 * in_data)
{
    int i,j;
    for(i = 0; i<M; i++)
        for(j=0; j<N; j++)
        {
```

```
            *(Uint8 *)(in_data + (i*N + j) * 2+1) = 0xff - *(Uint8 *)(in_data +
(i*N + j) * 2+1 );
        }
}
```

通过编译调试，运行程序，可观察到，经过反色处理后的图像有类似照相底片的效果。

**2. 图像灰度化**

灰度图(Gray-scale Image)是指将图像按照灰度等级形成的图像。灰度模式最多使用256级灰度来表现图像，图像中的每个像素有一个0(黑色)到255(白色)之间的亮度值。实现灰度图的方法比较简单，将UV分量的值赋为0x80，Y分量值保持不变即可。对于一张M*N的图像in_data，实现图像灰度化的主要程序段如下：

```
void ImageGray(Uint8 * in_data)
{
    Uint32 i,j;
    for(i = 0; i < M; i++)
        for(j = 0; j < N; j++)
        {
            *(Uint8 *)(in_data + (i*N + j) * 2+1) = 0x80;
        }
}
```

通过编译调试，运行程序，可观察到，图像灰度化后的图像。

**3. 图像阈值分割**

通过对图像灰度进行阈值变换，可以将一幅灰度图像转换成黑白二值图像，其操作过程是先设定一个阈值，如果图像中像素的灰度值小于该阈值，则将该像素的灰度值设置为0，否则灰度值设置为255。灰度的阈值变换的变换函数表达式如下：

$$f(x) = \begin{cases} 0, & x < T \\ 255, & x \geqslant T \end{cases} \tag{8-39}$$

其中，$x$为图像像素，$T$为设定的阈值。

对于一张M*N的灰度图像in_data，设定分割阈值为THRESHOLD_VAL，则实现图像阈值分割的主要程序段如下：

```
void Threshold(Uint8 * in_data)
{
    int i,j;
    for(i = 0;i < M;i++)              //行数
    {
        for(j = 0;j < N;j++)          //像素个数/每行
        {
    if( *(Uint8 *)(in_data + (i*N + j) * 2 + 1) > THRESHOLD_VAL)
                *(Uint8 *)(in_data + (i*N + j) * 2 + 1) = 0xff;
            else
                *(Uint8 *)(in_data + (i*N + j) * 2 + 1) = 0x00;
        }
    }
}
```

通过编译调试，运行程序，可观察到，阈值分割后的图像变成二值图像。

**4. 灰度线性变换**

灰度线性变换是将图像中所有点的灰度按照线性灰度变换函数进行变换，假设该线性灰度变换函数 $f(x)$是一个一维线性函数：

$$f(x) = A \cdot x + B \tag{8-40}$$

则灰度变换方程为

$$D_B = f(D_A) = A \cdot D_A + B \tag{8-41}$$

式中，参数 $A$ 为变换函数的斜率，$B$ 为变换函数在 $y$ 轴上的截距，$D_A$ 表示输入图像的灰度，$D_B$ 表示输出图像的灰度。当 $A>1$ 时，输出图像的对比度将增大；当 $A<1$ 时，输出图像的对比度将减小；当 $A=1$ 且 $B\neq 0$ 时，操作仅使所有像素的灰度值上移或下移，其效果是使整个图像更暗或更亮；如果 $A<0$，暗区域将变亮，亮区域将变暗，点运算完成了图像求补运算。特殊情况下，当 $A=1,B=0$ 时，输出图像和输入图像相同；当 $A=-1,B=255$ 时，输出图像的灰度正好反转。本实验 $A$ 为 FA_VALUE=2，$B$ 为 FB_VALUE=128，对于一张 M∗N 的灰度图像 in_data，实现图像灰度线性变换的主要程序段如下：

```
void LinerTrans(Uint8 * in_data)
{
    int i,j;
    Int temp;
    for(i = 0; i < M; i++)
        for(j = 0; j < N; j++)
        {
        temp = *(Uint8 *)(in_data + (i*N + j) * 2 + 1) * FA_VALUE - FB_VALUE;
        if(temp < 0)
            *(Uint8 *)(in_data + (i*N + j) * 2 + 1) = 0x00;
        else if(temp > 255)
            *(Uint8 *)(in_data + (i*N + j) * 2 + 1) = 0xff;
        else
            *(Uint8 *)(in_data + (i*N + j) * 2 + 1) = temp;
        }
}
```

通过编译调试，运行程序，可观察到线性变换后的图像。

**5. 灰度窗口变换**

灰度窗口变换(Slicing)是将某一区间的灰度级和其他部分(背景)分开。图 8-11 所示为灰度窗口变换的原理示意图，其中[$low,high$]称为灰度窗口。

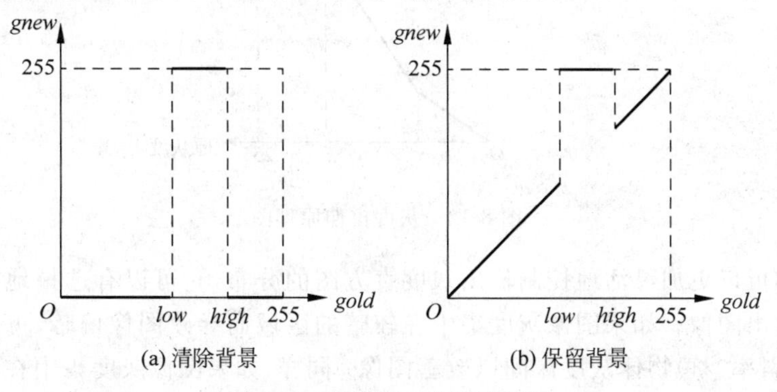


图 8-11 灰度窗口变换原理图

灰度窗口变换有两种,一种是清除背景的,一种是保留背景的。前者把不在灰度窗口范围内的像素都赋值为0,在灰度窗口范围内的像素都赋值为255,这也能实现灰度图的二值化,如图8-11(a)所示;后者是把不在灰度窗口范围内的像素保留原灰度值,在灰度窗口范围内的像素都赋值为255,如图8-11(b)所示。本实验采用的是保留背景的灰度窗口变换。灰度窗口变换可以检测出在某一灰度窗口范围内的所有像素,是图像灰度分析中的一个有力工具。对于一张 M * N 的灰度图像 in_data,实现图像灰度变换的主要程序段如下:

```
void WindowTrans(Uint8 * in_data)
{
    int i,j;
    for(i = 0;i < M;i++)                //行数
        for(j = 0;j < N;j++)            //像素个数/每行
        {
                if(( * (Uint8 * )(in_data + (i * N + j) * 2 + 1) > WINDOW_LOW
                    && * (Uint8 * )(in_data + (i * N + j) * 2 + 1) < WINDOW_HIGH))
                      * (Uint8 * )(in_data + (i * N + j) * 2 + 1) = 0xff;
        }
}
```

通过编译调试,运行程序,可观察到清除背景后的灰度图像。

**6. 灰度拉伸**

灰度拉伸和灰度线性变换相类似,都属于灰度的线性变换,但不同之处在于灰度拉伸不是完全的线性,而是分段进行线性变换,其原理如图8-12所示。灰度拉伸对应的函数如下:

$$f(x)=\begin{cases}\dfrac{y_1}{x_1}\cdot x, & x<x_1\\ \dfrac{y_2-y_1}{x_2-x_1}\cdot(x-x_1)+y_1, & x_1\leqslant x\leqslant x_2\\ \dfrac{255-y_2}{255-x_2}\cdot(x-x_2)+y_2, & x>x_2\end{cases}\tag{8-42}$$

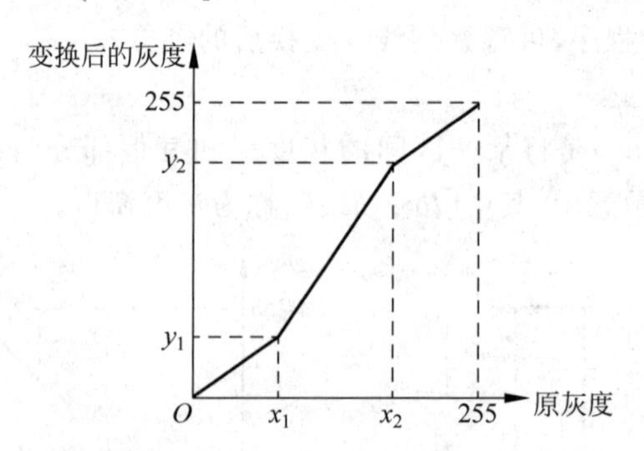


图 8-12 灰度拉伸原理图

灰度拉伸可以更加灵活地控制输出灰度直方图的分布,它可以有选择地拉伸某段灰度区间以改善输出图像。如果图像灰度集中在较暗的区域而导致图像偏暗,可以用灰度拉伸功能来拉伸(斜率>1)物体灰度区间以改善图像;同样,如果图像灰度集中在较亮的区域而导致图像偏亮,也可以用灰度拉伸功能来压缩(斜率<1)物体灰度区间以改善图像质量。对于一张 M * N 的灰度图像 in_data,实现图像灰度拉伸的主要程序段如下:

```
void GrayStretch(Uint8 * in_data,)
{
    int i,j;
    float FA,FB,FC;                    //斜率
    //计算斜率
    FA = (float)intY1 / (float)intX1;
    FB = (float)(intY2 - intY1) / (float)(intX2 - intX1);
    FC = (float)(255 - intY2) / (float)(255 - intX2);
    //灰度拉伸
for(i = 0; i < M; i++)
    for(j = 0; j < N; j++)
    {
if( * (Uint8 * )(in_data + (i * N + j) * 2 + 1) < intX1)
 * (Uint8 * )(in_data + (i * N + j) * 2 + 1) = * (Uint8 * )(in_data + (i * N + j) * 2 + 1) * FA;
else if( * (Uint8 * )(in_data + (i * N + j) * 2 + 1) > intX2)
 * (Uint8 * )(in_data + (i * N + j) * 2 + 1) = 255 - FC * (255 - * (Uint8 * )(in_data +
(i * N + j) * 2 + 1));
else
 * (Uint8 * )(in_data + (i * N + j) * 2 + 1) = FB * ( * (Uint8 * )(in_data + (i * N + j) *
2 + 1) - intX1) + intY1;
    }
}
```

通过编译调试,运行程序,可观察到灰度拉伸后的图像。

**7. 灰度直方图**

通过采用灰度直方图(Histogram),可以表示一幅图中的灰度分布情况。一般,灰度直方图中的横坐标表示灰度值,纵坐标表示该灰度值出现的次数(频率)。直方图是多种空间域处理技术的基础,其能有效地用于图像增强、图像分割与压缩等。

由于各灰度出现的频率可能相差很大,为了能够将结果显示在有限的窗口范围内,将每行点像素的灰度值分为大于 0x80 与小于 0x80 两部分进行统计,然后根据统计值将每行的灰度直方图进行显示。对于一张 M * N 的灰度图像 in_data,实现灰度直方图的主要程序段如下:

```
void Histogram(Uint8 * in_data)
{
    int i,j;
    Uint32 count;
    for(i = 0; i < M; i++)
    {
        count = 0;
        for(j = 0; j < N; j++)
        {
            if( * (Uint8 * )(in_data + (i * N + j) * 2 + 1) > 0x80)
            {
                count++;
            }
```

```
            }
            for(j = 0; j < count; j++)
                *(Uint8 *)(in_data + (i*N + j) * 2 + 1) = 0xee;     //白色区域
            for(j = count; j < N; j++)
                *(Uint8 *)(in_data + (i*N + j) * 2 + 1) = 0x11;     //黑色区域
        }
    }
```

通过编译调试,运行程序,可观察到图像每行的灰度直方图显示。

8) 灰度均衡

灰度均衡也称直方图均衡,目的是通过点运算使输入图像转换为在每一级上都有相同的像素点数的输出图像(即输出的直方图是平的)。

图像的概率密度函数(PDF,归一化到单位面积的直方图)的定义为

$$P(x) = \frac{1}{A_0}H(x) \tag{8-43}$$

式中,$H(x)$为直方图,$A_0$ 为图像的面积。设转换前图像的概率密度函数为 $P_r(r)$,转换后图像的概率密度函数为 $P_s(s)$,转换函数为 $s=f(r)$,由概率论知识可得

$$P_s(s) = P_r(r)\frac{\mathrm{d}r}{\mathrm{d}s} \tag{8-44}$$

这样,如果想使转换后图像的概率密度函数为1(即直方图为平的),则必须满足

$$P_r(r) = \frac{\mathrm{d}s}{\mathrm{d}r} \tag{8-45}$$

等式两边对 $r$ 积分,可得

$$s = f(r) = \int_0^r P_r(u)\mathrm{d}u = \frac{1}{A_0}\int_0^r H(u)\mathrm{d}u \tag{8-46}$$

该转换公式被称为图像的累积分布函数(CDF),该公式是被归一化后推导出的,对于没有归一化的情况,只要乘以最大灰度值($D_{\max}$,对于灰度图该值为 255)即可。灰度均衡的转换公式为

$$D_B = f(D_A) = \frac{D_{\max}}{A_0}\int_0^{D_A} H(u)\mathrm{d}u \tag{8-47}$$

对于离散图像,转换公式为

$$D_B = f(D_A) = \frac{D_{\max}}{A_0}\sum_{i=0}^{D_A} H_i \tag{8-48}$$

式中,$H_i$ 为第 $i$ 级灰度的像素个数。对于一张 M * N 的灰度图像 in_data,实现灰度均衡的主要程序段如下:

```
void GrayEqualize(Uint8 * in_data)
{
    int i,j;
    Int intArea, intTemp;
    Int intCount[256];
    Uint8 grayMap[256];
    intArea = M * N;                        //计算面积
    for(i = 0; i < 256; i++)                //重置计数
        {
```

```
            intCount[i] = 0;
        }
    for(i = 0; i<M; i++)                    //计算灰度值
        for(j = 0; j<N; j++)
            {
                intTemp = *(Uint8 *)(in_data + (i*N + j) * 2 + 1);
                intCount[intTemp]++;
            }
    for(i = 0; i<256; i++)                  //计算映射表
        {
            intTemp = 0;
            for(j = 0; j<= i; j++)
            {
                intTemp += intCount[j];
            }
            grayMap[i] = (Uint8)(intTemp * 255 / intArea);
        }
    for(i = 0; i<M; i++)                    //灰度均衡
        for(j =0; j<N; j++)
        {
            intTemp = *(Uint8 *)(in_data + (i*N + j) * 2 + 1);
            *(Uint8 *)(in_data + (i*N + j) * 2 + 1) = grayMap[intTemp];
        }
}
```

通过编译调试,运行程序,可观察到灰度均衡后的图像。

## 8.3.2 图像的几何变换

与图像的点处理不同,图像的几何变换主要改变或移动图像中像素的空间位置,包括图像平移、垂直镜像变换、水平镜像变换、缩放和旋转等。

**1. 图像平移**

平移变换是图像几何变换中最简单的一种,如图8-13所示,初始坐标为$(x_0,y_0)$的点经过平移$(t_x, t_y)$(以向右、向下为正方向)后,坐标变为$(x_1,y_1)$。这两点的关系为$x_1=x_0+t_x$,$y_1=y_0+t_y$,以矩阵形式表示为

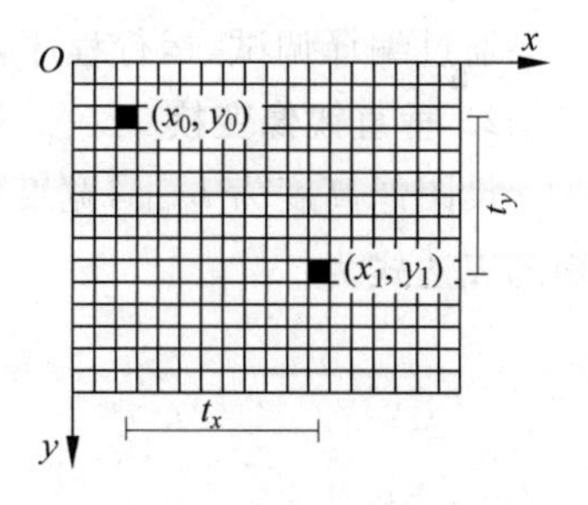


图8-13 图像平移原理图

$$\begin{bmatrix} x_1 \\ y_1 \\ 1 \end{bmatrix} = \begin{bmatrix} 1 & 0 & t_x \\ 0 & 1 & t_y \\ 0 & 0 & 1 \end{bmatrix} \begin{bmatrix} x_0 \\ y_0 \\ 1 \end{bmatrix} \tag{8-49}$$

其逆变换为

$$\begin{bmatrix} x_0 \\ y_0 \\ 1 \end{bmatrix} = \begin{bmatrix} 1 & 0 & -t_x \\ 0 & 1 & -t_y \\ 0 & 0 & 1 \end{bmatrix} \begin{bmatrix} x_1 \\ y_1 \\ 1 \end{bmatrix} \tag{8-50}$$

这样,平移后的图像上的每一点都可以在原图像中找到对应的点,如对于新图中的(0,0)像素,代入上面的方程,可求出对应原图中的点。同样,若有点不在原图中,说明原图中有点被

移出显示区域，如果不想丢失被移出的部分图像，可以将新生成的图像扩大$|t_x|$，高度扩大$|t_y|$。对于一张 M * N 的灰度图像 in_data，实现图像平移的主要程序段如下：

```
void GeometryTrans(Uint8 * in_data)
{
    int i,j;
    Int intXOffset = -100;
    Int intYOffset = -100;
    Int intCapX, intCapY;
    for(i=0; i<M; i++)
    {
        for(j=0; j<N; j++)
        {
            intCapX = j - intXOffset;
            intCapY = i - intYOffset;
            if((intCapX >= N) ||(intCapY > M))
                *(Uint8 *)(in_data + (i*N + j) * 2 + 1) = 0xff;
            else
            {
                *(Uint8 *)(in_data + (i*N + j) * 2 + 1) = *(Uint8 *)(in_data +
(intCapY*N + intCapX) * 2 + 1);
                *(Uint8 *)(in_data + (i*N + j) * 2 ) = *(Uint8 *)(in_data +
(intCapY*N + intCapX) * 2 );
            }
        }
    }
}
```

通过编译调试，运行程序，可观察到图像被平移到左上角。

**2. 垂直镜像变换**

设图像高度为$l_{\text{height}}$，宽度为$l_{\text{width}}$，原图中$(x_0,y_0)$垂直镜像后将变为$(x_0,l_{\text{height}}-y_0)$，其矩阵表达式为

$$\begin{bmatrix}x_1\\y_1\\1\end{bmatrix}=\begin{bmatrix}1&0&0\\0&-1&l_{\text{height}}\\0&0&1\end{bmatrix}\begin{bmatrix}x_0\\y_0\\1\end{bmatrix} \tag{8-51}$$

逆运算矩阵表达式为

$$\begin{bmatrix}x_0\\y_0\\1\end{bmatrix}=\begin{bmatrix}1&0&0\\0&-1&l_{\text{height}}\\0&0&1\end{bmatrix}\begin{bmatrix}x_1\\y_1\\1\end{bmatrix},\quad 即\begin{cases}x_0=x_1\\y_0=l_{\text{height}}-y_1\end{cases} \tag{8-52}$$

对于一张 M * N 的灰度图像 in_data，实现图像垂直镜像变换的主要程序段如下：

```
void VertTranspose(Uint8 * in_data)
{
    int i,j;
    for(i = 0; i<M; i++)
        for(j=N/2; j<N; j++)            //x从N/2开始,左半图像垂直镜像显示到右半部分
        {
```

```
            *(Uint8 *)(in_data + (i*N + j) * 2 + 1) = *(Uint8 *)(in_data + (i*N +
N- j) * 2 + 1);     //i*N + j为i行j列点的像素存放地址,每个像素的两个变量占两个地址
            *(Uint8 *)(in_data + (i*N + j) * 2 ) = *(Uint8 *)(in_data + (i*N +N-
j) * 2);
        }
}
```

通过编译调试,运行程序,可观察到左半部分为原始左半图像,右半部分呈现左半图像的垂直镜像变换。

**3. 图像水平镜像变换**

设图像高度为 $l_{\text{height}}$,宽度为 $l_{\text{width}}$,原图中($x_0$, $y_0$)垂直镜像后将变为($l_{\text{width}}-x_0$, $y_0$),其矩阵表达式为

$$\begin{bmatrix} x_1 \\ y_1 \\ 1 \end{bmatrix} = \begin{bmatrix} -1 & 0 & l_{\text{width}} \\ 0 & 1 & 0 \\ 0 & 0 & 1 \end{bmatrix} \begin{bmatrix} x_0 \\ y_0 \\ 1 \end{bmatrix} \tag{8-53}$$

逆运算矩阵表达式为

$$\begin{bmatrix} x_0 \\ y_0 \\ 1 \end{bmatrix} = \begin{bmatrix} -1 & 0 & l_{\text{width}} \\ 0 & 1 & 0 \\ 0 & 0 & 1 \end{bmatrix} \begin{bmatrix} x_1 \\ y_1 \\ 1 \end{bmatrix}, \quad 即 \begin{cases} x_0 = l_{\text{width}} - x_1 \\ y_0 = y_1 \end{cases} \tag{8-54}$$

对于一张 M * N 的灰度图像 in_data,实现图像水平镜像变换的主要程序段如下:

```
void HorizTranspose(Uint8 * in_data)
{
    int i,j;
    for(i = M/2; i<M; i++)
        for(j = 0; j<N; j++)                //y从M/2开始,将图像上半部分作水平镜像
        {
            *(Uint8 *)(in_data + (i*N + j) * 2 + 1) = *(Uint8 *)(in_data + ((M -
i) *N + j) * 2 + 1);
            *(Uint8 *)(in_data + (i*N + j) * 2 ) = *(Uint8 *)(in_data + ((M - i) *
N + j) * 2);
        }
}
```

通过编译调试,运行程序,可观察到上半部分为原始上半图像,下半部分呈现上半图像的水平镜像变换。

**4. 图像缩放**

假设图像 $x$ 轴方向缩放比率为 $f_x$,$y$ 轴方向缩放比率为 $f_y$,那么原图中点($x_0$, $y_0$)对应与新图中的点($x_1$, $y_1$)的转换矩阵为

$$\begin{bmatrix} x_1 \\ y_1 \\ 1 \end{bmatrix} = \begin{bmatrix} f_x & 0 & 0 \\ 0 & f_y & 0 \\ 0 & 0 & 1 \end{bmatrix} \begin{bmatrix} x_0 \\ y_0 \\ 1 \end{bmatrix} \tag{8-55}$$

其逆运算表达式为

$$\begin{bmatrix} x_0 \\ y_0 \\ 1 \end{bmatrix} = \begin{bmatrix} 1/f_x & 0 & 0 \\ 0 & 1/f_y & 0 \\ 0 & 0 & 1 \end{bmatrix} \begin{bmatrix} x_1 \\ y_1 \\ 1 \end{bmatrix} \tag{8-56}$$

对于一张 M * N 的灰度图像 in_data,实现图像缩放的主要程序段如下:

```
void Zoom(Uint8 * in_data)
{
    int i,j;
    Int intCapX, intCapY;
    for(i = 0; i<M; i++)
        for(j = 0; j<N; j++)
        {
            intCapX = (int)(j << 2);
            intCapY = (int)(i << 1);
            if((intCapX >= 0) && (intCapX<N*2) && (intCapY >= 0) && (intCapY<M))
            {
                *(Uint8 *)(in_data+(i*N+2*j) * 2 + 1) = *(Uint8 *)(in_data +
(intCapY*N + intCapX) * 2 + 1);
                *(Uint8 *)(in_data+(i*N+2*j+1)*2+1) = *(Uint8 *)(in_data +
(intCapY*N + intCapX+1) * 2 + 1);
                *(Uint8 *)(in_data + (i*N + 2*j) * 2 ) = *(Uint8 *)(in_data +
(intCapY*N + intCapX) * 2 );
                *(Uint8 *)(in_data+(i*N +2*j+1) * 2 ) = *(Uint8 *)(in_data +
(intCapY*N + intCapX+1) * 2);
            }
            else
                *(Uint8 *)(in_data + (i*N + j) * 2 + 1) = 0xff;
        }
}
```

通过编译调试,运行程序,可观察到图像为原图像的四分之一。

**5. 图像旋转**

如图 8-14 所示,在图像旋转中,点($x_0$, $y_0$)经过旋转 $\theta$ 度后坐标变成($x_1$, $y_1$)。

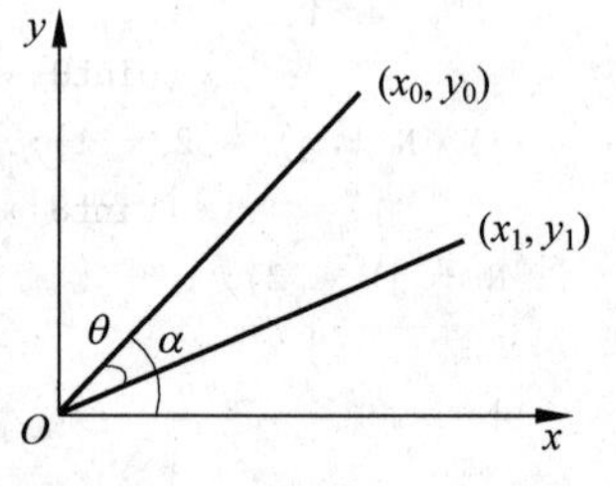


图 8-14 图像旋转原理图

旋转前:

$$\begin{cases} x_0 = r\cos(\alpha) \\ y_0 = r\sin(\alpha) \end{cases}$$

旋转后:

$$\begin{cases} x_1 = r\cos(\alpha-\theta) = r\cos(\alpha)\cos(\theta) + r\sin(\alpha)\sin(\theta) = x_0\cos(\theta) + y_0\sin(\theta) \\ y_1 = r\sin(\alpha-\theta) = r\sin(\alpha)\cos(\theta) + r\cos(\alpha)\sin(\theta) = -x_0\sin(\theta) + y_0\cos(\theta) \end{cases}$$

对应的矩阵表达式为

$$\begin{bmatrix} x_1 \\ y_1 \\ 1 \end{bmatrix} = \begin{bmatrix} \cos(\theta) & \sin(\theta) & 0 \\ -\sin(\theta) & \cos(\theta) & 0 \\ 0 & 0 & 1 \end{bmatrix} \begin{bmatrix} x_0 \\ y_0 \\ 1 \end{bmatrix} \tag{8-57}$$

其逆运算为

$$\begin{bmatrix} x_0 \\ y_0 \\ 1 \end{bmatrix} = \begin{bmatrix} \cos(\theta) & -\sin(\theta) & 0 \\ \sin(\theta) & \cos(\theta) & 0 \\ 0 & 0 & 1 \end{bmatrix} \begin{bmatrix} x_1 \\ y_1 \\ 1 \end{bmatrix} \tag{8-58}$$

上述旋转是绕坐标原点(0, 0)进行的，如果是绕一个指定点$(a, b)$旋转，则先要将坐标系平移到该点，进行旋转，然后再平移回到新的坐标原点。将坐标系Ⅰ平移到坐标系Ⅱ处，其中坐标系Ⅱ的原点在坐标系Ⅰ中的坐标为$(a, b)$，两种坐标系坐标变换的矩阵表达式为

$$\begin{bmatrix} x_{\mathrm{II}} \\ y_{\mathrm{II}} \\ 1 \end{bmatrix} = \begin{bmatrix} 1 & 0 & -a \\ 0 & -1 & b \\ 0 & 0 & 1 \end{bmatrix} \begin{bmatrix} x_{\mathrm{I}} \\ y_{\mathrm{I}} \\ 1 \end{bmatrix} \tag{8-59}$$

其逆运算矩阵表达式为

$$\begin{bmatrix} x_{\mathrm{I}} \\ y_{\mathrm{I}} \\ 1 \end{bmatrix} = \begin{bmatrix} 1 & 0 & a \\ 0 & -1 & b \\ 0 & 0 & 1 \end{bmatrix} \begin{bmatrix} x_{\mathrm{II}} \\ y_{\mathrm{II}} \\ 1 \end{bmatrix} \tag{8-60}$$

假设图像未旋转时中心坐标为$(a, b)$，旋转后中心坐标为$(c, d)$（在新的坐标系下，以旋转后新图像左上角为原点），则旋转变换矩阵表达式为

$$\begin{aligned} \begin{bmatrix} x_1 \\ y_1 \\ 1 \end{bmatrix} &= \begin{bmatrix} 1 & 0 & c \\ 0 & -1 & d \\ 0 & 0 & 1 \end{bmatrix} \begin{bmatrix} x'_{1\mathrm{II}} \\ y'_{1\mathrm{II}} \\ 1 \end{bmatrix} = \begin{bmatrix} 1 & 0 & c \\ 0 & -1 & d \\ 0 & 0 & 1 \end{bmatrix} \begin{bmatrix} \cos(\theta) & \sin(\theta) & 0 \\ -\sin(\theta) & \cos(\theta) & 0 \\ 0 & 0 & 1 \end{bmatrix} \begin{bmatrix} x_{1\mathrm{II}} \\ y_{1\mathrm{II}} \\ 1 \end{bmatrix} \\ &= \begin{bmatrix} 1 & 0 & c \\ 0 & -1 & d \\ 0 & 0 & 1 \end{bmatrix} \begin{bmatrix} \cos(\theta) & \sin(\theta) & 0 \\ -\sin(\theta) & \cos(\theta) & 0 \\ 0 & 0 & 1 \end{bmatrix} \begin{bmatrix} 1 & 0 & -a \\ 0 & -1 & b \\ 0 & 0 & 1 \end{bmatrix} \begin{bmatrix} x_0 \\ y_0 \\ 1 \end{bmatrix} \end{aligned} \tag{8-61}$$

其逆运算表达式为

$$\begin{bmatrix} x_0 \\ y_0 \\ 1 \end{bmatrix} = \begin{bmatrix} 1 & 0 & a \\ 0 & -1 & b \\ 0 & 0 & 1 \end{bmatrix} \begin{bmatrix} \cos(\theta) & -\sin(\theta) & 0 \\ \sin(\theta) & \cos(\theta) & 0 \\ 0 & 0 & 1 \end{bmatrix} \begin{bmatrix} 1 & 0 & -c \\ 0 & -1 & d \\ 0 & 0 & 1 \end{bmatrix} \begin{bmatrix} x_1 \\ y_1 \\ 1 \end{bmatrix} \tag{8-62}$$

即

$$\begin{cases} x_0 = x_1\cos(\theta) + y_1\sin(\theta) + c\cos(\theta) - d\sin(\theta) + a \\ y_0 = -x_1\sin(\theta) + y_1\cos(\theta) + c\sin(\theta) - d\cos(\theta) + b \end{cases}$$

对于一张 M * N 的灰度图像 in_data，实现图像旋转的主要程序段如下：

```
void Rotate(Uint8 * in_data)
{
    int i,j;
    float cosAngle = 0.866025, sinAngle = 0.5;        // 逆时针 pi/6
    Int intCapX, intCapY;
    for(i = 0; i < M; i++)
        for(j = 0; j < N; j++)
        {
            intCapX = j * cosAngle - i * sinAngle;
            intCapY = j * sinAngle + i * cosAngle;
```

```
                if((intCapX >= 0) && (intCapX < N) && (intCapY >= 0) && (intCapY < M))
                {
                    *(Uint8 *)(in_data + (i * N + j) * 2 + 1) = *(Uint8 *)(in_data +
intCapY * N + intCapX);
                    }
                else
                    *(Uint8 *)(in_data + (i * N + j) * 2 + 1) = 0xff;
                }
}
```

通过编译调试，运行程序，可观察到的图像为原图像逆时针旋转 30°。

### 8.3.3 图像增强

图像增强是以预定的方式改变图像的灰度分布，突出强调图像的局部或整体特性，扩大图像中不同物体特征之间的差别，抑制不感兴趣的特征，从而改善图像的视觉效果，常用的方法包括图像平滑、均值滤波、中值滤波和图像锐化等。

**1. 图像平滑**

图像平滑的目的主要是为了减少图像的噪声。大部分噪声，如由敏感元件、传输通道和量化器等引起的噪声，几乎都是随机的。它们对某一像素点的影响，可以看作是孤立的，因此和临近各点相比，该点灰度值将有显著的不同。基于这一分析，可以用所谓邻域平均的方法来判断每一点是否含有噪声，并用适当的方法来消除所发现的噪声。这实际上就是一种空间域的图像平滑方法。

在该实验中，采用模板法来实现对图像的平滑。模板法的思想是通过一个点和它周围的几个点的某种运算（通常是平均运算）来消除突然变化的点，从而滤掉一定的噪声，但是图像会有一定程度的模糊。

均值平滑是将原图像的每一个像素都用其相邻的 $n\times n$（一般用 $3\times 3$）个像素的灰度值的平均值来代替，其掩模平滑矩阵为$\frac{1}{9}\begin{bmatrix}1&1&1\\1&1&1\\1&1&1\end{bmatrix}$。

平均模板只考虑了邻域点的作用，并没有考虑各点位置的影响，所以平滑的效果并不理想。实际上，离某点越近的点对该点的影响应该越大，为此，可以引入加权系数，将原来的模板改造成$\frac{1}{16}\begin{bmatrix}1&2&1\\2&4&2\\1&2&1\end{bmatrix}$，从而距离越近的点，加权系数越大，该模板称为高斯（Gauss）模板，其可通过采用 2 维高斯函数得到。

对于一张 M * N 的灰度图像 in_data，实现图像平滑的主要程序段如下：

```
void AverageSmooth(Uint8 * in_data)      //平均模板图像平滑
{
    Int i,j;
    Int intTemp = 0;
    for(i = 0; i < M; i++)
        for(j = 0; j < N; j++)
```

```
        {
            intTemp = *(Uint8 *)(in_data + (i-1)*N + (j-1)) + *(Uint8 *)(in_data +
(i-1)*N + j) + *(Uint8 *)(in_data + (i-1)*N + (j+1)) + *(Uint8 *)(in_data +
i*N + (j-1)) + *(Uint8 *)(in_data + i*N + (j+1)) + *(Uint8 *)(in_data + (i+1)*
N + (j-1)) + *(Uint8 *)(in_data + (i+1)*N + j) + *(Uint8 *)(in_data + (i+1)*
N + (j+1));
            intTemp = intTemp >> 3;
            intTemp += *(Uint8 *)(in_data + i*N + j);
            intTemp = intTemp >> 1;
            *(Uint8 *)(in_data + (i*N + j) * 2 + 1) = intTemp;
            intTemp = 0;
        }
}
void GaussSmooth(Uint8 * in_data)        //高斯模板图像平滑
{
    int i,j;
    Int intTemp = 0;
    for(i = 0; i<M; i++)
        for(j = 0; j<N; j++)
        {
            intTemp = *(Uint8 *)(in_data + (i-1)*N + (j-1)) + *(Uint8 *)(in_data +
(i-1)*N + j) * 2 + *(Uint8 *)(in_data + (i-1)*N + (j+1)) + *(Uint8 *)(in_data +
i*N + (j-1)) * 2 + *(Uint8 *)(in_data + i*N + j) * 4 + *(Uint8 *)(in_data + i*
N + (j+1)) * 2 + *(Uint8 *)(in_data + (i+1)*N + (j-1)) + *(Uint8 *)(in_data +
(i+1)*N + j) * 2 + *(Uint8 *)(in_data + (i+1)*N + (j+1));
            intTemp = intTemp >> 4;
            *(Uint8 *)(in_data + (i*N + j) * 2 + 1) = intTemp;
            intTemp = 0;
        }
}
```

通过编译调试，运行程序，可观察到经过平滑后是图像与原图像的差异。

**2. 均值滤波**

均值滤波是一种非线性的信号处理方法，其是指在图像上对待处理的像素给定一个模板，将模板中的全体像素的均值来替代原来的像素的方法。该模板包括了其周围的邻近像素，这种方法通过把突变点的灰度分散在其相邻点中来达到平滑效果，操作简单，但这样的平滑往往造成图像的模糊，$N$ 选取得越大，模糊越严重。

对于一张 M * N 的灰度图像 in_data，实现图像 3×3 均值滤波的主要程序段如下：

```
void AverageFilter(Uint8 * in_data)
{
    Int i,j;
    Int intTemp = 0;
    for(i = 0; i<M; i++)
        for(j = 0; j<N; j++)
        {
            intTemp = *(Uint8 *)(in_data + (i-1)*N + (j-1)) +
                      *(Uint8 *)(in_data + (i-1)*N + j) +
                      *(Uint8 *)(in_data + (i-1)*N + (j+1)) +
```

```
                    *(Uint8 *)(in_data + i*N + (j-1)) +
                    *(Uint8 *)(in_data + i*N + (j+1)) +
                    *(Uint8 *)(in_data + (i+1)*N + (j-1)) +
                    *(Uint8 *)(in_data + (i+1)*N + j) +
                    *(Uint8 *)(in_data + (i+1)*N + (j+1));
            intTemp = intTemp >> 3;
            if(abs(intTemp - *(Uint8 *)(in_data + i*N + j)) > 50)
                *(Uint8 *)(in_data + (i*N + j) * 2 + 1) = intTemp;
            intTemp = 0;
        }
}
```

通过编译调试，运行程序，可观察到，经过 3×3 均值滤波的图像与原图像的差异。

**3. 中值滤波**

中值滤波是一种非线性的信号处理方法，其由 J. W. Jukey 在 1971 年首先提出并应用在一维信号处理技术（时间序列分析）中，后来被二维图像信号处理技术所引用。中值滤波在一定的条件下可以克服线性滤波器如最小均方滤波和均值滤波等带来的图像细节模糊，而且对滤除脉冲干扰及图像扫描噪声最为有效。由于在实际运算过程中不需要图像的统计特征，因此这也带来不少方便。但是对于一些细节多，特别是点、线和尖顶细节多的图像不宜采用中值滤波。

中值滤波一般选取一个含有奇数个点的滑动窗口，用窗口中各点灰度值的中值替代窗口中心点的灰度值。对于奇数个元素，中值是指按大小排序后，位于中间的数值；对于偶数个元素，中值是指排序后中间两个元素灰度值的平均值。

对于一张 M * N 的灰度图像 in_data，实现图像 3×3 中值滤波的主要程序段如下：

```
void MedianFilter(Uint8 * in_data)
{
    int i,j,a,b;
    Uint8 aValue[9],bTemp;
    for(i = 0; i<M; i++)
        for(j = 0; j<N; j++)
        {
            aValue[0] = *(Uint8 *)(in_data + (i-1)*N + (j-1));
            aValue[1] = *(Uint8 *)(in_data + (i-1)*N + j);
            aValue[2] = *(Uint8 *)(in_data + (i-1)*N + (j+1));
            aValue[3] = *(Uint8 *)(in_data + i*N + (j-1));
            aValue[4] = *(Uint8 *)(in_data + i*N + j);
            aValue[5] = *(Uint8 *)(in_data + i*N + (j+1));
            aValue[6] = *(Uint8 *)(in_data + (i+1)*N + (j-1));
            aValue[7] = *(Uint8 *)(in_data + (i+1)*N + j);
            aValue[8] = *(Uint8 *)(in_data + (i+1)*N + (j+1));
            for(b=0;b<5;b++)  //排序
                for(a=b;a<=8;a++)
                {
                    if(aValue[b]>aValue[a])
                    {
                        bTemp = aValue[b];
                        aValue[b] = aValue[a];
```

```
                    aValue[a] = bTemp;
                }
            }
        *(Uint8 *)(in_data + (i*N + j) * 2 + 1) = aValue[4];
    }
}
```

通过编译调试,运行程序,可观察到,经过 3×3 中值滤波图像与原图像的差异。

**4. 图像锐化**

图像锐化的目的是使模糊的图像变得更加清晰,针对引起图像模糊的原因进行相应的锐化操作属于图像复原。图像模糊的实质就是图像受到平均或积分运算造成的,因此可以对图像进行逆运算如微分运算来使图像清晰化。从频谱角度来分析,图像模糊的实质是其高频分量被衰减,因而可以通过高通滤波操作来清晰化图像。但要注意,能够进行锐化处理的图像必须有较高的信噪比,否则锐化后图像的信噪比反而更低,从而使噪声增加得比信号还要多,因此一般是先去除或减轻噪声后再进行锐化处理。

图像锐化一般有两种方法:一种是微分法;另一种是高通滤波法。梯度锐化就是一种常用的微分锐化方法。设图像为 $f(x,y)$,定义 $f(x,y)$ 在点 $(x,y)$ 处的梯度矢量 $\boldsymbol{G}[f(x,y)]$ 为 $\boldsymbol{G}[f(x,y)]=\begin{bmatrix}\partial f/\partial x\\ \partial f/\partial y\end{bmatrix}$。

梯度有两个重要的性质:

(1) 梯度的方向在函数 $f(x,y)$ 最大变化率方向上;

(2) 梯度的幅度用 $\boldsymbol{G}[f(x,y)]$ 表示,其值 $\boldsymbol{G}[f(x,y)]=\sqrt{(\partial f/\partial x)^2+(\partial f/\partial y)^2}$。

由此可得出这样的结论:梯度的数值就是 $f(x,y)$ 在其最大变化率方向上的单位距离所增加的量。

对于离散的数字图像,上式可以改写成

$$\boldsymbol{G}[f(i,j)]=\sqrt{[f(i,j)-f(i+1,j)]^2+[f(i,j)-f(i,j+1)]^2} \tag{8-63}$$

为了计算方便,也可以采用下面的近似计算公式:

$$\boldsymbol{G}[f(i,j)]\approx|f(i,j)-f(i+1,j)|+|f(i,j)-f(i,j+1)|$$

通常也可以近似为下面两种形式:

$$\boldsymbol{G}[f(i,j)]=\sqrt{[f(i,j)-f(i+1,j+1)]^2+[f(i+1,j)-f(i,j+1)]^2}$$

$$\boldsymbol{G}[f(i,j)]\approx|f(i,j)-f(i+1,j+1)|+|f(i+1,j)-f(i,j+1)| \tag{8-64}$$

上面两个公式称为罗伯特(Roberts)梯度。

另一种图像锐化的方法是采用锐化模板,常用的锐化模板有拉普拉斯(Laplacian)模板,如式(8-65)所示。

$$\begin{bmatrix}-1 & -1 & -1\\ -1 & 9 & -1\\ -1 & -1 & -1\end{bmatrix} \tag{8-65}$$

首先将自身与周围的 8 个像素相减,表示自身与周围像素的差别;再将这个差别加上自身作为新像素的灰度。可见,如果一片暗区出现了一个亮点,那么锐化处理的结果是这个亮点变得更亮,增加了图像的噪声。因为图像中的边缘就是那些灰度发生跳变的区域,所以锐化模板在边缘检测中很有用。

要注意的是,运算后如果出现了大于 255 或者小于 0 的点,称为溢出。溢出点的处理通常是截断,即大于 255 时,令其等于 255;小于 0 时,令其等于 0。

对于一张 M * N 的灰度图像 in_data,实现图像锐化的主要程序段如下:

```
void GradsSharp(Uint8 * in_data)          //梯度锐化
{
    Int i,j;
    Int intTemp;
    for(i = 0; i < M; i++)
        for(j = 0; j < N; j++)
        {
            intTemp = abs( * (Uint8 * )(in_data + i * N + j) - * (Uint8 * )(in_data + (i+1) *
N + (j+1))) + abs( * (Uint8 * )(in_data + (i+1) * N + j) - * (Uint8 * )(in_data + i *
N + (j+1)));
            if(intTemp < 0)       intTemp = 0;
            if(intTemp > 255)     intTemp = 255;
            * (Uint8 * )(in_data + (i * N + j) * 2 + 1) = intTemp;
            }
        }
}
void LaplacianSharp(Uint8 * in_data)     //拉普拉斯锐化
{
    int i,j,intTemp;
    for(i = 0; i < M; i++)
        for(j = 0; j < N; j++)
        {
            intTemp = * (Uint8 * )(in_data + i * N + j) * 9 - * (Uint8 * )(in_data + (i-
1) * N + (j-1)) - * (Uint8 * )(in_data + (i-1) * N + j) - * (Uint8 * )(in_data + (i-1) *
N + (j+1)) - * (Uint8 * )(in_data + i * N + (j-1)) - * (Uint8 * )(in_data + i * N +
(j+1)) - * (Uint8 * )(in_data + (i+1) * N + (j-1)) - * (Uint8 * )(in_data + (i+1) *
N + j) - * (Uint8 * )(in_data + (i+1) * N + (j+1));
            if(intTemp < 0)       intTemp = 0;
            if(intTemp > 255)     intTemp = 255;
            * (Uint8 * )(in_data + (i * N + j) * 2 + 1) = intTemp;
        }
}
```

通过编译调试,运行程序,可观察到,经过梯度锐化和拉普拉斯锐化后的图像与原图像的差异。

### 8.3.4 图像边缘检测

为了能让计算机自动识别和理解图像,对包含有大量各式各样景物信息的图像进行分解至关重要。分解的最终结果是图像被分割成一些具有某种特征的最小成分,称为图像的基元。相对于整幅图像来说,这种基元更容易被快速处理。图像分割是指利用图像的一些特征将图像分解成一系列有意义的目标或感兴趣区域,可利用的特征包括图像的统计特征和视觉特征,如直方图、频谱、区域的亮度、纹理或轮廓等。

图像的边缘是指其周围像素灰度有阶跃变化或屋脊状变化的那些像素的集合。边缘广泛存在于物体与背景之间、物体与物体之间、基元与基元之间。因此，它是图像分割所依赖的重要特征。图像边缘是由灰度不连续性所反映的，经典的边缘提取方法是考察图像的每个像素在某个邻域内灰度的变化，利用边缘临近一阶或二阶方向导数变化规律来检测边缘，这种方法称为边缘检测局部算子法。

边缘的种类可以分为两种：一种称为阶跃性边缘，它两边的像素的灰度值有着显著不同；另一种称为屋脊状边缘，它位于灰度值从增加到减少的变化转折点。对于阶跃性边缘，二阶方向导数在边缘处呈零交叉；而对于屋脊状边缘，二阶方向导数在边缘处取极值。

因此，常使用边缘检测算子来检查图像中每个像素的邻域并量化灰度变化率、确定变化方向。常用的边缘检测算子包括：Sobel 边缘算子、Prewitt 边缘算子和 Laplacian 边缘算子等。

**1. Sobel 边缘算子**

Sobel 边缘检测算子的原理如图 8-15 所示，两个卷积核形成了 Sobel 算子，图像中的每个点都用这两个核做卷积，一个核对通常的垂直边缘响应最大，而另一个对水平边缘响应最大。两个卷积的最大值作为该点的输出位，运算结果是一幅边缘幅度图像。

| | | |
|---|---|---|
| −1 | −2 | −1 |
| 0 | 0 | 0 |
| 1 | 2 | 1 |

| | | |
|---|---|---|
| −1 | 0 | 1 |
| −2 | 0 | 2 |
| −1 | 2 | 1 |

图 8-15 Sobel 边缘检测算子

对于一张 M * N 的灰度图像 in_data，实现 Sobel 边缘检测的主要程序段如下：

```
void SobelEdge(Uint8 * in_data)
{
    Int i,j;
    Int d1,d2,intTemp;
    for(i = 0; i<M; i++)
        for(j = 0; j<N;j++)
        {
            d1 = - *(Uint8 *)(in_data + (i-1)*N + (j-1)) - *(Uint8 *)(in_data +
(i-1)*N + j) * 2 - *(Uint8 *)(in_data + (i-1)*N + (j+1)) + *(Uint8 *)(in_data +
(i+1)*N + (j-1)) + *(Uint8 *)(in_data + (i+1)*N + j) * 2 + *(Uint8 *)(in_data +
(i+1)*N + (j+1));
            d2 = - *(Uint8 *)(in_data + (i-1)*N + (j-1)) - *(Uint8 *)(in_data +
i*N + (j-1)) * 2- *(Uint8 *)(in_data + (i+1)*N + (j-1)) + *(Uint8 *)(in_data +
(i-1)*N + (j+1)) + *(Uint8 *)(in_data + i*N + (j+1)) * 2 + *(Uint8 *)(in_data +
(i+1)*N + (j+1));
            intTemp = d1>d2 ? d1: d2;
            if(intTemp<0) intTemp = 0;
            if(intTemp>255) intTemp = 255;
            *(Uint8 *)(in_data + (i*N + j) * 2 + 1) = intTemp;
        }
}
```

通过编译调试，运行程序，可观察到经过 Sobel 边缘检测后的图像。

**2. Prewitt 边缘算子**

Prewitt 边缘检测算子的原理如图 8-16 所示，两个卷积核形成了 Prewitt 算子，图像中的每个点都用这两个核进行卷积，取最大值作为输出，运算结果是一幅边缘幅度图像。

| | | |
|---|---|---|
| −1 | −1 | −1 |
| 0 | 0 | 0 |
| 1 | 1 | 1 |

| | | |
|---|---|---|
| −1 | 0 | 1 |
| −1 | 0 | 1 |
| −1 | 0 | 1 |

图 8-16　Prewitt 边缘检测算子

对于一张 M * N 的灰度图像 in_data，实现 Prewitt 边缘检测的主要程序段如下：

```
void PrewittEdge(Uint8 * in_data)
{
    int i,j;
    Int d1,d2,intTemp;
    for(i = 0; i<M; i++)
        for(j = 0; j<N; j++)
        {
            d1 = - *(Uint8 *)(in_data + (i-1)*N + (j-1)) - *(Uint8 *)(in_data +
(i-1)*N + j) - *(Uint8 *)(in_data + (i-1)*N + (j+1)) + *(Uint8 *)(in_data +
(i+1)*N + (j-1)) + *(Uint8 *)(in_data + (i+1)*N + j) + *(Uint8 *)(in_data +
(i+1)*N + (j+1));
            d2 = - *(Uint8 *)(in_data + (i-1)*N + (j-1))*(Uint8 *)(in_data + i*
N + (j-1)) - *(Uint8 *)(in_data + (i+1)*N + (j-1)) + *(Uint8 *)(in_data + (i-1)*
N + (j+1)) + *(Uint8 *)(in_data + i*N + (j+1)) + *(Uint8 *)(in_data + (i+1)*N +
(j+1));
            intTemp = d1>d2 ? d1: d2;
            if(intTemp<0) intTemp = 0;
            if(intTemp>255) intTemp = 255;
            *(Uint8 *)(in_data + (i*N + j) * 2 + 1) = intTemp;
        }
}
```

通过编译调试，运行程序，可观察到经过 Prewitt 边缘检测后的图像。

**3. Laplacian 边缘算子**

Laplacian 边缘检测算子的原理如图 8-17 所示，两个卷积核形成了 Laplacian 算子，图像中的每个点都用这两个核进行卷积，取最大值作为输出。

| | | |
|---|---|---|
| 0 | −1 | 0 |
| −1 | 4 | −1 |
| 0 | −1 | 0 |

| | | |
|---|---|---|
| −1 | −1 | −1 |
| −1 | 8 | −1 |
| −1 | −1 | −1 |

图 8-17　Laplacian 边缘检测算子

对于一张 M * N 的灰度图像 in_data,实现 Laplacian 边缘检测的主要程序段如下:

```
void LaplacianEdge(Uint8 * in_data)
{
    Int i,j;
    Int d1,d2,intTemp;
        for(i = 0; i < M; i++)
        for(j = 0; j < N; j++)
        {
            d1 = - *(Uint8 *)(in_data + (i-1) * N + j) - *(Uint8 *)(in_data + (i+
1) * N + j) - *(Uint8 *)(in_data + i * N + (j-1)) - *(Uint8 *)(in_data + i * N + (j+
1)) + *(Uint8 *)(in_data + i * N + j) * 4;
            d2 = - *(Uint8 *)(in_data + (i-1) * N + (j-1)) - *(Uint8 *)(in_data +
(i-1) * N + j) - *(Uint8 *)(in_data + (i-1) * N + (j+1)) - *(Uint8 *)(in_data +
i * N + (j-1)) + *(Uint8 *)(in_data + i * N + j) * 8 - *(Uint8 *)(in_data + i * N +
(j+1)) - *(Uint8 *)(in_data + (i+1) * N + (j-1)) - *(Uint8 *)(in_data + (i+1) *
N + j) - *(Uint8 *)(in_data + (i+1) * N + (j+1));
            intTemp = d1 > d2 ? d1: d2;
            if(intTemp < 0) intTemp = 0;
            if(intTemp > 255) intTemp = 255;
            *(Uint8 *)(in_data + (i * N + j) * 2 + 1) = intTemp;
        }
}
```

通过编译调试,运行程序,可观察到经过 Laplacian 边缘检测后的图像。

## 本章小结

本章详细介绍了一些基于 TMS320DM6437 的算法实例及其实现过程,包括数字信号处理的基本算法,如 FIR、IIR 数字滤波器设计和 FFT 等,语音信号采集与分析算法,图像处理算法,如图像点处理、几何变换、图像增强和图像边缘检测算法。通过这些算法实例,读者可进一步理解和掌握数字信号处理算法在 TMS320DM6437 上的编译和调试过程。

## 思考与练习题

1. 分析 FIR 滤波器设计的原理并编写对应的实现程序。
2. 分析 IIR 滤波器设计的原理并编写对应的实现程序。
3. 分析 FFT 算法的原理并编写对应的实现程序。
4. 分析卷积算法的原理并编写对应的实现程序。
5. 分析自适应滤波算法的原理并编写对应的实现程序。
6. 分析语音回声实验的原理并编写对应的实现程序。
7. 分析音频滤波实验的原理并编写对应的实现程序。
8. 图像点处理算法有哪些?分别分析其原理并编写对应的实现程序。
9. 图像几何变换算法有哪些?分别分析其原理并编写对应的实现程序。
10. 图像增强算法有哪些?分别分析其原理并编写对应的实现程序。
11. 图像边缘检测算法有哪些?分别分析其原理并编写对应的实现程序。

# 附录A DSP系统配置及初始化程序

APPENDIX A

**1. linker.cmd：声明了系统的存储器配置与程序各段的连接关系**

cmd文件用于DSP代码的定位，由以下三部分组成：

(1) 输入/输出定义：

.obj文件：链接器要链接的目标文件。

.lib文件：链接器要链接的库文件。

.map文件：链接器生成的交叉索引文件。

.out文件：链接器生成的可执行代码。

(2) MEMORY命令：描述系统实际的硬件资源。

(3) SECTIONS命令：描述“段”如何定位。

下面例子可说明其基本格式：

```
l rts64plus.lib
-l .\lib\SEED_DEC6437Bsl.lib
-stack 0x00000800 /* Stack Size */
-heap 0x00000800 /* Heap Size */
MEMORY
{
L2RAM: o = 0x00800000 l = 0x00017FFF
DDR2: o = 0x80000000 l = 0x1000000
}
SECTIONS
{
.bss > DDR2
.cinit > DDR2
.cio > DDR2
.const > DDR2
.data > DDR2
.far > DDR2
.stack > DDR2
.switch > DDR2
.sysmem > DDR2
.text > DDR2
.ddr2 > DDR2 */
}
```

下面介绍 cmd 文件中常用的程序段名与含义。

(1) .cinit 存放 C 程序中的变量初值和常量。

(2) .const 存放 C 程序中的字符常量、浮点常量和用 const 声明的常量。

(3) .text 存放 C 程序的代码。

(4) .bss 为 C 程序中的全局和静态变量保留存储空间。

(5) .far 为 C 程序中用 far 声明的全局和静态变量保留空间。

(6) .stack 为 C 程序系统堆栈保留存储空间,用于保存返回地址、函数间的参数传递、存储局部变量和保存中间结果。

(7) .sysmem 用于 C 程序中 malloc、calloc 和 realloc 函数动态分配存储空间。

**2. DEC6437.gel:系统初始化程序**

gel 文件的功能同 cmd 文件的功能基本相同,用于初始化 DSP。但它的功能比 cmd 文件的功能有所增强,gel 在 CCS 下有一个菜单,可以根据 DSP 的对象不同,设置不同的初始化程序。

# 附录 B APPENDIX B

# GPIO 接口与 ZWT 封装引脚的对应关系

| | 1 | 2 | 3 | 4 | 5 | 6 | 7 | 8 | 9 | 10 | 11 | 12 | 13 | 14 | 15 | 16 | 17 | 18 | 19 |
|---|---|---|---|---|---|---|---|---|---|---|---|---|---|---|---|---|---|---|---|
| W | | | | | | | | | | | | | | | | | | | |
| V | | | | | | | | | | | | | | | | | | | |
| U | | | | | | | | | | | | | | | | | | | |
| T | | | | | | | | | | | | | | | | | | | |
| R | | | | | | | | | | | | | | | | | | | |
| P | | | | | | | | | | | | | | | | | | | |
| N | | | | | | | | | | | | | | | | | | | |
| M | GP[84] | | | | | | | | | | | | | | | | | | |
| L | GP[87] | GP[85] | GP[88] | GP[56] | | | | | | | | | | | | | | | |
| K | | GP[98] | GP[86] | GP[55] | | | | | | | | | | | | | | | |
| J | | GP[101] | GP[104] | GP[97] | | | | | | | | | | | | | | | |
| H | GP[99] | GP[105] | GP[103] | GP[100] | | | | | | | | | | | GP[29] | GP[28] | GP[27] | | |
| G | GP[108] | GP[107] | GP[110] | GP[102] | | | | | | | | | | | GP[24] | GP[25] | GP[26] | | GP[30] |
| F | GP[106] | GP[109] | GP[4] | | | | | | | | | | | | GP[23] | GP[20] | GP[21] | GP[22] | GP[33] |
| E | GP[0] | GP[1] | GP[2] | GP[3] | | | | | | | | | | | | GP[17] | GP[19] | GP[18] | GP[32] |
| D | GP[83] | GP[80] | GP[75] | GP[72] | GP[70] | GP[64] | GP[59] | GP[95] | GP[92] | GP[89] | GP[46] | GP[34] | GP[35] | GP[40] | | GP[14] | GP[16] | GP[15] | GP[31] |
| C | GP[81] | GP[82] | GP[78] | GP[74] | GP[69] | GP[67] | GP[62] | GP[58] | GP[94] | GP[90] | GP[48] | GP[44] | GP[41] | GP[38] | GP[36] | GP[5] | GP[6] | GP[13] | GP[12] |
| B | | GP[79] | GP[76] | GP[71] | GP[68] | GP[65] | GP[61] | GP[96] | GP[93] | GP[51] | GP[49] | GP[45] | GP[42] | GP[39] | GP[37] | GP[8] | GP[7] | GP[11] | |
| A | | | GP[77] | GP[73] | GP[66] | GP[63] | GP[57] | GP[60] | GP[91] | GP[50] | GP[47] | GP[43] | GP[53] | GP[54] | GP[52] | GP[9] | GP[10] | | |

# 附录C 音频芯片TLV320AIC23B介绍

APPENDIX C

TLV320AIC23B(以下简称AIC23)是TI推出的一款高性能的立体声音频Codec芯片,内置耳机输出放大器,支持MIC和LINE IN两种输入方式(二选一),并且输入和输出都具有可编程增益调节。AIC23的模数转换(ADC)和数模转换(DAC)部件高度集成在芯片内部,采用了先进的Sigma-delta过采样技术,可以在8~96kHz采样率范围内提供16位、20位、24位和32位采样,ADC和DAC的信噪比分别可以达到90dB和100dB。同时,AIC23还具有很低的能耗,回放模式下功率仅为23mW,省电模式下更是小于15μW。

AIC23的引脚和内部结构框图如图C-1所示。

AIC23与DSP微处理器的接口有两个:一个是控制口,用于设置AIC23的工作参数;另一个是数据口,用于传输AIC23B的A/D、D/A数据。其中,通过TMS320DM6437的McBSP1与AIC23的数据口接口;用TMS320DM6437的I2C总线与AIC23的控制口接口,对AIC23的各控制寄存器进行设置。

**1. AIC23的数据口**

AIC23的数据口有四种工作方式,分别为右对齐、左对齐、IIS模式和DSP模式,其中后两种可以很方便地与DSP的McBSP串口相连接。下面以DSP Mode模式说明数据口的连接。其硬件上的引脚说明如下。

(1) BCLK:数据口位-时钟信号,当AIC23为从模式时(通常情况),该时钟由DSP产生;AIC23为主模式时,该时钟由AIC23产生。

(2) LRCIN:数据口DAC输出的帧同步信号(IIS模式下左/右声道时钟)。

(3) LRCOUT:数据口ADC输入的帧同步信号。

(4) DIN:数据口DAC输出的串行数据输入。

(5) DOUT:数据口ADC输入的串行数据输出。

这部分可以和TMS320DM6437的McBSP(Multi-channel Buffered Serial Port,多通道缓存串口)无缝连接,唯一要注意的地方是McBSP的接收时钟和AIC23的BCLK都由McBSP的发送时钟提供。当AIC23做主设备时,McBSP的发送与接收时钟均由AIC23来提供,连接示意图如图C-2所示。

TMS320DM6437与AIC23的数据交换协议可以采用DSP模式与IIS模式,区别仅在于DSP的McBSP帧同步信号的宽度。后者的帧同步信号宽度必须为一个字长(16位),而前者的帧宽度可以为一个位长,例如在字长16位(即左右声道的采样各为16位),帧长为

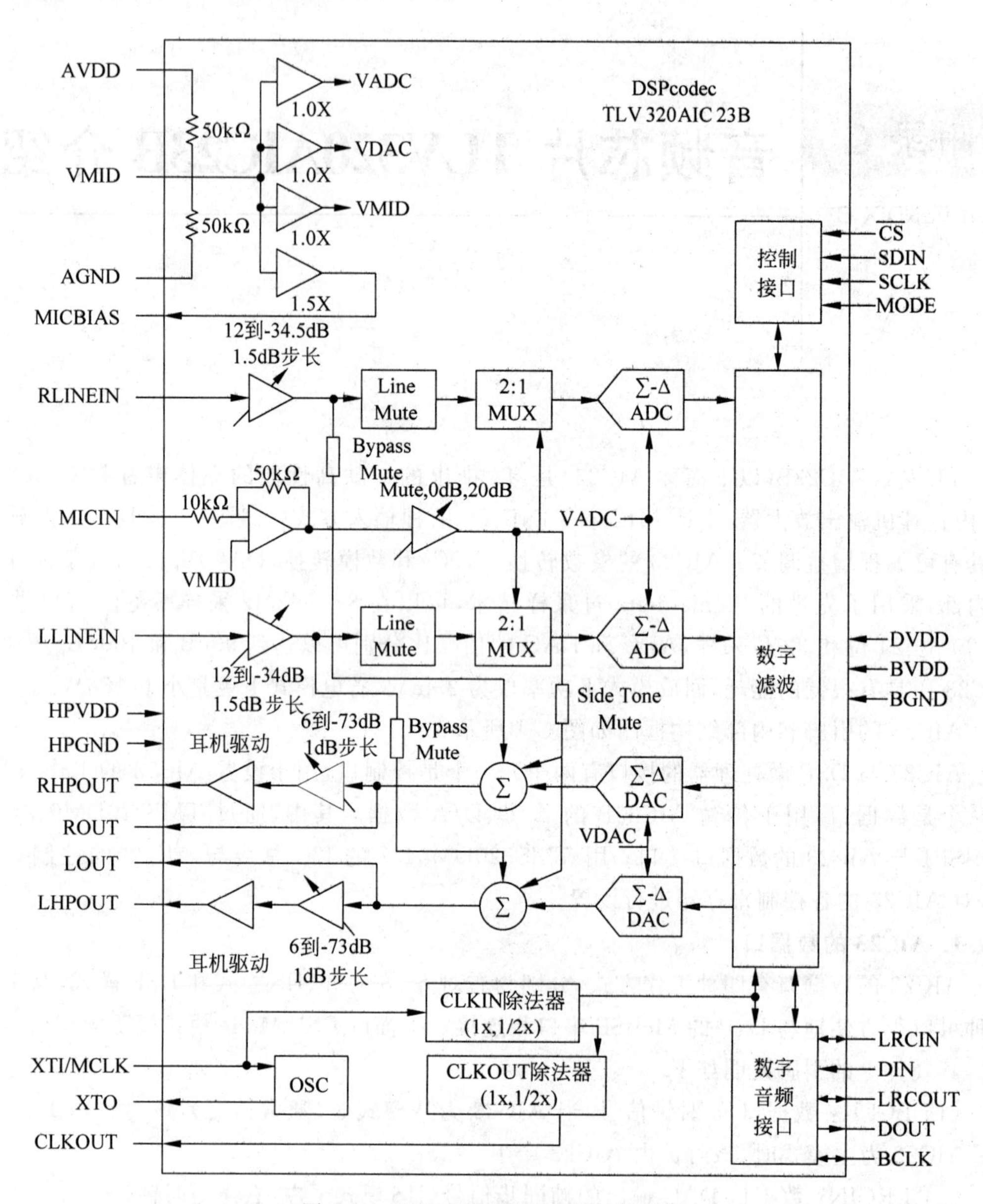


图 C-1 AIC23 的引脚和内部结构框图

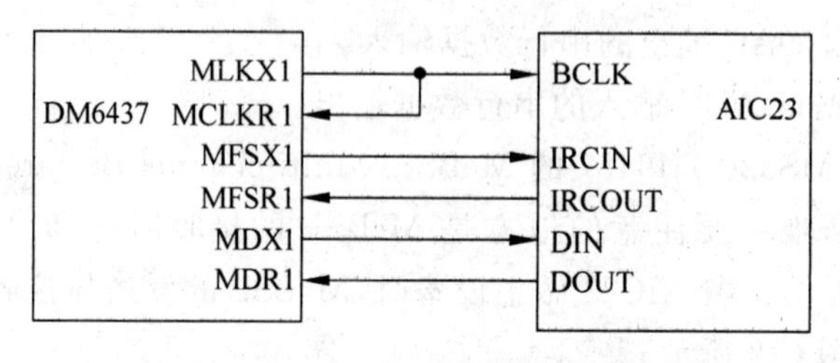


图 C-2 AIC23 连接示意图

32 位的情况下，如果采用 IIS，帧同步信号宽度应为 16 位；而采用 DSP 模式时帧信号宽度1 位即可。在本书使用 DSP 硬件系统中采用 DSP 模式与 McBSP 相连接，其时序如图 C-3 所示。

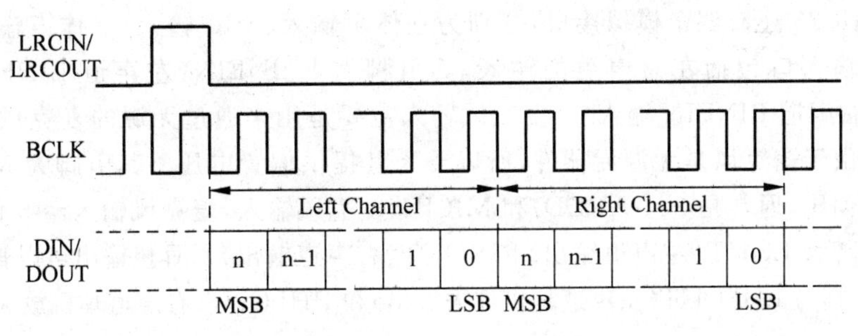


图 C-3　DSP 模式下时序图

**2. AIC23 的控制口**

AIC23 的控制接口有两种工作方式，分别为二线制的 I2C 方式(MODE 为低)和三线制的 SPI 方式(MODE 为高)。本书使用 DSP 硬件系统时采用 I2C 方式控制 AIC23，其硬件引脚的说明如下。

(1) SDIN：AIC23 控制口串行数据输入。

(2) SCLK：AIC23 控制口的位-时钟。

通过 I2C 总线对 AIC23 控制口进行配置时，I2C 总线选择 7 位地址的寻址方式，由于 AIC23 的寄存器只有写操作无读操作，因而，其通信协议中每个字长的前 7-Bit 为寄存器地址，后 9-Bit 为寄存器内容，其时序如图 C-4 所示。

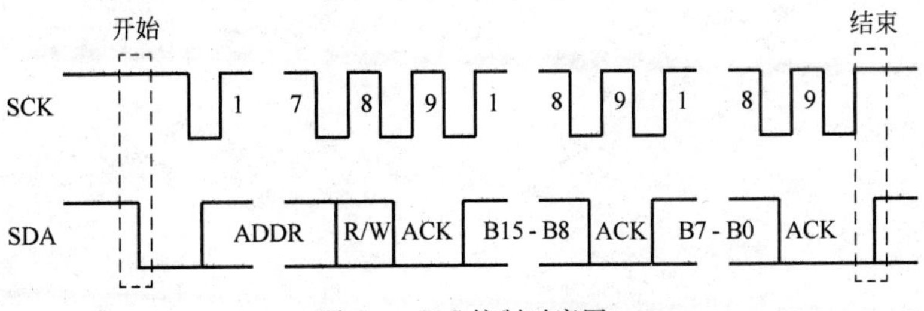


图 C-4　I2C 控制时序图

AIC23 的 I2C 总线从设备地址为 0x1A，AIC23 内有 11 个控制寄存器，如表 C-1 所示。

**表 C-1　AIC23 内部控制寄存器**

| 地　　址 | 控制寄存器 |
|---|---|
| 0000000 | 左输入声道的音量控制寄存器 |
| 0000001 | 右输入声道的音量控制寄存器 |
| 0000010 | 左声道耳机的音量控制寄存器 |
| 0000011 | 右声道耳机的音量控制寄存器 |
| 0000100 | 模拟音频的通道控制寄存器 |
| 0000101 | 数字音频的通道控制寄存器 |
| 0000110 | 省电方式控制寄存器 |
| 0000111 | 数字音频的接口格式寄存器 |
| 0001000 | 采样率控制寄存器 |
| 0001001 | 数字接口激活寄存器 |
| 0001111 | 复位寄存器 |

此外，AIC23还有四个模拟接口，分别为立体声输入、MIC输入、立体声输出和耳机输出。立体声输入口包括左右声道的输入，其引脚为LLINEIN（左声道LINEIN输入）和RLINEIN（右声道LINEIN输入）。麦克风输入主要是用来通过无源的麦克风进行现场声音的采集。由于麦克风是无源元器件，所以要为其提供偏置电压。其引脚为MICBIAS（为麦克风提供偏压，通常是3/4 AVDD）和MICIN（麦克风输入，麦克风输入经5倍放大）。立体声输出引脚为LOUT（左声道输出）和ROUT（右声道输出）。耳机输出可以直接驱动32Ω的耳机，其引脚为LHPOUT（左声道耳机放大输出）和RHPOUT（右声道耳机放大输出）。

# 参 考 文 献


[1] 薛雷.DSPs原理及应用教程[M].北京：清华大学出版社，2007.

[2] 陈建佳.TMS320C64x指令集模拟器的设计与实现[D].西安：西安电子科技大学，2012.

[3] 韦金辰，李刚，王臣业，等.TMS320C6000系列DSP原理与应用系统设计[M].北京：机械工业出版社，2012.

[4] 董言治，娄树理，刘松涛.TMS320C6000系列DSP系统结构原理与应用教程[M].北京：清华大学出版社，2014.

[5] 韩非，胡春海，李伟.TMS320C6000系列DSP开发应用技巧[M].北京：中国电力出版社，2008.

[6] 汪安民，张松灿，常春藤.TMS320C6000 DSP实用技术与开发案例[M].北京：人民邮电出版社，2008.

[7] 李方慧，王飞，何佩锟.TMS320C6000系列DSPs原理与应用[M].2版.北京：电子工业出版社，2003.

[8] 符晓，朱洪顺.TMS320F28335DSP原理、开发及应用[M].北京：清华大学出版社，2017.

[9] 郑红.嵌入式DSP应用系统设计及实例剖析[M].北京：北京航空航天大学出版社，2012.

[10] 邓琛.DSP芯片技术及工程实例[M].北京：清华大学出版社，2010.

[11] 张弓，张景涛.HPI主机接口在多处理器系统中的应用[J].电子技术应用，2002，28(7)：73-75.

[12] 石美传.主机接口(HPI)在嵌入式系统中的应用[J].现代电子技术，2008，31(12)：44-46.

[13] 闵晓勇.DSP与单片机串口通信的设计与实现[J].电子科技，2005(9)：13-16.

[14] 合众达电子.SEED-DTK6437v1.0实验手册.2009.

[15] 胡广书.数字信号处理：理论、算法与实现[M].3版.北京：清华大学出版社，2009.

[16] 张雪英.数字语音处理及MATLAB仿真[M].北京：电子工业出版社，2016.

[17] 姚敏.数字图像处理[M].2版.北京：机械工业出版社，2012.